CB024943

A esperança de Pandora

30
anos
editora
unesp

BRUNO LATOUR

A ESPERANÇA DE PANDORA

ENSAIOS SOBRE A REALIDADE DOS ESTUDOS CIENTÍFICOS

Tradução
Gilson César Cardoso de Sousa

Título original: *Pandora's Hope: Essays on the Reality of Science Studies*

Direitos de publicação reservados à:
Fundação Editora da Unesp (FEU)
Praça da Sé, 108
01001-900 – São Paulo – SP
Tel.: (0xx11) 3242-7171
Fax: (0xx11) 3242-7172
www.editoraunesp.com.br
www.livrariaunesp.com.br
feu@editora.unesp.br

Dados Internacionais de Catalogação na Publicação (CIP)
Odilio Hilario Moreira Junior CRB-8/9949

L359e

Latour, Bruno

A esperança de Pandora: ensaios sobre a realidade dos estudos científicos / Bruno Latour; traduzido por Gilson César Cardoso de Sousa. – São Paulo: Editora Unesp, 2017.

Tradução de: *Pandora's Hope: Essays on the Reality of Science Studies*

ISBN: 978-85-393-0683-1

1. Ciência. 2. Filosofia. 3. Filosofia da ciência. 4. Sociologia da ciência. 5. Realismo. I. Sousa, Gilson César Cardoso de. II. Título.

2017-271 CDD 501
CDU 168

Editora afiliada:

Para Shirley Strum, Donna Haraway,
Steve Glickman e seus babuínos, cyborgs e hienas

Agradecimentos

Diversos capítulos deste livro baseiam-se em artigos originalmente aparecidos em outras publicações. De modo algum tentei preservar-lhes a forma primitiva e adaptei-os sempre que isso se revelou necessário para a discussão principal. A bem dos leitores sem conhecimento prévio de estudos científicos, reduzi as referências ao mínimo; outras informações podem ser encontradas nas publicações originais.

Agradeço aos organizadores e editores dos seguintes periódicos e livros, primeiramente por terem aceitado meus escritos bizarros, depois por permitirem sua reunião aqui: "Do Scientific Objects Have a History? Pasteur and Whitehead in a Bath of Lactic Acid", *Common Knowledge* 5, n.1 (1993), p.76-91 (traduzido por Lydia Davis); "Pasteur on Lactic Acid Yeast – A Partial Semiotic Analysis", *Configurations* 1, n.1 (1993), p.127-42; "On Technical Mediation", *Common Knowledge* 3, n.2 (1994), p.29-64; "Joliot: History and Physics Mixed Together", in Michel Serres (Org.), *History of Scientific Thought* (Londres: Blackwell, 1995), p.611-35; "The 'Pedofil' of Boa Vista: A Photo-Philosophical Montage", *Common Knowledge* 4, n.1 (1995), p.145-87; "Socrates' and Callicles' Settlement, or the Invention of the Impossible Body Politic", *Configurations* 5, n.2 (primavera de 1997), p.189-240; "A Few Steps toward the Anthropology of the Iconoclastic Gesture", *Science in Context* 10, n.1 (1998), p.62-83.

Tantas pessoas leram rascunhos de partes do livro que já nem sei bem o que pertence a elas e a mim. Como sempre, Michel Callon e Isabelle Stengers deram orientação essencial. Por trás da máscara de árbitro anônimo, Mario Biagioli foi decisivo para a forma final da obra. Durante mais de dez anos, beneficiei-me da generosidade de Lindsay Waters como editora – e mais uma vez ela ofereceu abrigo para meu trabalho. Minha maior gratidão, contudo, é para com John Tresch, que burilou o estilo e a lógica do manuscrito. Caso os leitores não fiquem satisfeitos com o resultado, queiram imaginar a selva emaranhada pela qual John conseguiu abrir caminho!

Devo esclarecer ao leitor que este não é um livro sobre fatos, nem exatamente um livro de filosofia. Nele, valendo-me apenas de ferramentas rudimentares, tentei simplesmente apresentar na lacuna aberta pela dicotomia entre sujeito e objeto uma cenografia conceitual para o par humano e não humano. Concordo que raciocínios vigorosos e estudos de caso empíricos detalhados seriam melhores; mas, como às vezes sucede nos romances policiais, uma estratégia mais frágil, mais solitária e mais aventurosa pode prevalecer sobre o sequestro das disciplinas científicas por guerreiros da ciência, onde outros falharam.

Uma derradeira advertência. Ao longo do livro, emprego a expressão "estudos científicos" como se tal disciplina realmente existisse e fosse um corpo homogêneo de trabalhos inspirados numa única metafísica coerente. Nem é preciso dizer que isso está longe da verdade. Muitos de meus colegas discordam da minha abordagem. Todavia, como não gosto de viver isolado e prefiro participar das polêmicas relativas a um empreendimento coletivo, apresento os estudos científicos como um campo unificado ao qual eu próprio pertenço.

Sumário

1 "Você acredita na realidade?"
Notícias das trincheiras das guerras na ciência 13
2 Referência circulante
Amostragem do solo da floresta Amazônica 39
3 O fluxo sanguíneo da ciência
Um exemplo da inteligência científica de Joliot 97
4 Da fabricação à realidade
Pasteur e seu fermento de ácido láctico 135
5 A historicidade das coisas
Por onde andavam os micróbios antes de Pasteur? 173
6 Um coletivo de humanos e não humanos
No labirinto de Dédalo 207
7 A invenção das guerras na ciência
O acordo de Sócrates e Cálicles 255
8 Uma política livre de ciência
O corpo cosmopolítico 279
9 A ligeira surpresa da ação
Fatos, fetiches, fatiches 315

Conclusão
Que artifício libertará a esperança de Pandora? 347

Glossário 357
Referências bibliográficas 369
Índice remissivo 375

Lúcifer é o camarada que traz luz falsa...
Vou amortalhá-los na treva da verdade.

– Lakatos a Feyerabend

1
"Você acredita na realidade?" Notícias das trincheiras das guerras na ciência

"Quero lhe fazer uma pergunta", disse ele, tirando do bolso um pedaço de papel amarfanhado onde rabiscara algumas palavras. Respirou fundo: "Você acredita na realidade?".

"Claro que sim!", respondi, rindo. "Que pergunta! A realidade, por acaso, será alguma coisa em que temos de acreditar?".

Ele me convidara a encontrá-lo para uma conversa particular num local tão esquisito quanto a sua pergunta: à beira do lago próximo do chalé, estranha imitação de *resort* suíço localizado nas montanhas tropicais de Teresópolis, Brasil. Terá de fato a realidade se tornado algo em que as pessoas precisam acreditar, questionei-me, a resposta a uma pergunta séria feita num tom baixo e hesitante? A realidade será como Deus, o tópico de uma confissão a que se chegou após longo e íntimo debate? Haverá na terra pessoas que *não* acreditam na realidade?

Ao perceber que ele ficara aliviado com minha resposta rápida e bem-humorada, admirei-me ainda mais, pois aquele alívio provava claramente que antecipara uma réplica *negativa*, algo como "Não, de jeito nenhum! Por acaso, acha que sou tão ingênuo assim?". Portanto, não era uma piada: ele de fato estava preocupado e fora sincero na indagação.

"Mais duas perguntas", acrescentou já um tanto descontraído. "Sabemos hoje mais do que antes?"

"Sem dúvida! Mil vezes mais."

"Então a ciência é cumulativa?", continuou ele, meio ansioso, como se não quisesse ceder muito depressa.

"Creio que sim", respondi, "embora neste caso eu não seja tão taxativo. É que as ciências se esquecem muito, muito de seu passado e muito de seus antigos programas de pesquisa. No todo, porém, digamos que sim. Por que você está me fazendo essas perguntas? Quem pensa que sou?"

Tive de acomodar rapidamente minhas interpretações para abranger tanto o monstro que ele vira em mim ao fazer aquelas perguntas quanto sua tocante abertura mental ao decidir encontrar-se pessoalmente com tal monstro. Deve ter precisado de muita coragem para avistar-se com uma dessas criaturas que, a seu ver, ameaçavam o edifício inteiro da ciência, oriundas daquele campo misterioso chamado "estudos científicos", do qual jamais vira antes um representante em carne e osso mas que – pelo menos assim lhe haviam ensinado – constituíam outra ameaça à ciência num país, os Estados Unidos da América, onde a investigação científica jamais se firmara completamente.

Ele era um psicólogo dos mais respeitáveis e fôramos ambos convidados pela Wenner-Grenn Foundation para um congresso integrado por dois terços de cientistas e um terço de "estudiosos da ciência". Essa divisão, apregoada pelos organizadores, por si só me desconcertara. Como poderíamos ser atirados *contra* os cientistas? O fato de estudarmos um assunto não significa que o estejamos atacando. Por acaso os biólogos se opõem à vida, os astrônomos às estrelas, os imunologistas aos anticorpos? Além disso, eu lecionara durante vinte anos em escolas científicas, escrevera regularmente para periódicos científicos e, juntamente com meus colegas, tinha contratos de pesquisa junto a diversos grupos de cientistas da indústria e da universidade. Não era eu parte da instituição científica francesa? Senti-me um pouco vexado por ter sido excluído tão levianamente. Sem dúvida, não passo de um filósofo, mas que diriam meus amigos dos estudos científicos? Muitos deles foram formados em ciência e não poucos se orgulham de *estender* a visão científica para a própria ciência. Podiam ser rotulados de membros de outra disciplina e outro subcampo, mas certamente não de "anticientistas" que avançam contra os cientistas, como se os dois grupos fossem exércitos adversários conferenciando sob uma bandeira de trégua antes de regressar ao campo de batalha!

Eu não conseguia ignorar a estranheza da pergunta feita por aquele homem que eu considerava um colega – sim, um colega – e que desde então tornou-se meu amigo. Se os estudos científicos lograram alguma coisa, cuidava eu, seguramente foi *acrescentar* realidade à ciência, não o contrário. Em lugar dos pomposos cientistas dependurados nas paredes dos filósofos de gabinete do passado, nós pintamos personagens vivas, imersas em seus laboratórios, estuantes de paixão, carregadas de instrumentos, ricas em conhecimento prático, estreitamente relacionadas com um meio mais vasto e mais trepidante. Em vez da pálida e exaurida objetividade da ciência, todos nós havíamos demonstrado, a meu ver, que os muitos não humanos mesclados à nossa vida coletiva graças à prática laboratorial tinham história, flexibilidade, cultura, sangue – em suma, aquelas características que lhes tinham sido negadas pelos humanistas instalados na outra extremidade do câmpus. Com efeito (pensava eu, ingenuamente), os aliados mais fiéis dos cientistas somos nós, os "estudiosos da ciência", que conseguimos ao longo dos anos atrair o interesse dos literatos para a ciência e a tecnologia – leitores convencidos, antes do advento dos estudos científicos, de que "a ciência não pensa", como pontificou um de seus mestres, Heidegger.

A suspeita do psicólogo soou-me bastante injusta, pois ele não parecia compreender que, nesta guerra de guerrilhas travada em terra de ninguém entre as "duas culturas", *nós éramos* os que estavam sendo atacados por militantes, ativistas, sociólogos, filósofos e tecnófobos de todos os naipes, exatamente por causa de nosso interesse pelo funcionamento interno dos fatos científicos. Quem – perguntei-me – ama mais as ciências do que essa minúscula tribo científica que aprendeu a divulgar fatos, máquinas e teorias com todas as suas raízes, vasos sanguíneos, redes, rizomas e gavinhas?

Quem acredita mais na objetividade da ciência do que aqueles que insistem na possibilidade de transformá-la em objeto de pesquisa?

Percebi depois que estava errado. O que eu chamava de "acréscimo de realismo à ciência" era de fato considerado, pelos cientistas do congresso, uma ameaça ao apelo da ciência, um modo de reduzir-lhe o grau de verdade e as pretensões à certeza. Por que esse equívoco? Teria eu vivido tanto para afinal ouvir, feita com toda a sinceridade, a incrível pergunta: "Você acredita na realidade?"? A distância entre o que eu pensava termos alcançado nos estudos científicos e o que aquela pergunta implicava era tão grande que precisei recuar alguns passos. Daí nasceu o presente livro.

A estranha invenção de um mundo "exterior"

Não há no mundo uma situação normal em que alguém possa ouvir esta que é a mais estranha das perguntas: "Você acredita na realidade?". Para fazê-la, a pessoa tem de *distanciar-se* a tal ponto da realidade que o medo de *perdê-la* se torna absolutamente plausível – e esse próprio medo possui uma história intelectual que deveria ser ao menos esboçada. Sem essa digressão, jamais conseguiríamos entender a amplitude do equívoco entre meu colega e eu ou avaliar a extraordinária forma do realismo radical que os estudos científicos têm posto a nu.

Ocorreu-me que a pergunta de meu colega não era inteiramente nova. Meu compatriota Descartes já a suscitara contra si mesmo ao perquirir como uma mente isolada podia estar *absolutamente*, e não relativamente, segura de um objeto do mundo exterior. Decerto, ele formulou a pergunta de modo a inviabilizar a única resposta razoável que nós, nos estudos científicos, descobrimos, aos poucos, três séculos depois: a saber, que estamos *relativamente* seguros de muitos objetos com os quais lidamos cotidianamente na prática laboratorial. Na época de Descartes, esse relativismo*[1] inflexível,

1 Palavras e frases com sentido técnico aparecem assinaladas por um asterisco; para suas definições, consultar o Glossário.

baseado no número de *relações* estabelecidas com o mundo, encontrava-se já no passado, uma vereda outrora transitável invadida pelo matagal. Descartes exigia certeza absoluta por parte de um cérebro extirpado, certeza desnecessária quando o cérebro (ou a mente) está firmemente ligado ao corpo e o corpo se acha completamente envolvido com sua ecologia normal. Como no romance de Curt Siodmak, *Donovan's Brain* [O cérebro de Donovan], a certeza absoluta é o tipo de fantasia neurótica que apenas uma mente cirurgicamente removida buscaria depois de ter perdido tudo o mais. Como o coração retirado do cadáver de uma jovem recém-falecida em acidente e logo transplantado para o tórax de outra pessoa a milhares de quilômetros de distância, a mente de Descartes exige equipamentos de manutenção artificial da vida para continuar viável. Apenas uma mente colocada na estranha posição de contemplar o mundo *de dentro para fora* e ligada ao exterior unicamente pela tênue conexão do *olhar* se agitaria no medo constante de perder a realidade; apenas esse observador sem corpo ansiaria por um *kit* de equipamentos de sobrevivência absoluto.

Segundo Descartes, o único caminho pelo qual um cérebro extirpado poderia restabelecer algum contato razoavelmente seguro com o mundo exterior era Deus. Meu amigo psicólogo estava, pois, certo ao formular sua pergunta conforme a fórmula que aprendi na escola dominical: "Você acredita na realidade?" – "*Credo in unum Deum*", ou melhor, "*Credo in unam realitam*", como minha amiga Donna Haraway salmodiava em Teresópolis! Depois de Descartes, porém, muita gente concluiu que valer-se de Deus para alcançar o mundo era um tanto caro e artificial. Essas pessoas procuravam um atalho. Perguntavam-se se o mundo poderia enviar-nos *diretamente* informação suficiente para gerar uma imagem estável de si mesmo em nossas mentes.

Todavia, ao fazer essa pergunta, os empiristas tomaram o mesmo rumo. Não arrepiaram caminho. Jamais repuseram o cérebro palpitante em seu corpo exânime. Continuaram a esmiuçar uma mente que se comunicava pelo olhar com o mundo exterior perdido. Simplesmente tentaram treiná-la para reconhecer esquemas. Deus estava longe, é claro, mas a *tabula rasa* dos empiristas era tão desconexa quanto a mente nos tempos de Descartes. O cérebro extirpado apenas trocou um *kit* de sobrevivência por outro. Bombardeado por um mundo reduzido a estímulos sem sentido, queria-se que extraísse de tais estímulos todo o necessário para restaurar as formas e histórias do mundo. O resultado foi semelhante a um televisor mal conectado e nenhuma tentativa de sintonização conseguiu fazer que esse precursor da rede neural produzisse mais que um traçado de linhas borradas e pontinhos brancos caindo como neve. Nenhuma forma era reconhecível. Perdera-se a certeza absoluta, tão precárias se revelaram as conexões dos sentidos com um mundo que ia sendo empurrado cada vez mais para fora. Havia estática demais para que se obtivesse uma imagem nítida.

A solução surgiu, mas na forma de uma catástrofe da qual só agora estamos começando a nos desvencilhar. Em vez de voltar atrás e tomar o outro caminho na encruzilhada esquecida, os filósofos abandonaram até a exigência de certeza absoluta e aferraram-se a uma solução improvisada que preservava ao menos um pequeno acesso à realidade exterior. Já que a rede neural associativa dos empiristas mostrava-se incapaz de fornecer imagens claras do mundo perdido, isso provava, alegavam eles, que a mente (ainda extirpada) tira *de si mesma* tudo de que necessita para construir formas e histórias. Tudo, isto é, exceto a realidade. Em lugar das linhas imprecisas do televisor mal sintonizado, obtivemos a tela nítida, transformando a estática confusa, os pontinhos e as linhas do canal empirista numa imagem sólida, mantida pelas categorias preexistentes do aparato mental. O *a priori* de Kant engendrou esse tipo bizarro de construtivismo, que nem Descartes com seu desvio através de Deus, nem Hume com seu atalho para os estímulos associados jamais poderiam imaginar.

Agora, com a emissora de Königsberg, tudo passava a ser governado pela própria mente, surgindo a realidade apenas para dizer que estava ali e não era imaginária! Para o festim da realidade, a mente fornecia o alimento; e as inacessíveis coisas em si, a que o mundo fora reduzido, simplesmente vinham declarar: "Estamos mesmo aqui, o que vocês estão comendo não é poeira" – porém, no mais, comportavam-se como convidados lacônicos e estoicos. Se abandonarmos a certeza absoluta, dizia Kant, poderemos pelo menos recuperar a universalidade enquanto permanecermos dentro da esfera restrita da ciência, para a qual o mundo exterior contribui de maneira decisiva, mas ínfima. O restante da busca do absoluto deve repousar na moralidade, outra certeza *a priori* que a mente extirpada retira de sua própria fiação. Sob a etiqueta de uma "revolução copernicana"*, Kant inventou este pesadelo de ficção científica: o mundo exterior gira agora ao redor da mente extirpada, que dita a maioria das leis universais, leis que tirou de si mesma sem a ajuda de ninguém. Um déspota estropiado governa atualmente o mundo da realidade. Supunha-se, e isso causa estranheza, que essa fosse a filosofia mais profunda de todas, pois lograra outrora pôr termo à busca da certeza absoluta e colocá-la sob o estandarte dos "*a prioris* universais", um hábil estratagema que ocultou ainda mais a vereda perdida no matagal.

Mas precisamos realmente engolir esses bocados insípidos de filosofia escolar para compreender a pergunta do psicólogo? Temo que sim, porque de outra forma as inovações dos estudos científicos permanecerão invisíveis. O pior, no entanto, está por vir. Kant inventou uma espécie de construtivismo em que a mente extirpada elabora tudo por si mesma, mas não sem certas limitações: o que ela aprende sozinha tem de ser universal e pode ser captado unicamente por contatos experimentais com uma realidade exterior, reduzida ao mínimo, mas ainda assim presente. Para Kant, sempre havia algo a girar em torno do déspota estropiado, um planeta verde à volta desse sol patético. As pessoas não tardaram a aperceber-se de que o "Ego transcendental", como o chamava Kant, era mera ficção, um rastro na areia, uma posição de compromisso num acordo complicado para evitar a perda total do mundo ou o abandono completo da busca da certeza absoluta. Foi logo substituído por um candidato mais razoável, a *sociedade**. Em lugar de uma Mente mítica que molda, esculpe, talha e ordena a realidade, vinham os preconceitos, as categorias e os paradigmas de um grupo de pessoas vivendo juntas a determinar as representações de cada uma na comunidade. Essa nova definição, porém, a despeito do emprego do termo "social", tinha apenas uma ligeira semelhança com o realismo a que nós, estudiosos da ciência, nos havíamos ligado e que pretendo esboçar na sequência do livro.

Em primeiro lugar, a substituição do Ego despótico pela "sociedade" sagrada não refez os passos dos filósofos: ao contrário, distanciou *ainda mais* a visão do indivíduo, agora uma "mundivisão", do mundo exterior já definitivamente perdido. Entre ambos, a sociedade interpôs filtros: sua parafernália de tendências, teorias, culturas, tradições e pontos de vista tornou-se uma vidraça opaca. Nada do mundo conseguia atravessar essa barreira de intermediários e alcançar a mente individual. As pessoas ficaram trancadas não apenas dentro da prisão de suas próprias categorias como também dentro de seus próprios grupos sociais. Em segundo lugar, essa "sociedade" era, ela mesma, apenas uma série de mentes extirpadas – inúmeras, é certo, mas cada qual na figura do mais estranho dos animais: uma mente isolada contemplando o mundo exterior. Quanto progresso! Se os prisioneiros já não estavam recolhidos às suas celas, continuavam confinados ao mesmo dormitório, à mesma mentalidade coletiva. Em terceiro lugar, a próxima mudança – de um só Ego para culturas múltiplas – comprometia o que Kant propôs de melhor, ou seja, a universalidade das categorias *a priori*, a única certeza absoluta substitutiva que conseguiu reter. Já nem todos estavam trancafiados no mesmo calabouço: agora surgiram *muitas* prisões – incomensuráveis, desconexas. A mente não apenas se desvinculara do mundo como cada mente coletiva e cada cultura se isolaram umas das outras: mais e mais progresso numa filosofia sonhada, ao que parece, por carcereiros.

Existia, no entanto, uma quarta razão, ainda mais impressionante, ainda mais deplorável, que fez dessa passagem para a "sociedade" uma catástrofe na esteira da revolução kantiana. As pretensões ao conhecimento por parte daquelas pobres mentes, prisioneiras em suas longas fileiras de cubas de laboratório, tornaram-se parte de uma história ainda mais bizarra e associaram-se a um medo ainda mais antigo, *o medo da tirania da massa*. Se a voz de meu amigo tremeu quando ele me perguntou "Você acredita na realidade?", não foi apenas porque temia a perda de todos os vínculos com o mundo exterior, mas, principalmente, porque receava que eu respondesse: "A realidade depende daquilo que a massa considera certo em determinada época". É a ressonância desses dois medos, a *perda* de um acesso certo à realidade e a *invasão* da massa, que tornou a pergunta ao mesmo tempo tão injusta e tão séria.

Mas, antes de destrinchar essa segunda ameaça, terminemos com a primeira. Infelizmente, a triste história não acaba aqui. Por mais incrível que pareça, é possível avançar ainda mais na senda errada, pensando sempre que uma solução mais radical resolverá os problemas acumulados graças à antiga decisão. Uma das soluções – ou melhor, outro estratagema engenhoso – é ficarmos tão satisfeitos com a perda da certeza absoluta e os *a prioris* universais que abandoná-los se torna coisa prazerosa. Todo defeito da velha posição passa a ser sua melhor qualidade. Sim, nós perdemos o mundo. Sim, ficaremos para sempre prisioneiros da linguagem. Não, jamais recuperaremos a certeza. Não, nunca superaremos nossas tendências. Sim, estaremos eternamente aferrados à nossa perspectiva egoísta. Bravo! Bis! Os prisioneiros já amordaçam até mesmo aqueles que lhes pedem para olhar pela janela de suas celas; vão "desconstruir", como dizem – ou seja, destruir em câmera lenta – quem quer que lhes lembre um tempo durante o qual eram livres e sua linguagem tinha conexão com o mundo.

Quem não escutará os gritos de desespero que ecoam lá no fundo, zelosamente reprimidos, meticulosamente negados, nesse clamor paradoxal por uma alegre, jubilosa e livre construção de narrativas e histórias por parte de criaturas acorrentadas para todo o sempre? Mas ainda que *existissem* pessoas capazes de dizer tais coisas com ânimo leve e contente (para mim, sua existência é tão incerta quanto a do monstro do Lago Ness, ou, no caso, tão incerta quanto a do mundo real seria para essas criaturas míticas), como evitar a constatação de que não avançamos um milímetro depois de Descartes? De que a mente continua em sua cuba, excisada do resto, desvinculada e a contemplar (agora com olhar cego) o mundo (agora imerso em trevas) por meio da parede de vidro? Tais pessoas podem rir gostosamente, em vez de tremer de medo, mas continuam a descer as curvas espiraladas do mesmo inferno. No final deste capítulo encontraremos novamente esses prisioneiros exultantes.

Em nosso século, porém, uma segunda solução foi proposta e ocupou diversos espíritos brilhantes. Ela consiste em retirar apenas *parte* da mente da cuba e em seguida fazer a coisa óbvia, a saber, oferecer-lhe um novo corpo e colocar o agregado outra vez em relação com um mundo que já não é um espetáculo a ser contemplado, mas uma extensão viva, autoevidente e não reflexa de nós mesmos. Em aparência, o progresso é imenso e a descida ao reino da danação se interrompe, pois já não dispomos de uma mente em contato com o mundo exterior e sim de um mundo vivo ao qual se ligou um corpo semiconsciente e intencional.

Infelizmente, para ser bem-sucedida, essa operação de emergência precisa fatiar a mente em pedaços ainda menores. O mundo real, conhecido pela ciência, fica todo entregue a si mesmo. A fenomenologia trata apenas do mundo para uma consciência humana. Ela nos dirá muita coisa sobre como não nos distanciamos jamais daquilo que vemos, como não vislumbramos nunca um espetáculo distante, como estamos sempre imersos na rica e vívida textura do mundo – mas ai!, esse conhecimento de nada servirá para a percepção real das coisas, pois não poderemos fugir ao enfoque limitado da intencionalidade humana. Em vez de investigar as maneiras de passar de um ponto de vista a outro, ficaremos eternamente presos ao ponto de vista dos homens. Ouviremos muitas frases sobre o mundo dinâmico real, carnal e pré-reflexivo, mas isso não bastará para cobrir o barulho da segunda fileira de portas da prisão, batendo e se fechando ainda mais hermeticamente às nossas costas. Em que pesem todas as suas pretensões de vencer a distância entre sujeito e objeto – como se tal distinção fosse algo que pudesse ser vencido, como se não houvesse sido ideado para *não* ser vencido! –, a fenomenologia nos deixa às voltas com a mais impressionante separação dessa triste história: de um lado, um mundo da ciência relegado inteiramente a si mesmo, completamente frio e absolutamente inumano; de outro, um rico mundo dinâmico de instâncias intencionais inteiramente limitado aos humanos e absolutamente divorciado do que as coisas são em e para si mesmas. Agora, uma curta pausa na descida, antes de nos abismarmos ainda mais.

Por que não escolher a solução oposta e esquecer de vez a mente extirpada? Por que não permitir que o "mundo exterior" invada a cena, quebre o frasco, derrame o líquido borbulhante e transforme a mente num cérebro, numa máquina de nervos instalada dentro de um animal darwiniano que luta pela vida? Isso não resolveria todos os problemas, revertendo a fatal espiral descendente? Em lugar do "mundo da vida" dos fenomenologistas, por que não estudar a adaptação dos seres humanos, como fizeram os naturalistas com outros aspectos da "vida"? Se a ciência pode invadir todos os campos, decerto é capaz de pôr termo à persistente falácia cartesiana e transformar a mente numa parte flexível da natureza. Isso sem dúvida agradaria ao meu amigo, o psicólogo – ou não? Não, porque os ingredientes que constituem essa "natureza"* hegemônica e abrangente, que ora inclui a espécie humana, são os *mesmos* que constituíam o espetáculo de um mundo visto de dentro por um cérebro extirpado. Desumana, reducionista, causal, legal, certa, objetiva, fria, unânime, absoluta – nenhuma dessas palavras pertence à natureza *como tal*, mas à natureza vista pelo prisma deformado da cuba de vidro!

Se existe algo de inatingível, é o sonho de encarar a natureza como uma unidade homogênea, a fim de unificar as visões diferentes que dela tem a ciência! Isso exigiria que ignorássemos inúmeras controvérsias, muita história, muitos negócios inacabados, muitos desfechos suspensos. Caso a fenomenologia abandonasse a ciência a seu próprio destino, limitando-a à intenção humana, o movimento contrário, que estuda os homens como "fenômenos naturais", seria ainda pior: abandonaria a rica e controvertida história humana da ciência – em troca de quê? De uma ortodoxia mediana de uns poucos neurofilósofos? De um cego processo darwiniano que limitaria a atividade da mente a uma luta pela sobrevivência a fim de "enquadrar-se" numa realidade cuja verdadeira natureza nos escapará para sempre? Não, não, certamente poderemos fazer melhor; poderemos deter a queda e refazer nossos passos, preservando tanto a história do envolvimento dos homens na construção dos fatos científicos quanto o envolvimento das ciências na feitura da história humana.

Infelizmente, não somos capazes disso – ainda. Somos impedidos de regressar às encruzilhadas perdidas e tomar o outro caminho pelo fantasma perigoso que já mencionei. É o medo do governo da massa que nos detém, o mesmo medo que fez a voz de meu amigo tremer e hesitar.

O medo do governo da massa

Como eu disse, dois medos inspiravam a estranha pergunta de meu amigo. O primeiro – o medo de um cérebro extirpado que perdeu o contato com o mundo exterior – tem história mais curta que o segundo, originário do seguinte truísmo: se a razão não governar, a força prevalecerá. Tão grande é essa ameaça que todo expediente político passa a ser usado com impunidade contra aqueles que tendem a advogar a força em detrimento da razão. Mas de onde provém essa curiosa oposição entre o campo da razão e o campo da força? De um antigo e venerável debate que sem dúvida ocorre em muitos lugares, mas é apresentado com mais clareza e efeito no *Górgias* de Platão. Nesse diálogo, que examinarei em pormenor nos capítulos 7 e 8, Sócrates, o verdadeiro cientista, enfrenta Cálicles, um daqueles monstros que precisam ser entrevistados para expor seus absurdos agora não às margens de um lago brasileiro, mas na ágora de Atenas. Sócrates diz a Cálicles: "Deixaste de notar *quanto poder a igualdade geométrica exerce entre deuses e homens*. Semelhante negligência da geometria induziu-te a supor que o homem deveria tentar obter uma cota *desproporcional* de coisas" (508a).[2]

2 Utilizo a tradução recente de Robin Waterfield, Oxford: Oxford University Press, 1994.

Cálicles é um mestre da desproporção, não resta dúvida. "Penso", proclama ele numa antevisão do darwinismo social, "que basta observar a natureza para concluir que mais vale ter uma cota maior... O homem superior deve dominar o inferior e possuir mais que ele" (483c-d). O Poder faz o Direito, admite Cálicles francamente. Mas – e veremos isso ao final do livro – há um pequeno problema. Como ambos os protagonistas estão prontos a admitir, existem pelo menos dois tipos de Poder: o de Cálicles e o da massa ateniense. "Que mais pensas que tenho estado a dizer?", pergunta Cálicles. "A lei são as declarações proferidas em uma assembleia de escravos e várias outras formas de rebotalho humano, que poderiam ser completamente *desconsiderados não fosse o fato de possuírem força física*" (489c). Portanto, a questão não é a mera oposição de força e razão, Poder e Direito, mas o Poder do patrício solitário contra a força superior da massa. De que modo as energias combinadas do povo de Atenas poderiam ser suprimidas? "Então é assim que pensas?", ironiza Sócrates. "Uma única pessoa astuta pode ser *superior a dez mil papalvos*? Nesse caso, o poder político deveria ser dela e os outros se lhe submeteriam. Convém a quem detém o poder político possuir mais que seus súditos" (490a). Quando Cálicles se refere à força bruta, entende uma força moral herdada, superior à de dez mil mata-mouros.

Contudo, Sócrates está certo ao fazer de Cálicles alvo de sua ironia? Que tipo de desproporção o próprio Sócrates põe em cena? Que tipo de poder tenta ele manejar? O Poder que Sócrates defende é o *poder da razão*, "o poder da igualdade geométrica", a força que "governa os deuses e os homens" – a qual ele conhece, mas Cálicles e a massa ignoram. Como veremos, há ainda outro probleminha aqui, pois existem duas forças da razão, uma dirigida contra Cálicles, o adversário ideal, e outra dirigida lateralmente, com vistas a reverter o equilíbrio de poder entre Sócrates e todos os outros atenienses. Sócrates persegue também uma força capaz de anular a dos "dez mil papalvos". Também ele quer a cota maior. Seu êxito em reverter o equilíbrio de forças é tão extraordinário que afirma, no final do *Górgias*, ser "o único estadista de verdade em Atenas", o único a deter a maior das cotas, uma eternidade de glória que lhe será concedida por Radamanto, Éaco e Minos, os magistrados do Inferno! Ridiculariza todos os políticos atenienses famosos, inclusive Péricles; ele só, equipado com "o poder da igualdade geométrica", governará os cidadãos até depois de morto. Eis aí um dos primeiros entre os muitos na longa história literária dos cientistas malucos.

"Como se sua história precipitada da filosofia moderna não bastasse", dirá talvez o leitor, "você ainda nos arrasta de volta para os gregos apenas para explicar a pergunta que um psicólogo lhe fez no Brasil?". Creio que ambas as digressões foram necessárias porque só agora podemos atar os dois fios [*threads*], as duas ameaças [*threats*], para explicar as inquietações de meu amigo. Só depois delas minha posição será esclarecida, espero eu.

Por que, em primeiro lugar, precisamos da ideia de um *mundo exterior* visto do desconfortável ponto de observação de um cérebro extirpado? Isso me intrigou desde que me iniciei nos estudos científicos, há quase 25 anos. Por que há de ser tão importante manter essa embaraçosa posição, a despeito de todas as cãibras que ela infligiu aos filósofos, em vez de fazer o óbvio: retraçar nossos passos, repor as moitas que escondiam a encruzilhada perdida e tomar decididamente o outro caminho, o caminho esquecido? E por que gravar essa mente solitária com a tarefa impossível de descobrir certeza absoluta em vez de conectá-la a circuitos que lhe forneceriam todas as certezas relativas de que ela necessita para conhecer e agir? Por que gritar, pelos dois cantos da boca, estas duas ordens contraditórias: "Fique inteiramente desconectado!" e "Encontre provas de que está conectado!"? Quem desataria esse duplo nó impossível? Não admira que tantos filósofos estejam metidos em asilos. A fim de justificar essa tortura autoinfligida e maníaca, teríamos de perseguir um objetivo mais ameno, e esse de fato tem sido o caso. Eis o ponto em que os dois fios se ligam: é para evitar a multidão desumana que temos de confiar em outro recurso não humano, o objeto objetivo intocado por mão de homem.

A fim de evitar o perigo do governo da massa, que tornaria tudo vil, monstruoso e desumano, precisamos depender de algo que não tem origem humana, nenhum traço de humanidade, algo que está puro, cego e friamente fora da Cidade. A ideia de um mundo completamente *exterior*, acalentada pelos epistemólogos, é a única maneira (segundo os moralistas) de não cair nas garras do governo da massa. *Só a inumanidade subjugará a inumanidade*. Mas como imaginar um mundo exterior? Por acaso, alguém já viu essa curiosidade bizarra? Sem problemas. Transformaremos o mundo num espetáculo a ser visto *de* dentro.

Para obter esse contraste, imaginaremos um cérebro extirpado totalmente desprendido do mundo e capaz de acessá-lo apenas mediante um conduto estreito e artificial. Esse liame mínimo, acreditam os psicólogos, basta para manter o mundo lá fora e a mente informada, desde que mais tarde consigamos apetrechar-nos com alguns meios absolutos de trazer a certeza de volta – façanha nada insignificante, como se vê. Entretanto, dessa maneira atingiremos nosso alvo maior: *manter as multidões à distância*. É porque desejamos afastar a massa irascível que precisamos de um mundo totalmente exterior – embora acessível! –, e é com vistas a esse objetivo impossível que chegamos à invenção extraordinária de um cérebro extirpado, isolado de tudo o mais, lutando pela verdade absoluta sem, infelizmente, alcançá-la. Como se pode ver na Figura 1.1, *epistemologia, moralidade, política e psicologia vão de par, no mesmo acordo**.

Esse é o argumento do livro. E também o motivo de a realidade dos estudos científicos ser tão difícil de localizar. Por trás da fria pergunta epistemológica – podem nossas representações captar com alguma certeza os traços estáveis do mundo exterior? –, jaz uma segunda e mais candente ansiedade: podemos achar um modo de afastar o povo? Em contrapartida, por trás de qualquer definição do "social" existe a mesma preocupação: ainda conseguiremos utilizar a realidade objetiva para calar as inúmeras bocas da multidão?

A pergunta de meu amigo, à beira do lago, sob o teto do chalé que nos preservava do sol tropical do meio-dia naquele inverno austral, tornou-se clara finalmente: "Você acredita na realidade?" significa "Você aceitará essa instituição da epistemologia, moralidade, política e psicologia?" – à qual a pronta e zombeteira resposta é, naturalmente: "*Não*! Claro que não! Quem pensa que sou? Como eu iria acreditar que a realidade é a resposta a um problema de crença, apresentado por um cérebro extirpado, com medo de perder contato com o mundo exterior porque tem mais medo ainda de ser invadido por um mundo social estigmatizado como não humano?".

A realidade é um objeto de crença apenas para aqueles que iniciaram essa impossível cascata de arranjos, sempre deparando com uma solução pior e mais radical. Que ponham ordem em sua própria casa e assumam a responsabilidade por seus próprios pecados. Minha trajetória sempre foi diferente. "Que os mortos enterrem seus mortos" e, por favor, ouçam por um instante aquilo que temos a dizer, em vez de tentar calar-nos colocando em nossos lábios as palavras que Platão, há tantos séculos, colocou nos lábios de Sócrates e Cálicles a fim de manter o povo em silêncio.

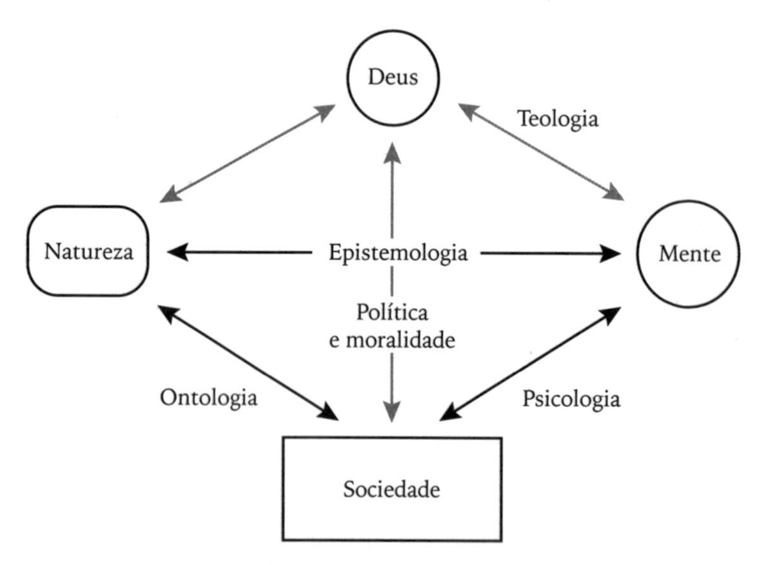

Figura 1.1 – O acordo modernista. Para os estudos científicos, não há sentido em falar independentemente de epistemologia, ontologia, psicologia e política – para não mencionar a teologia. Em suma, "fora", "natureza"; "dentro", mente; "embaixo", o social; "em cima", Deus. Não dizemos que essas esferas estão isoladas umas das outras, mas que todas pertencem ao mesmo arranjo, o qual pode ser substituído por muitos outros.

Os estudos científicos, a meu ver, fizeram duas descobertas relacionadas que tardaram a surgir em virtude do poder do arranjo que acabo de expor – e de alguns outros motivos que explicarei mais tarde. Essa descoberta conjunta é que *nem o objeto nem o social* apresentam o caráter *inumano* que o espetáculo melodramático de Sócrates e Cálicles exigia. Quando dizemos que não existe um mundo exterior, não negamos sua existência; ao contrário, recusamo-nos a conceder-lhe a existência a-histórica, isolada, inumana, fria e objetiva que lhe foi atribuída *apenas* para combater a multidão. Quando afirmamos que a ciência é social, a palavra "social" não tem para nós o estigma do "rebotalho humano", da "massa ingovernável" que Sócrates e Cálicles apressavam-se a invocar para justificar a busca de uma força capaz de reverter o poder de "dez mil papalvos".

Nenhuma dessas duas formas monstruosas de inumanidade – a massa "embaixo", o mundo objetivo "fora" – nos interessa muito. Portanto, não precisamos de uma mente ou cérebro extirpado, desse déspota aleijado que teme constantemente perder ou o "acesso" ao mundo ou sua "força superior" contra o povo. Não ansiamos nem pela certeza absoluta de um contato com o mundo nem pela certeza absoluta de uma força transcendente contra a massa ingovernável. Não sentimos *falta* de certeza porque nunca quisemos *dominar* o povo. Para nós, não existe uma inumanidade a ser subjugada por outra inumanidade. Humanos e não humanos nos bastam. Não precisamos de um mundo social para romper a realidade objetiva, nem de uma realidade objetiva para calar a multidão. É muito simples, embora possa parecer inacreditável nestes tempos de guerras na ciência: nós *não* estamos em guerra.

Tão logo nos recusamos a meter as disciplinas científicas nessa discussão sobre quem deve dominar o povo, a encruzilhada perdida é reencontrada e já não há dificuldade em percorrer o caminho negligenciado. O realismo volta com toda a força, como espero demonstrar nos próximos capítulos, que parecerão marcos ao longo da rota para um "realismo mais realista". Minha tese, neste livro, recapitula o ritmo "dois passos à frente, um passo atrás" no qual os estudos científicos avançaram ao longo dessa vereda há tanto tempo esquecida.

Começamos quando, pela primeira vez, falamos sobre *prática** científica e oferecemos assim um relato mais realista da ciência em ação, alicerçando-a firmemente em laboratórios, experimentos e grupos de colegas, como faço nos capítulos 2 e 3. Os fatos, conforme descobrimos, foram sem dúvida alguma fabricados. Depois o realismo fluiu novamente quando, em vez de falar em objetos e objetividade, começamos a falar de *não humanos**, socializados pelo laboratório e com os quais os cientistas e engenheiros entraram a trocar propriedades. No capítulo 4, veremos como Pasteur fez seus micróbios enquanto os micróbios "faziam seu Pasteur". O capítulo 6 apresenta um tratamento mais geral de humanos e não humanos misturando-se e formando constantemente entidades coletivas mutáveis. Enquanto os objetos se tornavam frios, associais e distantes por razões políticas, descobrimos que os não humanos estavam ali mesmo, quentes, fáceis de convocar e aliciar, acrescentando mais e mais realidade às muitas lutas em que cientistas e engenheiros se metiam.

Mas o realismo tornou-se ainda mais abundante quando os não humanos começaram a ter uma *história* também, sendo-lhes facultada a multiplicidade de interpretações, a flexibilidade e a complexidade até então reservadas aos humanos (ver capítulo 5). Graças a uma série de revoluções* anticopernicanas, a fantasia assustadora de Kant começou a perder lentamente seu predomínio insinuante sobre a filosofia da ciência. Instaurou-se de novo um claro senso segundo o qual podíamos dizer que as palavras faziam *referência* ao mundo e que a ciência apreendia as coisas em si (ver capítulos 2 e 4). Finalmente a ingenuidade estava de volta, ingenuidade apropriada àqueles que jamais haviam entendido como o mundo podia estar "do lado de fora". Precisamos ainda fornecer uma alternativa real a essa fatídica distinção entre construção e realidade; e eu procuro fazê-lo aqui, com a noção de "fatiche". Como veremos no capítulo 9, "fatiche" é uma combinação das palavras "fato" e "fetiche", em que o trabalho de fabricação foi duas vezes acrescentado, ocultando os efeitos gêmeos da crença e do conhecimento.

Em lugar dos três polos – uma realidade "fora", uma mente "dentro" e uma multidão "embaixo" –, chegamos por fim a um senso que chamo de *coletivo**. Conforme demonstra a explicação do *Górgias* nos capítulos 7 e 8, Sócrates definiu muito bem esse coletivo antes de entrar em choque com Cálicles: "A opinião do especialista é que a cooperação, o amor, a ordem, a disciplina e a justiça *ligam* o céu e a terra, os deuses e os homens. Por isso chamam o universo de *todo orgânico*, meu caro, e não de barafunda ou *desordem*" (507e-508a).

Sim, vivemos num mundo híbrido feito ao mesmo tempo de deuses, pessoas, estrelas, elétrons, usinas nucleares e mercados; cabe a nós transformá-lo em "desordem" ou em "todo orgânico", num cosmos, como reza o texto grego, realizando aquilo a que Isabelle Stengers dá o bonito nome de cosmopolítica* (Stengers, 1996). Não havendo já uma mente extirpada observando o mundo exterior, a procura da certeza absoluta faz-se menos urgente e, portanto, desaparece a dificuldade de retomarmos contato com o relativismo, as relações, a relatividade em que as ciências sempre medraram. Tendo a esfera social se livrado dos estigmas que lhe apuseram aqueles que desejam silenciar a massa, tornou-se fácil reconhecer o caráter humano da prática científica, sua história vívida, suas muitas conexões com o resto do coletivo. O realismo volta como sangue através dos inúmeros vasos agora religados pelas mãos habilidosas dos cirurgiões – já não há necessidade de um equipamento de sobrevivência. Depois de palmilhar esse caminho, ninguém pensaria sequer em fazer a pergunta bizarra: "Você acredita na realidade?" – pelo menos não para *nós*!

A originalidade dos estudos científicos

Não obstante, meu amigo psicólogo poderia fazer outra pergunta, esta mais séria: "Então por que, a despeito de tudo aquilo que você diz que seu campo realizou, eu me senti *tentado* a fazer-lhe perguntas idiotas, *como se* houvesse alguma que valesse a pena? Por que, depois de todas essas filosofias por cujos meandros você me conduziu, ainda duvido do realismo radical que você defende? Não posso evitar a sensação desagradável de que uma guerra científica está em curso. Afinal de contas, você é amigo ou inimigo da ciência?".

Três fenômenos diferentes explicam, ao menos para mim, por que a novidade dos "estudos científicos" não pode ser tão facilmente registrada. O primeiro é que estamos postados, como eu disse, na terra de ninguém entre as duas culturas, mais ou menos como o terreno entre as linhas Siegfried e Maginot, onde soldados franceses e alemães plantavam couves e nabos durante a "guerra de mentirinha" de 1940. Os cientistas estão sempre a arengar sobre a necessidade de "lançar uma ponte entre as duas culturas", mas quando os leigos começam de fato a construir essa ponte, eles recuam horrorizados e tentam impor a maior das censuras à livre expressão desde Sócrates: só cientistas podem falar de ciência!

Suponhamos que esse lema fosse generalizado: só políticos poderiam falar de política, só empresários poderiam falar de negócios, ou pior ainda: só ratos poderiam falar de ratos, rãs de rãs, elétrons de elétrons! Isso implica, por definição, o risco de equívocos ao longo do espaço aberto entre espécies diferentes. Se os cientistas desejam mesmo lançar uma ponte entre as duas culturas, têm de acostumar-se a um bocado de barulho e, sem dúvida, a mais que uma pontinha de absurdo. Afinal de contas, humanistas e literatos não levam tanto a sério as tolices proferidas pela equipe de cientistas que constrói a ponte a partir da outra margem. De maneira mais séria, estreitar o abismo não significa estender os *resultados* inequívocos da ciência a fim de impedir que o "rebotalho humano" se comporte irracionalmente. Tal tentativa poderia, na melhor das hipóteses, ser chamada de pedagogia; na pior, de propaganda. Isso é inaceitável para a cosmopolítica, que exige do coletivo a socialização, em seu seio, de humanos, não humanos e deuses. Preencher o abismo entre as duas culturas não quer dizer apoiar os sonhos de Sócrates e Platão de um controle absoluto.

Mas de onde se origina o próprio debate sobre as duas culturas? Numa divisão de trabalho entre os dois lados do câmpus. Um deles considera as ciências acuradas somente depois que se livraram de todas as contaminações da subjetividade, política ou paixão. O outro, mais disseminado, só dá valor à humanidade, moralidade, subjetividade ou direitos se estes foram protegidos de quaisquer contatos com a ciência, a tecnologia e a objetividade. Nós, da área de estudos científicos, combatemos ao mesmo tempo essas duas purgações, essas duas purificações – o que nos torna traidores de um e outro lado. Dizemos aos cientistas que, *quanto mais ligada uma ciência estiver* com o resto do coletivo, *melhor* será, mais precisa, mais verificável, mais sólida (ver capítulo 3) – e isso contraria todos os reflexos condicionados dos epistemólogos. Quando lhes afirmamos que o mundo social é bom para a saúde da ciência, parece que os advertimos de que a plebe de Cálicles está vindo para saquear seus laboratórios.

Ao outro partido, o dos humanistas, dizemos que *quanto mais não humanos partilharem a existência com os humanos, mais humano* será um coletivo – e isso também contraria aquilo em que por anos foram treinados para acreditar. Quando tentamos chamar sua atenção para fatos sólidos e mecanismos robustos, quando sustentamos que os objetos são bons para a saúde dos sujeitos (pois não apresentam nenhuma das características inumanas que tanto temem), eles gritam que o guante da objetividade está transformando almas frágeis e quebradiças em máquinas reificadas. Nós, entretanto, continuamos indo de um partido a outro, insistindo repetidamente que há tanto uma história social das coisas quanto uma história "coisificada" dos humanos; e que nem o "social" nem o "mundo objetivo" desempenham o papel a eles atribuído por Sócrates e Cálicles em seu grotesco melodrama.

Se algo acontece – e aqui talvez sejamos com acerto acusados de uma ligeira falta de simetria –, é isto: os "estudiosos de ciência" combatem *muito mais* os humanistas que tentam inventar um mundo purgado de não humanos do que nós combatemos os epistemólogos que tentam purificar as ciências de toda contaminação pelo social. Por quê? Porque os cientistas gastam apenas uma parcela de seu tempo purificando as ciências e, com franqueza, não ligam a mínima para os filósofos que acorrem em seu socorro, ao passo que os humanistas só o que fazem, com a máxima seriedade, é tentar livrar os sujeitos humanos dos perigos da objetificação e da reificação. Os bons cientistas só travam guerras de ciência em seu tempo livre, quando se aposentam ou quando precisam de muito dinheiro; os outros, porém, vivem armados dia e noite, chegando mesmo a aliciar o concurso de fornecedores de verbas. Eis por que ficamos tão furiosos ante a suspeita de nossos colegas cientistas. Eles já não parecem mais capazes de distinguir amigos de inimigos. Alguns perseguem o sonho e vão de uma ciência autônoma e isolada, à maneira de Sócrates, enquanto nós assinalamos os verdadeiros meios de que necessitam para reaplicar os fatos às realidades sem as quais a existência das ciências não pode sustentar-se. Quem, pela primeira vez, nos ofereceu esse tesouro de conhecimentos? Os próprios cientistas!

Essa cegueira me parece tanto mais estranha quanto, nos últimos vinte anos, inúmeras disciplinas científicas vieram juntar-se a nós, atulhando a estreita faixa da terra de ninguém entre as duas linhas. Essa é a segunda razão pela qual os "estudos científicos" são tão polêmicos. Por engano, foram envolvidos em outra disputa, esta *dentro* das próprias ciências. De um lado estão as "disciplinas de guerra fria", por assim dizer, que ainda parecem semelhantes à Ciência do passado, autônoma e distanciada do coletivo; de outro, postam-se esquisitas mixórdias de política, ciência, tecnologia, mercados, valores, ética e fatos que não podem facilmente ser abrangidos pela palavra Ciência, com C maiúsculo.

Se há alguma plausibilidade na afirmativa de que a cosmologia não tem a mínima conexão com a sociedade – embora até isso seja errado, conforme Platão se lembra de nos advertir –, é difícil dizer o mesmo da neuropsicologia, sociobiologia, primatologia, ciências da computação, *marketing*, ciências do solo, criptologia, mapeamento do genoma ou da vaga lógica, para nomear apenas algumas dessas zonas ativas, dessas "barafundas", como Sócrates lhes chamaria. Por um lado, temos um modelo que ainda aplica o velho lema: quanto menos desvinculada uma ciência, melhor; por outro, existem diversas disciplinas de *status* incerto, que tentam aplicar sem sucesso o modelo antigo e não se acham ainda preparadas para apregoar algo parecido com o que vimos dizendo: "Acalmem-

-se, descontraiam-se, quanto mais vinculada uma ciência, melhor. Fazer parte de um coletivo não irá privá-los dos não humanos que vocês socializam tão bem. Irá privá-los, isso sim, do tipo de objetividade polêmica cuja única serventia é funcionar como arma numa guerra política *contra* a política".

Em palavras ainda mais incisivas, os estudos científicos tornaram-se reféns da grande passagem da Ciência para aquilo que poderíamos chamar de Pesquisa (ou Ciência Nº 2, como a chamarei no capítulo 8). Se a Ciência possui certeza, frieza, distanciamento, objetividade, isenção e necessidade, a Pesquisa parece apresentar todas as características opostas: ela é incerta, aberta, às voltas com problemas insignificantes como dinheiro, instrumentos e *know-how*, incapaz de distinguir até agora o quente do frio, o subjetivo do objetivo, o humano do não humano. Se a Ciência prospera agindo como se fosse desvinculada do coletivo, a Pesquisa é vista antes como uma *experimentação coletiva* daquilo que humanos e não humanos, juntos, podem suportar. A mim me parece que o segundo modelo é mais inteligente que o primeiro. Já não precisamos escolher entre Direito e Poder porque outro partido ingressou na disputa, o "coletivo"*; já não temos de decidir entre Ciência e Anticiência, pois também aqui aparece um terceiro partido: o *mesmo* terceiro partido, o coletivo.

A Pesquisa é a zona para a qual são arrastados humanos e não humanos, onde ao longo das eras foi feito o mais extraordinário dos experimentos coletivos para distinguir, em tempo real, o "cosmo" da "desordem" sem que ninguém, cientista ou "estudioso de ciência", pudesse saber de antemão qual seria a resposta provisória. Talvez, afinal de contas, os estudos de ciência sejam Anticiência. Mas, nesse caso, eles são *a favor* da Pesquisa e no futuro, quando o espírito da época firmar-se na opinião pública, estarão no mesmo campo juntamente com todos os cientistas ativos, deixando no outro apenas alguns físicos resmungões de guerra fria, ainda desejosos de ajudar Sócrates a calar a boca dos "dez mil papalvos" com uma verdade inquestionável e absoluta, surgida não se sabe de onde. O oposto de relativismo, convém lembrar, é absolutismo (Bloor, 1991 [1976]).

Estou sendo um pouco astuto, bem o sei – pois há uma terceira razão que torna difícil acreditar que os estudos científicos tenham tantos benefícios assim a oferecer. Por uma infeliz coincidência, ou talvez em virtude de um caso estranho de mimetismo darwiniano na ecologia das ciências sociais ou ainda – quem sabe? – devido a uma contaminação mútua, os estudos científicos ostentam uma semelhança superficial com aqueles prisioneiros encerrados em suas células que deixamos, páginas atrás, empreendendo uma lenta descida de Kant para o inferno – a sorrir delambidamente durante todo o trajeto, pois afirmam não preocupar-se mais com a capacidade da linguagem de referir-se à realidade. Quando falamos de híbridos e mixórdias, meditações, práticas, redes, relativismo, relações, respostas provisórias, conexões parciais, humanos e não humanos, "desordens", pode parecer que nós também seguimos o mesmo caminho, numa fuga apressada da verdade e da razão, fragmentando em pedaços ainda menores as categorias que mantêm a mente humana afastada para sempre da presença da realidade. No entanto – não há por que escondê-lo –, assim como grassa uma luta no seio das disciplinas científicas entre o modelo da Ciência e o modelo da Pesquisa, outra luta se desenrola nas ciências sociais e nas humanidades entre dois modelos opostos: o que se pode chamar, frouxamente, de pós-moderno* e o que chamei de não moderno*. Tudo aquilo que o primeiro invoca como justificação para mais ausência, mais desmascaramento, mais negação e mais desconstrução, o segundo acolhe como prova de presença, desenvolvimento, afirmação e construção.

A causa das mudanças radicais, bem como das semelhanças ocasionais, não é difícil de perceber. O pós-modernismo, como o nome indica, descende da série de acordos que definiram a modernidade. Herdou dela a busca da verdade absoluta, empreendida pela mente extirpada, o debate entre Poder e Direito, a distinção radical entre ciência e política, o construtivismo de Kant e a urgência crítica que o acompanha; entretanto, *deixou* de acreditar na possibilidade de conduzir a bom termo esse programa implausível. Em seu desapontamento, revela algum senso comum, o que deve contar em seu favor. Mas não refez o caminho da modernidade rumo às diversas bifurcações que iniciaram esse processo impossível. Sente a mesma nostalgia que o modernismo, exceto pelo fato de assumir, como traços positivos, os esmagadores fracassos do projeto racionalista. Daí sua apologia de Cálicles e dos sofistas, seu júbilo ante a realidade virtual, seu desmascaramento das "narrativas 'mestras'", sua afirmação de que é bom aferrar-se ao próprio ponto de vista, sua ênfase exagerada na reflexibilidade, seus insanos esforços para redigir textos que não encerrem o risco da presença.

Os estudos científicos, tal qual os vejo, assumiram uma tarefa não moderna bem diferente. Para nós, a modernidade jamais constituiu a ordem do dia. Nunca nos faltaram a realidade e a moralidade. A luta pró ou contra a verdade absoluta, pró ou contra os múltiplos pontos de vista, pró ou contra a construção social, pró ou contra a presença jamais foi importante. O empenho em desmascarar, expor e evitar compromisso debilita a tarefa que sempre pareceu mais relevante para o coletivo das pessoas, coisas e deuses, a saber, a tarefa de extrair o "cosmo" de uma "desordem". Visamos a uma *política de coisas*, não à disputa já superada para saber se as palavras se referem ou não ao mundo. É claro que se referem! O leitor poderia também perguntar-me se acredito em mamãe e na torta de maçã ou, no caso, na realidade!

Ainda duvida, amigo? Ainda não está certo de que sejamos peixes ou aves, amigos ou inimigos? Devo confessar que é necessário mais que um pequeno ato de fé para aceitar essa descrição de nosso trabalho, feita em semelhantes moldes, mas já que você fez sua pergunta de mente aberta, acho que merece uma resposta igualmente franca. Sem dúvida, é um pouco difícil nos situarmos entre as duas culturas, no centro da passagem histórica de Ciência para Pesquisa, em meio às categorias do pós-moderno e do não moderno. Espero que você esteja convencido, pelo menos, de que não existe nenhuma ofuscação deliberada em nossa postura, mas que ser fiel ao próprio trabalho científico, nestes tempos conturbados, é tremendamente difícil. A meu ver, seu trabalho e o de muitos de seus colegas, bem como seus esforços para estabelecer fatos, foram sequestrados pela cansativa e antiga disputa sobre como controlar melhor as pessoas. Acreditamos que as ciências merecem mais que esse sequestro pela Ciência.

Contrariamente ao que deva ter pensado quando me convidou para essa conversa particular, longe de sermos aqueles que limitaram a ciência à "mera construção social" pela massa convulsa, inventada para satisfazer a sede de poder de Cálicles e Sócrates, nós, da área de estudos científicos, talvez sejamos *os primeiros a descobrir um modo de libertar as ciências da política* – a política da razão, esse velho acordo entre epistemologia, moralidade, psicologia e teologia. Talvez sejamos os primeiros a libertar os não humanos da política de objetividade e os humanos da política de subjetificação. As próprias disciplinas, os fatos e artefatos com suas bonitas raízes, suas delicadas articulações, suas inúmeras gavinhas e suas frágeis redes ainda estão, na maior parte, à espera de investigação e descrição. Procuro fazer o melhor que posso, nas páginas seguintes, para destrinchar alguns deles. Longe do estrondo das guerras na ciência, das quais nem eu nem você gostaríamos de participar (bem, talvez eu gostasse de disparar uns tiros!), fatos e artefatos podem inspirar muitas outras conversas – bem menos belicosas, mais produtivas e, decerto, mais amistosas.

Tenho de admitir que estou sendo astucioso outra vez. Ao abrir a caixa-preta dos fatos científicos, não ignorávamos que abríamos a caixa de Pandora. Era impossível evitá-lo. Ela esteve hermeticamente fechada enquanto permaneceu na terra de ninguém das duas culturas, oculta no meio das couves e nabos, placidamente ignorada pelos humanistas, que tentam combater os perigos da objetificação, e pelos epistemólogos, que procuram anular os males trazidos pela massa rebelde. Agora que ela foi aberta, espalhando pragas e maldições, pecados e doenças, só há uma coisa a fazer: mergulhar na caixa quase vazia para resgatar aquilo que, segundo a lenda venerável, ficou lá no fundo – sim, a *esperança*. A profundidade é demasiada para mim; não gostaria de me ajudar na tarefa? Não me daria uma mãozinha?

2
Referência circulante
Amostragem do solo da floresta Amazônica

A única maneira de compreender a realidade dos estudos científicos é acompanhar o que eles fazem de melhor, ou seja, prestar atenção aos detalhes da prática científica. Após descrevermos essa prática de tão perto quanto os antropólogos que vão viver entre tribos selvagens, poderemos suscitar novamente a pergunta clássica a que a filosofia da ciência tentou dar resposta sem a ajuda de fundamentos empíricos: como acondicionamos o mundo em palavras? Para começar, escolhi uma disciplina – a pedologia – e uma situação – uma pesquisa de campo na Amazônia, que não exigirá muito conhecimento prévio. Examinando em pormenor as práticas que geram informações sobre determinada situação, descobrimos até que ponto foram irrealistas muitas discussões filosóficas sobre realismo.

O antigo acordo originou-se de uma lacuna entre palavras e mundo; em seguida, tentou lançar uma estreita pinguela sobre o abismo forçando uma arriscada correspondência entre o que se entendia como domínios ontológicos totalmente diferentes: linguagem e natureza. Pretendo demonstrar que não há nem correspondência, nem lacuna, nem sequer dois domínios ontológicos distintos, mas um fenômeno inteiramente diverso: referência circulante*. Para apreender isso, temos de desacelerar um pouco o passo e pôr de lado todas as nossas abstrações de conveniência. Com a ajuda de minha câmera, tentarei pôr alguma ordem na selva da prática científica. Observemos agora a primeira moldura dessa montagem fotofilosófica. Se uma imagem vale mais que mil palavras, um mapa, como veremos, vale mais que uma floresta inteira.

À esquerda da Figura 2.1 há uma vasta savana. À direita, começa abruptamente a orla de uma mata densa.

Figura 2.1

Um dos lados é árido e vazio; o outro, úmido e estuante de vida. Embora possa parecer que os habitantes locais criaram esse espaço limítrofe, ninguém jamais cultivou aquelas terras e nenhuma linha divisória foi traçada ao longo da orla de centenas de quilômetros. Apesar de a savana servir de pastagem para o gado de alguns proprietários, sua fronteira é a orla natural da floresta, não um marco erigido pelo homem.

Figurinhas perdidas na paisagem, postadas ao lado como numa pintura de Poussin, apontam para algum fenômeno interessante com seus dedos e canetas. A primeira personagem, que aponta para árvores e plantas, é Edileusa Setta-Silva. Ela é brasileira. Mora na região, ensinando botânica na pequena universidade da cidadezinha de Boa Vista, capital do estado amazônico de Roraima. À sua direita outra pessoa observa atentamente, sorrindo para o que Edileusa lhe mostra. Armand Chauvel é francês. Viaja por conta do ORSTOM, o instituto de pesquisas do antigo império colonial francês, a "agência para o desenvolvimento de pesquisa científica cooperativa".

Armand não é botânico e sim pedólogo (a pedologia é uma das ciências do solo, não devendo ser confundida com a geologia, ciência do subsolo, nem com a podiatria, arte médica de tratar dos pés). Reside a cerca de mil quilômetros dali, em Manaus, onde o ORSTOM financia seu laboratório num centro de pesquisa brasileiro conhecido como Inpa.

A terceira pessoa, que toma notas num caderno, chama-se Heloísa Filizola. É geógrafa ou, como insiste em dizer, geomorfologista: estuda a história natural e social da forma da terra. É brasileira como Edileusa, mas do sul, de São Paulo, que fica a milhares de quilômetros de distância – quase outro país. Também leciona numa universidade, mas essa bem maior que a de Boa Vista.

Quanto a mim, sou o que tirou a foto e estou descrevendo a cena. Minha função, como antropólogo francês, consiste em acompanhar o trabalho dos três. Familiarizado com laboratórios, resolvi fazer uma mudança e observar uma expedição de campo. Resolvi também, já que sou uma espécie de filósofo, utilizar meu relatório sobre a expedição para estudar empiricamente a questão epistemológica da referência científica. Por intermédio desse relato fotofilosófico, porei diante de seus olhos, caro leitor, uma pequena faixa da floresta de Boa Vista; mostrar-lhe-ei alguns traços da inteligência de meus cientistas e tentarei conscientizá-lo do trabalho exigido por esse transporte e por essa referência.

Sobre o que estarão conversando nessa manhã de outubro de 1991, após percorrer de jipe estradas terríveis até chegar ao local, que há muitos anos Edileusa vem dividindo cuidadosamente em seções para observar os padrões de crescimento das árvores e a sociologia e a demografia das plantas? Estão conversando sobre o solo e a floresta. Todavia, como cultivam duas disciplinas muito diferentes, falam deles de modo diverso.

Edileusa mostra uma espécie de árvores resistentes ao fogo, que geralmente só crescem na savana e são cercadas de arbustos. Porém, encontrou algumas na orla da floresta, onde são mais vigorosas, mas não abrigam plantas menores. Para sua surpresa, deparou com umas poucas dessas árvores dez metros floresta adentro, local em que tendem a morrer por falta de luz. Estará a floresta avançando? Edileusa hesita. A seu ver, a portentosa árvore que se vê ao fundo pode ser um esculca enviado pela mata como elemento de vanguarda, ou talvez de retaguarda, que a floresta, ao retirar-se, sacrificou à usurpação impiedosa da savana. Estará a floresta avançando, como o bosque de Birnam em direção a Dunsinane, ou recuando?

Essa é a questão que interessa a Armand; por isso ele veio de tão longe. Edileusa acredita que a floresta está avançando, mas não tem certeza porque a evidência botânica é confusa: a mesma árvore pode estar desempenhando um de dois papéis contraditórios, esculca ou elemento de retaguarda. Para Armand, o pedólogo, à primeira vista a savana é que pode estar devorando a floresta aos bocados, degenerando o solo argiloso, necessário para as árvores saudáveis, em solo arenoso, no qual só sobrevivem a grama e os arbustos mirrados. Se todo o seu conhecimento de botânica faz que Edileusa fique ao lado da floresta, todo o conhecimento de pedologia de Armand o faz inclinar-se para a savana. O solo passa da argila à areia, não da areia à argila – ninguém ignora isso. O solo não pode impedir a degradação: se as leis da pedologia não esclarecem isso, as leis da termodinâmica deverão fazê-lo.

Assim, nossos amigos estão às voltas com um interessante conflito cognitivo e disciplinar. Uma expedição de campo, destinada a resolvê-lo, justifica-se plenamente. Afinal, o mundo inteiro está interessado na floresta Amazônica. A notícia de que a floresta de Boa Vista, na orla de densas zonas tropicais, está avançando ou batendo em retirada deve realmente interessar aos homens de negócios. Também se justifica plenamente a mistura do *know-how* de botânica com o de pedologia numa única expedição, ainda que tal combinação não seja usual. A cadeia de translação*, que lhes permite obter fundos, não é muito longa. Evitarei quanto possível tratar dos problemas de política que cercaram a expedição, pois neste capítulo pretendo concentrar-me na referência científica como filósofo, não em seu "contexto" como sociólogo. (Desde já, peço desculpas ao leitor por omitir inúmeros aspectos dessa expedição de campo que pertencem à situação colonial. O que tenciono fazer aqui é reproduzir na medida do possível os problemas e o vocabulário dos filósofos, a fim de refazer a questão da referência. Mais tarde, reelaborarei a noção de contexto e, no capítulo 3, corrigirei a distinção entre conteúdo e contexto.)

Na manhã da partida, reunimo-nos no terraço do pequeno hotel-restaurante chamado *Eusébio* (Figura 2.2). Estávamos no centro de Boa Vista, uma rude cidade de fronteira onde os garimpeiros vendem o ouro que tiraram da floresta e dos ianomâmis com picareta, mercúrio e espingarda.

Figura 2.2

Para a expedição, Armand (à direita) solicitou a ajuda de seu colega René Boulet (o homem do cachimbo). Francês como Armand, René também é pedologista do ORSTOM, mas tem sua base em São Paulo. Aqui estão dois homens e duas mulheres. Dois franceses e duas brasileiras. Dois pedólogos, uma geógrafa e uma botânica.

Três visitantes e uma "nativa". Os quatro debruçam-se sobre dois tipos de mapas e apontam para a localização exata do sítio demarcado por Edileusa. Sobre a mesa, vê-se uma caixa alaranjada contendo o indispensável *topofil*, sobre o qual falarei mais tarde.

O primeiro mapa, impresso em papel, corresponde à seção do atlas, compilado pelo Radambrasil numa escala de um para um milhão, que cobre toda a Amazônia. Aprendi logo a rabiscar pontos de interrogação diante da palavra "coberturas", pois, segundo meus informantes, os bonitos tons de amarelo, laranja e verde do mapa nem sempre correspondem aos dados pedológicos. Por isso desejam obter um *close* utilizando fotografias aéreas em branco e preto numa escala de um para cinquenta mil. Uma única inscrição* não inspiraria confiança, mas a superposição das duas permite ao menos uma indicação rápida da localização exata do sítio.

Essa é uma situação tão trivial que tendemos a esquecer sua novidade: aqui estão quatro cientistas cujo olhar é capaz de dominar dois mapas da própria paisagem que os cerca. (As duas mãos de Armand e a mão direita de Edileusa têm de esticar constantemente os cantos do mapa, pois de outro modo a comparação se perderia e o aspecto que desejam encontrar não apareceria.) Removam-se ambos os mapas, confundam-se as convenções cartográficas, eliminem-se as dezenas de milhares de horas investidas no atlas do Radambrasil, interfira-se com o radar dos aeroplanos e nossos quatro cientistas ficarão perdidos na paisagem, obrigados a reiniciar todo o trabalho de exploração, referenciação, triangulação e quadriculação feito por centenas de predecessores. Sim, os cientistas dominam o mundo – mas desde que o mundo venha até eles sob a forma de inscrições* bidimensionais, superpostas e combinadas. É sempre a mesma história, desde que Tales se postou ao pé das Pirâmides.

Observe, caro leitor, que o dono do restaurante parece ter o mesmo problema de nossos pesquisadores e de Tales. Se ele não houvesse escrito o número 29, em grandes letras pretas, na mesa do terraço, não conseguiria governar seu próprio restaurante; sem essas marcas, não poderia acompanhar os pedidos ou distribuir as contas. Parece um mafioso quando desaba com sua pança enorme numa cadeira ao chegar de manhã; mas também ele precisa de inscrições para gerir a economia de seu pequeno mundo. Apaguem os números das mesas e ele ficará tão perdido em seu restaurante quanto nossos cientistas na floresta, sem mapas.

Na fotografia anterior, nossos amigos estavam imersos num mundo cujos traços distintivos só podiam ser discernidos se apontados com o dedo. Nossos amigos se atrapalhavam. Hesitavam. Mas nesta fotografia eles estão seguros de si. Por quê? Porque podem apontar o dedo para fenômenos apreendidos pelo olho e sujeitos ao *know-how* de suas veneráveis disciplinas: trigonometria, cartografia, geografia. A fim de explicar o conhecimento assim adquirido, não devemos deixar de mencionar o foguete Ariane, os satélites orbitais, os bancos de dados, os desenhistas, os gravadores, os impressores, enfim, todos aqueles cujo trabalho se manifesta aqui em papel. Resta aquele movimento do dedo, o "índice" por excelência. "Eu, Edileusa, escrevo estas palavras e designo no mapa, sobre a mesa do restaurante, a localização do sítio para onde iremos quando Sandoval, o técnico, vier nos apanhar de jipe."

Figura 2.3

Como se passa da primeira imagem para a segunda – da ignorância para a certeza, da fraqueza para a força, da inferioridade em face do mundo para o domínio do mundo pelo olho humano? Essas são questões que me interessam e em virtude das quais viajei para tão longe. Não a fim de resolver, como pretendem meus amigos, a dinâmica da transição floresta-savana, mas para descrever o gesto mínimo de um dedo apontado para o *referente do discurso*. As ciências falam do mundo? É o que se afirma. No entanto, o dedo de Edileusa designa um único ponto codificado numa fotografia que apresenta apenas ligeira semelhança, em certos traços, com as figuras impressas no mapa. À mesa do restaurante, estamos bem longe da floresta, mas Edileusa fala dela com segurança, como se a tivesse na mão. As ciências não falam do mundo, mas constroem representações que ora parecem empurrá-lo para longe, ora trazê-lo para perto. Meus amigos tencionam descobrir se a floresta avança ou recua e eu quero saber como as ciências podem ser ao mesmo tempo realistas e construtivistas, imediatas e intermediárias, confiáveis e frágeis, próximas e distantes. O discurso da ciência possuirá um referente? Quando falo de Boa Vista, a que se refere a palavra proferida? Ciência e ficção são coisas diferentes? Outra pergunta: em que minha maneira de discorrer sobre essa fotomontagem difere da maneira pela qual meus informantes falam de seu solo?

Os laboratórios são lugares excelentes, nos quais se pode entender a produção de certeza, e por isso gosto tanto de estudá-los; entretanto, como os mapas, eles apresentam a séria desvantagem de confiar na infinita sedimentação de outras disciplinas, instrumentos, linguagens e práticas. Já não se vê a ciência balbuciar, iniciar-se, criar-se a partir do nada em confronto direto com o mundo. No laboratório há sempre um universo pré-construído, miraculosamente semelhante ao das ciências. Em consequência, como o mundo conhecido e o mundo cognoscente estão sempre interagindo, a referência nunca deixa de lembrar uma tautologia (Hacking, 1992). Mas não, ao que parece, em Boa Vista. Aqui, a ciência não se mistura bem com os garimpeiros e as águas claras do rio Branco. Que sorte! Acompanhando a expedição, poderei seguir a trilha de uma disciplina relativamente pobre e fraca, que irá ensaiar, diante de meus olhos, seus primeiros passos – assim como teria podido observar o vaivém da geografia se, em tempos passados, houvesse corrido o Brasil na companhia de Jussieu ou Humboldt.

Aqui, na imensa floresta (Figura 2.3), um galho horizontal destaca-se do fundo uniformemente verde. Nesse galho, pregada com um alfinete, vê-se uma pequena etiqueta onde foi escrito o número "234".

Nos milhares de anos em que os homens percorreram essa floresta, cortando e queimando para cultivá-la, ninguém teve jamais a ideia curiosa de pespegar-lhe números. Foi necessário aparecer um cientista ou madeireiro para marcar as árvores a serem derrubadas. Em qualquer dos casos, a numeração de árvores é, devemos presumir, obra de um meticuloso guarda-livros (Miller, 1994).

Após viajar uma hora de jipe, chegamos ao trato de terra que Edileusa vem mapeando há anos. Como o dono do restaurante na fotografia anterior, ela não conseguiria lembrar-se por muito tempo das diferenças entre os pontos da floresta sem marcá-los de algum modo. Por isso, pregou etiquetas a intervalos regulares, de modo a cobrir os poucos hectares de sua área de pesquisa com uma rede de coordenadas cartesianas. Os números lhe permitirão registrar em seu caderno as variações de crescimento e o surgimento de novas espécies. Toda planta possui o que se chama referência tanto em geometria (pela atribuição de coordenadas) quanto em administração de estoques (pela afixação de números específicos).

Apesar do caráter pioneiro da expedição, acabei não assistindo ao nascimento de uma ciência *ex nihilo*. É que meus colegas pedólogos não podem iniciar proveitosamente seu trabalho a menos que o sítio seja marcado antes por *outra* ciência, a botânica. Pensei estar no âmago da floresta, mas a implicação do sinal "234" é que estamos *em um laboratório*, embora minúsculo, traçado pela rede de coordenadas. A floresta, dividida em quadrados, já se acomodou, ela própria, à coleção de informações no papel, que tem também formato quadrado. Reencontro assim a tautologia a que pensara ter escapado vindo para o campo. Uma ciência sempre oculta outra.

Se eu removesse as etiquetas das árvores ou as misturasse, Edileusa entraria em pânico como aquelas formigas gigantes cuja trilha perturbei passando lentamente o dedo por suas rodovias químicas.

Edileusa corta seus espécimes (Figura 2.4). Sempre nos esquecemos de que a palavra "referência" vem do latim *referre*, "trazer de volta". O referente é aquilo que designo com o dedo, fora do discurso, ou é aquilo que trago de volta para o interior do discurso? O único objetivo da montagem é responder a essa pergunta. Se pareço escusar-me à resposta é porque não existe nenhum botão de *fast forward* para desenrolar rapidamente a prática da ciência se eu quiser seguir os muitos passos dados entre nossa chegada ao sítio e a publicação final.

Nesse quadro Edileusa recolhe, da ampla variedade de plantas, os espécimes que correspondem aos reconhecidos taxonomicamente como *Guatteria schomburgkiana*, *Curatella americana* e *Connarus favosus*. Afirma identificá-los tão bem quanto aos membros de sua própria família. Cada planta que ela remove representa milhares da mesma espécie, presentes na floresta, na savana e na zona limítrofe entre ambas. Edileusa não está colhendo um ramalhete, está reunindo as provas que quer preservar como referência (aqui, em outra acepção da palavra). Deve ser capaz de encontrar o que escreve em seus cadernos e recorrer a eles no futuro. A fim de poder dizer que a *Afulamata diasporis*, uma planta comum da floresta, é encontrada na savana, mas apenas à sombra de outras que conseguem sobreviver ali, ela tem de preservar não a população inteira, mas uma amostra que se comportará como uma testemunha silenciosa de sua assertiva.

Na braçada que ela acaba de colher, podemos identificar dois traços de referência: de um lado, uma economia, uma indução, um atalho, um funil em que Edileusa toma uma única folha de grama como representante de milhares de folhas de grama; de outro, a preservação de um espécime que mais tarde atuará como fiador quando ela própria ficar em dúvida ou, por diversos motivos, seus colegas duvidarem de suas afirmações.

Como as notas de rodapé utilizadas em livros escolares, às quais o inquiridor ou o cético "fazem referência" (outra acepção da palavra), essa braçada de espécimes afiançará o texto que resultará de sua expedição de campo. A floresta não pode, diretamente, dar crédito ao texto de Edileusa, mas esse crédito ela pode obter indiretamente, pela extração de um fiador representativo, cuidadosamente preservado e etiquetado, apto a ser transferido, junto com as notas, para sua coleção na universidade em Boa Vista. Poderemos então passar de seu relatório escrito para os nomes das plantas, dos nomes das plantas para os espécimes desidratados e classificados. E, se acaso houver polêmica, recorreremos a seu caderno para remontar dos espécimes ao sítio assinalado de onde ela partiu.

Figura 2.4

Um texto fala de plantas. Um texto tem plantas como notas de rodapé. Uma folhinha jaz num leito de folhas.

O que acontecerá com essas plantas? Serão levadas para longe e instaladas numa coleção, biblioteca ou museu. Vejamos o que lhes sucederá numa dessas instituições, pois tal passo é bem mais conhecido e foi descrito com maior frequência (Law; Fyfe, 1988; Lynch; Woolgar, 1990; Star; Griesemer, 1989; Jones; Galison, 1998). Depois, voltaremos aos passos intermediários. Na Figura 2.5, estamos num instituto botânico, a uma grande distância da floresta, em Manaus. Um armário com os compartimentos dispostos em três corpos constitui um espaço de trabalho entrecruzado por colunas e fileiras em forma de *x* e *y*. Cada compartimento mostrado na fotografia é utilizado tanto para classificação quanto para etiquetação e preservação. Essa peça de mobiliário é uma teoria, apenas um pouco mais pesada que a etiqueta da Figura 2.3, porém muito mais apta a organizar o escritório, um intermediário perfeito entre o *hardware* (pois abriga) e o *software* (pois classifica), entre uma caixa e a árvore do conhecimento.

As etiquetas designam os nomes das plantas colecionadas. Os dossiês, arquivos e pastas abrigam não textos – formulários ou cartas –, mas plantas, aquelas que a botânica recolheu na floresta, secou num forno de 40 °C para matar os fungos e em seguida comprimiu entre folhas de papel-jornal.

Estamos longe ou perto da floresta? Perto, pois ela pode ser encontrada aqui, na coleção. A floresta *inteira*? Não. Nem formigas, nem aranhas, nem árvores, nem solo, nem vermes, nem os bugios cujos guinchos podem ser ouvidos a quilômetros de distância estão presentes. Apenas aqueles poucos espécimes e representantes que interessam à botânica entraram para a coleção. Achamo-nos, pois, longe da floresta? Melhor seria dizer que nos achamos a meio caminho, possuindo-a toda por intermédio desses deputados, como se o Congresso contivesse os Estados Unidos inteiros. Eis aí uma metonímia assaz econômica tanto em ciência quanto em política, graças à qual uma partícula permite a apreensão do todo imenso.

Figura 2.5

E para que transportar para cá a floresta inteira? As pessoas se perderiam nela. O calor seria tremendo. A botânica não conseguiria, em todo caso, ver além de seu espaço restrito. Aqui, porém, o ar-condicionado sussurra. Aqui, até as paredes se tornam parte das múltiplas linhas entrecruzadas do mapa onde as plantas encontram seu lugar na taxonomia padronizada há séculos. O espaço se transforma numa mesa de mapas, a mesa de mapas num armário, o armário num conceito e o conceito numa instituição.

Assim, não estamos nem muito longe nem muito perto do local de pesquisa. Estamos a uma boa distância e conseguimos transportar um pequeno número de traços característicos. Durante o transporte, alguma coisa foi preservada. Se eu puder captar essa *invariante*, esse *je ne sais quoi*, acho que compreenderei a referência científica.

Nesse pequeno recinto, onde a botânica preserva sua coleção (Figura 2.6), há uma mesa semelhante à do restaurante, onde os espécimes trazidos de diferentes locais e em diferentes épocas estão à mostra. A filosofia, arte do maravilhamento, deveria considerar cuidadosamente essa mesa, pois é graças a ela que percebemos por que a botânica ganha mais ao reunir sua coleção do que perde ao distanciar-se da floresta. Mas passemos em revista o que sabemos dessa superioridade antes de tentar seguir de novo os passos intermediários.

Primeira vantagem: conforto. Folheando as páginas de papel-jornal, a pesquisadora pode tornar visíveis as flores e caules secos, examiná-los à vontade e escrever ao lado deles, como se caules e flores se imprimissem diretamente no papel ou, pelo menos, se fizessem compatíveis com o mundo do papel. A distância supostamente vasta entre palavras e coisas restringe-se agora a alguns centímetros.

Uma segunda vantagem, igualmente importante, é que espécimes oriundos de diferentes épocas e locais, uma vez classificados, tornam-se contemporâneos sobre a mesa plana e visíveis ao mesmo olhar unificador. Esta planta, classificada há três anos, e esta outra, colhida a mais de mil quilômetros de distância, conspiram sobre a mesa para formar um quadro sinótico.

Terceira vantagem, também decisiva: a pesquisadora pode mudar a posição dos espécimes e substituir uns pelos outros como se embaralhasse cartas. As plantas não são exatamente signos, mas tornaram-se tão móveis e recombináveis como os caracteres de chumbo de um monotipo.

Figura 2.6

Não surpreende, pois, que no calmo e fresco escritório a botânica, a arranjar pacientemente as folhas, consiga discernir padrões novos que nenhum predecessor viu antes. No entanto, o contrário surpreenderia mais. As inovações no conhecimento emergem naturalmente da coleção espalhada sobre a mesa (Eisenstein, 1979). Na floresta – no mesmo mundo, mas com todas as suas árvores, plantas, raízes, solo e vermes –, a botânica não poderia dispor calmamente as peças de seu quebra-cabeça sobre a mesa de jogo. Dispersas pelo tempo e pelo espaço, as folhas jamais se encontrariam caso Edileusa não redistribuísse os traços delas em novas combinações.

Na mesa de jogo, com tantos trunfos à mão, qualquer cientista se torna um estruturalista. Não é preciso procurar mais o jogador que arrisca tudo e sempre vence os que suam na floresta, esmagados pelos fenômenos complexos, assustadoramente presentes, indiscerníveis, impossíveis de identificar, reordenar, controlar. Ao perder a floresta, passamos a conhecê-la. Numa bela contradição, a palavra inglesa *oversight* captura exatamente as duas significações dessa dominação pelo olhar [*sight*], já que quer dizer ao mesmo tempo "olhar de cima" e "ignorar".

Na coleção do naturalista, acontecem às plantas coisas que jamais ocorreram desde o começo do mundo (ver capítulo 5). As plantas se veem deslocadas, separadas, preservadas, classificadas e etiquetadas. Em seguida são reaproximadas, reunidas e redistribuídas segundo princípios inteiramente novos, que dependem do pesquisador, da disciplina da botânica (padronizada durante séculos) e da instituição que as abriga; contudo, já não crescem como cresciam na grande floresta. A botânica (Edileusa) aprende coisas novas e se transforma de acordo com elas, mas as plantas se transformam também. Desse ponto de vista, não existe diferença entre observação e experiência: ambas são construções. Graças a seu deslocamento sobre a mesa, a superfície de contato entre floresta e savana torna-se uma mistura híbrida de cientista, ciência botânica e floresta, cujas proporções terei de calcular mais tarde.

Entretanto, nem sempre o naturalista tem êxito. No canto superior direito da fotografia, algo de assustador aparece: uma enorme pilha de jornais recheados de plantas trazidas do sítio e à espera de classificação. A botânica ficou para trás. Acontece o mesmo em todos os laboratórios. Logo que chegamos a um campo ou acionamos um instrumento, mergulhamos num mar de dados. (Também eu tenho esse problema, incapaz que sou de dizer tudo o que se pode dizer de uma experiência de campo que durou apenas quinze dias.) Darwin fugiu de casa logo depois de voltar de viagem, perseguido por baús de dados que não paravam de chegar do *Beagle*. Dentro da coleção da botânica, a floresta, reduzida à sua mais singela expressão, pode logo transformar-se no emaranhado de galhos de onde começamos. O mundo pode regredir à confusão em qualquer ponto desse deslocamento: na pilha de folhas a serem indexadas, nas notas da botânica que ameaçam submergi-la, nas reedições enviadas por colegas, na biblioteca, onde os números dos jornais vão se acumulando. Mal chegamos e já temos de partir; o primeiro instrumento deixa de ser operacional quando precisamos pensar num segundo dispositivo para absorver o que seu predecessor já inscreveu. O ritmo tem de ser acelerado se não quisermos sucumbir ao peso de mundos de árvores, plantas, folhas, papel, textos. O conhecimento deriva desses *movimentos*, não da mera contemplação da floresta.

Agora conhecemos as vantagens de estar num museu com ar-condicionado, mas passamos muito depressa pelas transformações a que Edileusa submeteu a floresta. Eu opus de maneira excessivamente abrupta a imagem da botânica apontando para as árvores e a do naturalista controlando espécimes em sua mesa de trabalho. Ao passar diretamente do campo para a coleção, posso ter esquecido o intermediário decisivo. Se digo que "o gato está no tapete", parece que designo um gato cuja presença concreta no dito tapete valida minha declaração; na prática real, entretanto, não se trafega diretamente dos objetos para as palavras, do referente para o signo, mas sempre ao longo de um arriscado caminho intermediário. O que já não é visível no caso de gatos e tapetes, por serem muito familiares, torna-se visível novamente quando faço uma declaração mais inusitada e complexa. Se eu disser que "a floresta de Boa Vista avança sobre a savana", como apontarei para aquilo cuja presença validaria minha frase? De que modo se pode atrair esses tipos de objetos para dentro do discurso, ou antes, para empregar uma palavra antiga, de que modo se pode "eduzi-los" no discurso? É preciso voltar ao campo e acompanhar cuidadosamente não apenas o que acontece dentro das coleções, mas o modo como nossos amigos coletam dados na própria floresta.

Na fotografia da Figura 2.7, tudo é um borrão só. Deixamos o laboratório e estamos agora no âmago da floresta virgem. Os pesquisadores não passam de manchas cáquis e azuis sobre fundo verde, e a qualquer momento podem desaparecer no Inferno Verde caso se afastem muito uns dos outros.

René, Armand e Heloísa discutem em volta de um buraco no chão. Buracos e poços são, para a pedologia, o que uma coleção de espécimes é para a botânica: o ofício básico e o centro de uma atenção obsessiva. Uma vez que a estrutura do solo está sempre escondida sob nossos pés, os pedólogos só conseguem revelar seu perfil cavando buracos. Um perfil é a justaposição das sucessivas camadas do solo, designadas pela bonita palavra "horizontes". Água de chuva, plantas, raízes, minhocas, toupeiras e bilhões de bactérias transformam o material original do leito de rocha (estudado pelos geólogos) em diversos "horizontes" diferentes, que os pedólogos aprendem a distinguir, classificar e envolver numa história que chamam de "pedogênese" (Ruellan; Dosso, 1993).

Em consonância com os hábitos de sua profissão, os pedólogos queriam saber se o leito rochoso era, a determinada profundidade, diferente sob a floresta e sob a savana. Eis uma hipótese simples que poderia ter posto um fim à controvérsia entre a botânica e a pedologia: nem a floresta nem a savana estão recuando, a faixa de terreno entre elas reflete apenas uma diferença de solo. A superestrutura seria explicada pela infraestrutura, para utilizarmos uma velha metáfora marxista. No entanto, como logo descobriram, abaixo de cinquenta centímetros o solo sob a savana e o solo sob a floresta eram exatamente iguais. A hipótese da infraestrutura não se sustentou. Nada na camada rochosa parece explicar a diferença nos horizontes superficiais – argilosos sob a floresta e arenosos sob a savana. O perfil é "bizarro", o que deixou meus amigos ainda mais excitados.

Figura 2.7

Na fotografia da Figura 2.8, René está de pé e apontando para mim com um instrumento que combina bússola e clinômetro, na tentativa de estabelecer um padrão topográfico inicial. Embora me aproveite da situação para bater uma foto, desempenho o papel menor, bem de acordo com minha estatura, de estaca de referência para René determinar onde, exatamente, os pedólogos deverão cavar seus buracos. Perdidos no mato, os pesquisadores recorrem a uma das técnicas mais antigas e primitivas a fim de organizar o espaço, demarcando um lugar com estacas para esboçar figuras geométricas contra o ruído de fundo, ou pelo menos para ensejar a possibilidade de seu reconhecimento.

Mergulhados de novo na floresta, eles se veem forçados a apelar para a mais vetusta das ciências, a mensuração de ângulos, geometria, cuja origem mítica foi rastreada por Michel Serres (1993). Outra vez uma ciência, a pedologia, tem de seguir a trilha de uma disciplina mais velha, a agrimensura, sem a qual cavaríamos nossos buracos ao acaso, fiados na sorte, incapazes de lançar no papel o mapa exato que René gostaria de desenhar. A sucessão de triângulos será usada como referência e acrescentada à numeração de seções quadradas do sítio, já elaborada por Edileusa (ver Figura 2.3). A fim de, mais tarde, superpor os dados botânicos e pedológicos no mesmo diagrama, esses dois corpos de referência têm de ser compatíveis. Nunca se deve falar em *data*, ou seja, aquilo que é dado, mas antes em *sublata*, ou seja, aquilo que é "realizado".

Figura 2.8

A prática corriqueira de René consiste em reconstituir a superfície do solo ao longo de transecções, cujos limites extremos contêm os solos mais diferentes possíveis. Aqui, por exemplo, há muita areia sob a savana e muita argila sob a floresta. Ele avança em gradações aproximadas, escolhendo primeiro dois solos extremos e depois recolhendo amostras no meio. Continua assim até obter horizontes homogêneos. Seu método lembra tanto a artilharia (pois busca a aproximação determinando pontos medianos) quanto a anatomia (pois traça a geometria dos horizontes, verdadeiros "órgãos" do solo). Se eu estivesse aqui fazendo as vezes de historiador e não de filósofo à cata de referência, discutiria mais demoradamente o fascinante paradigma daquilo que René chama de "pedologia estrutural", em que ela se distingue das outras e quais as controvérsias que daí se originam.

A fim de ir de um ponto a outro os pedólogos não podem usar uma trena; nenhum agrônomo jamais nivelou esse solo. Em vez da trena, eles se valem de um instrumento maravilhoso, o Topofil Chaix™ (Figura 2.9), que colegas brasileiras apelidaram maliciosamente de "pedofil" e do qual Sandoval, na fotografia, revela o mecanismo abrindo a caixa alaranjada. Quanta coisa depende de um pedofil cor de laranja...

Um carretel de linha de algodão vai girando regularmente e aciona uma roldana que ativa a roda dentada de um contador. Cravando o contador no zero e desenrolando o fio de Ariadne atrás de si, o pedólogo pode ir de um ponto ao seguinte. Após chegar a seu destino, ele simplesmente corta a linha com uma lâmina instalada junto do carretel e dá um nó na ponta para evitar que ele gire à toa. Um olhar para o mostrador revela a distância percorrida em metros. Seu caminho torna-se um número facilmente transcrito no caderno de notas e – vantagem dupla – assume forma material no pedaço de linha cortado. É impossível que um pedólogo caro e distraído se perca no Inferno Verde: a linha de algodão sempre o levará de volta ao campo. Se João e Maria tivessem à mão um "Topofil Chaix *à fil perdu n. de référence* I-8237", a história deles seria bem diferente.

Após uns poucos dias de trabalho, o sítio está semeado de pedaços de linha que se enroscam em nossos pés. Além disso, como resultado das medidas de ângulos da bússola e das medidas de linhas do pedofil, o chão se tornou um protolaboratório – um mundo euclidiano onde todos os fenômenos podem ser registrados graças a um conjunto de coordenadas. Se Kant houvesse utilizado esse instrumento, reconheceria nele a forma prática de sua filosofia. É que, para tornar-se reconhecível, o mundo precisa transformar-se em laboratório. Se a floresta virgem tem de transformar-se em laboratório, precisa ser preparada para entregar-se como diagrama (Hirschauer, 1991). Quando se extrai um diagrama de uma confusão de plantas, localidades dispersas tornam-se pontos marcados e medidos, ligados por fios de algodão que materializam (ou espiritualizam) linhas numa rede composta por uma série de triângulos.

Figura 2.9

Utilizando-se unicamente as formas *a priori* da intuição, para citar novamente a expressão de Kant, seria impossível aproximar esses sítios, como impossível seria ensinar um cérebro extirpado, desprovido de membros, a manejar equipamentos como bússolas, clinômetros e *topofils*.

Sandoval, o técnico, o único membro do grupo que nasceu na região, cavou a maior parte do buraco mostrado na Figura 2.10. (Sem dúvida, se eu não houvesse separado artificialmente a filosofia da sociologia, teria de explicar essa divisão de trabalho entre franceses e brasileiros, mestiços e índios, bem como a distribuição de papéis entre homens e mulheres.) Armand, inclinado sobre a perfuratriz, remove amostras lá do fundo, recolhendo a terra na pequena câmara localizada na ponta. Ao contrário da ferramenta de Sandoval, a picareta pousada no chão agora que sua tarefa terminou, a perfuratriz é uma peça do equipamento de laboratório. Dois tampões de borracha, instalados a noventa centímetros e a um metro, permitem que ela seja usada tanto para medir profundidade quanto para recolher amostras, mediante pressão e torção. Os pedólogos examinam a amostra de solo e em seguida Heloísa a coloca num saco plástico, no qual escreve o número do buraco e a profundidade em que a amostra foi colhida.

Quanto aos espécimes de Edileusa, muitas análises não podem ser realizadas no campo, mas apenas no laboratório. Daqui os sacos plásticos iniciam uma longa viagem que, via Manaus e São Paulo, irá levá-los a Paris. Ainda que René e Armand possam avaliar no local a qualidade da terra, sua textura, sua cor e a atividade das minhocas, não podem analisar a composição química do solo, sua granulação ou a radioatividade do carbono que contém sem os instrumentos caros e a habilidade que não são fáceis de encontrar entre os garimpeiros pobres e os proprietários de terras. Nessa expedição, os pedólogos representam a vanguarda de laboratórios distantes, para os quais despacharão suas amostras. Estas permanecerão ligadas a seu contexto original apenas pelo frágil vínculo dos números escritos com caneta preta nos saquinhos transparentes. Se, como eu, você cair um dia nas mãos de um bando de pedólogos, um aviso: jamais se ofereça para carregar suas maletas, que são enormes, cheias de sacos de terra que eles transportam de uma parte do mundo a outra e que logo encherão sua geladeira. A circulação das amostras dessa gente traça uma rede sobre a Terra, tão densa quanto o emaranhado de linhas expelidas por seus *topofils*.

Aquilo que os industriais chamam de "rastreabilidade" de referências depende, neste caso, da confiança em Heloísa. Sentados diante do buraco, os membros do grupo esperam que ela anote tudo cuidadosamente em seu caderno. Para cada amostra, deve registrar as coordenadas do local, o número do buraco, o momento e a profundidade em que a amostra foi colhida. Além disso, precisa anotar os dados qualitativos que seus dois colegas conseguem extrair dos torrões, antes de depositá-los nos sacos plásticos.

O sucesso da expedição depende, pois, desse pequeno "diário de bordo", equivalente ao protocolo que regula a vida de qualquer laboratório. Esse livrinho é que nos permitirá retomar cada dado a fim de reconstituir sua história. A lista de perguntas, elaborada na mesa do restaurante, é imposta a cada sequência de ação por Heloísa. É um quadro que temos de preencher sistematicamente com informação. Heloísa comporta-se como o fiador da padronização dos protocolos experimentais, para que colhamos os mesmos tipos de amostras em cada local e da mesma maneira. Os protocolos garantem a compatibilidade e, portanto, a comparabilidade dos buracos; quanto ao caderno, assegura a continuidade no tempo e no espaço. Heloísa não se ocupa apenas com etiquetas e protocolos. Na qualidade de geomorfologista, participa de todas as conversas, fazendo que seus colegas expatriados "triangulem" conclusões por intermédio das dela.

Ouvir Heloísa é ser chamado à ordem. Ela repete duas vezes a informação que René nos dita e, duas vezes, verifica as inscrições no saco plástico. Parece-me que nunca antes a floresta de Boa Vista presenciou tanta disciplina. Os índios que outrora percorriam essas plagas provavelmente se impunham também alguns rituais, talvez tão exigentes quanto os de Heloísa, mas sem dúvida não tão estranhos. Enviados por instituições sediadas a milhares de quilômetros de distância, obrigados a manter a todo custo e com um mínimo de deformação a rastreabilidade dos dados que produzimos (embora os transformemos completamente ao removê-los do contexto), teríamos parecido bastante exóticos aos índios. Para que tanto cuidado na amostragem de espécimes cujos traços permanecerão visíveis

Figura 2.10

apenas enquanto o contexto do qual foram extraídos não houver desaparecido? Por que não permanecer na floresta? Por que não continuar "nativo"? E que dizer de mim, rondando por ali, inútil, de braços cruzados, incapaz de distinguir um perfil de um horizonte? Não serei ainda mais exótico, haurindo do esforço de meus informantes o mínimo necessário para uma filosofia da referência que só interessará a uns poucos colegas em Paris, na Califórnia ou no Texas? Por que não me torno um pedólogo? Por que não me transformo num coletor de solo nativo, num botânico autóctone?

Para entender esses pequenos mistérios antropológicos, temos de nos aproximar mais do belo objeto mostrado na Figura 2.11, o "pedocomparador". Na grama da savana, distinguimos uma série de cubinhos de papelão vazios, dispostos em quadrado. Mais coordenadas cartesianas, mais colunas, mais fileiras. Esses cubinhos estão instalados numa moldura de madeira que lhes permite serem acondicionados numa gaveta. Graças à habilidade de nossos pedólogos e com o acréscimo de uma alça, fechos e uma aba flexível (não visíveis na fotografia) para cobrir os cubos, a gaveta pode transformar-se também em maleta. A maleta permite o transporte simultâneo de todos os torrões que desde então se tornaram coordenadas cartesianas e sua acomodação naquilo que passa a ser uma pedobiblioteca.

Como o armário da Figura 2.5, o pedocomparador nos ajudará a captar a diferença *prática* entre abstrato e concreto, signo e móvel. Com sua alça, sua armação de madeira, sua aba e seus cubos, o pedocomparador pertence às "coisas". Mas na regularidade de seus cubos, sua disposição em colunas e fileiras, seu caráter discreto e a possibilidade de se substituir livremente uma coluna por outra, o pedocomparador pertence aos "signos". Ou, antes, é graças à engenhosa invenção desse híbrido que o mundo das coisas pode tornar-se um signo. Por intermédio das três fotografias seguintes, tentaremos compreender mais concretamente a tarefa prática de abstração e o que significa mudar um estado de coisas em assertiva.

Serei obrigado a empregar termos vagos – não dispomos de um vocabulário tão meticuloso para falar do engajamento de coisas em discurso quanto para falar do próprio discurso. Filósofos analíticos esforçam-se por descobrir como falar do mundo numa linguagem permeável à verdade (Moore, 1993). Curiosamente, ainda que deem importância à estrutura, coerência e validez de linguagem, em todas as suas demonstrações o mundo simplesmente aguarda designação por palavras cuja verdade ou falsidade é garantida apenas por sua presença. O gato "real" espera pachorrentamente em seu tapete proverbial para conferir valor de verdade à frase "o gato está no tapete". No entanto, para obter certeza, o mundo precisa agitar-se e transformar muito mais *a si mesmo* que às *palavras* (ver capítulos 4 e 5). É isso, a outra metade negligenciada da filosofia analítica, que os analistas têm agora de reconhecer.

Figura 2.11

Por enquanto, o pedocomparador está vazio. Esse instrumento pode ser incluído na lista de formas vazias que têm prevalecido ao longo da expedição: o trato de terra de Edileusa, dividido em quadrados por números inscritos em etiquetas pregadas às árvores; a marcação dos buracos com a bússola e o *topofil* de René; a numeração das amostras e a sequência disciplinada do protocolo mantido por Heloísa. Todas essas formas vazias são colocadas *por trás* dos fenômenos, *antes* que os fenômenos se manifestem. Obscurecidos na floresta por sua imensa quantidade, os fenômenos finalmente conseguirão aparecer, ou seja, esbater-se contra os novos panos de fundo que desdobramos astutamente por trás deles. Diante dos meus olhos e dos olhos de meus amigos, traços característicos serão banhados numa luz tão branca quanto o pedocomparador vazio ou o papel gráfico, muito diferentes, em todo caso, dos verdes-escuros e dos cinzentos da vasta e múrmure floresta, onde alguns pássaros pipilam de modo tão obsceno que os habitantes locais chamam-nos de "aves namoradoras".

Na Figura 2.12, René concentra-se. Após cortar a terra com uma faca, remove um torrão da profundidade determinada pelo protocolo e deposita-o num dos cubos de papelão. Com uma caneta hidrográfica, Heloísa escreverá num dos cantos do cubo um número que também anotará no caderno.

Consideremos esse pedaço de terra. Seguro pela mão direita de René, ele conserva toda a materialidade do solo – "cinzas às cinzas, pó ao pó". No entanto, depois de colocado dentro do cubo que está na mão esquerda de René, torna-se um signo, assume forma geométrica, transforma-se no repositório de um código numerado e logo será definido por uma cor. Na filosofia da ciência, que estuda apenas a abstração resultante, a mão esquerda não sabe o que faz a mão direita! Nos estudos científicos, somos ambidestros: atraímos a atenção do leitor para esse híbrido, esse momento de substituição, o instante mesmo em que o futuro signo é abstraído do solo. Nunca deveríamos afastar os olhos do peso material dessa ação. A dimensão terrena do platonismo revela-se nessa imagem. Não estamos saltando do solo para a Ideia de solo, mas de contínuos e múltiplos pedaços de terra para uma cor discreta num cubo geométrico codificado em coordenadas *x* e *y*. Todavia, René não *impõe* categorias predeterminadas a um horizonte informe: *carrega* seu pedocomparador com o significado do pedaço de terra – ele o eduz, ele o articula* (ver capítulo 4). Somente conta o movimento de substituição pelo qual o solo real se torna o solo que a pedologia conhece. O abismo imenso entre coisas e palavras pode ser encontrado em toda parte, distribuído por incontáveis lacunas menores entre os torrões e os cubos-caixas-códigos do pedocomparador.

Que transformação, que movimento, que deformação, que invenção, que descoberta! Ao saltar do solo para a gaveta, o pedaço de terra beneficia-se de um meio de transporte que já não o modifica. Na fotografia anterior, vimos como o solo muda de estado; na Figura 2.13, vemos como muda de localização. Tendo operado a passagem de um torrão para um signo, o solo pode agora viajar pelo espaço sem ulteriores transformações e permanecer intacto ao longo do tempo. À noite, no restaurante, René abre as gavetas de armário dos dois pedocomparadores e contempla a série de cubos de papelão reagrupados em fileiras que correspondem a buracos e em colunas que correspondem a profundidades. O restaurante se torna o anexo de uma pedobiblioteca. Todas as transecções se revelam compatíveis e comparáveis.

Uma vez cheios, os cubos conservam torrões em vias de transformarem-se em signos; nós, porém, sabemos que os compartimentos vazios, humildes como estes aqui ou famosos como os de Mendeleiev, constituem sempre a parte mais importante de um esquema de classificação (Bensaude-Vincent, 1986; Goody, 1977). Quando comparados, os compartimentos definem o que nos resta a encontrar, de sorte que planejamos antecipadamente o trabalho do dia seguinte, já que sabemos o que precisamos recolher. Graças aos compartimentos vazios, percebemos as lacunas em nosso protocolo. Segundo René, "O pedocomparador é que nos *diz* se realmente terminamos uma transecção".

Figura 2.12

A primeira grande vantagem do pedocomparador, tão "proveitosa" quanto a classificação da botânica na Figura 2.6, é que nele todas as amostras de todas as profundidades fazem-se visíveis simultaneamente, embora tenham sido recolhidas ao longo de uma semana. Graças ao pedocomparador, as diferenças cromáticas se manifestam e formam uma tabela ou mapa; as amostras mais disparatadas são apreendidas sinoticamente. A transição floresta-savana foi agora traduzida, mercê de arranjos de sombras matizadas de marrom e bege, em colunas e fileiras: transição ora apreensível porque o instrumento nos permitiu manusear a terra.

Observem René na fotografia: ele é senhor do fenômeno que há poucos dias estava encravado no solo, invisível e disperso por um espaço indiferenciado. Jamais acompanhei uma ciência, rica ou pobre, dura ou macia, quente ou fria, cujo momento de verdade não fosse surpreendido numa superfície de um ou dois metros quadrados, que um pesquisador de caneta em punho podia inspecionar meticulosamente (ver figuras 2.2 e 2.6). O pedocomparador transformou a transição floresta-savana num fenômeno de laboratório quase tão bidimensional quanto um diagrama, tão prontamente observável quanto um mapa, tão facilmente reembaralhável quanto um punhado de cartas, tão simplesmente transportável quanto uma maleta – a respeito do qual René rabisca notas enquanto fuma calmamente seu cachimbo, após tomar um banho a fim de lavar-se da poeira e da terra que já não lhe são mais úteis.

Eu, é claro, mal equipado e portanto carente de rigor, trago de volta para os leitores, mediante a superposição de fotografias e texto, um fenômeno: a *referência circulante**, até agora invisível, propositadamente escamoteada pelos epistemólogos, dispersa na prática dos cientistas e encerrada nos conhecimentos que revelo agora, calmamente, tomando chá em minha casa de Paris, enquanto relato o que observei na fronteira de Boa Vista.

Outra vantagem do pedocomparador, depois de saturado de dados: surge um padrão. De novo, como no caso das descobertas de Edileusa, o contrário é que seria espantoso. A invenção quase sempre segue o novo manuseio oferecido por uma nova translação ou transporte. A coisa mais incompreensível do mundo seria o padrão permanecer incompreensível após essas recomposições.

Figura 2.13

Também esta expedição, por intermédio do pedocomparador, descobre ou constrói (escolheremos um desses verbos no capítulo 4, antes de reconhecer no capítulo 9 por que não precisaríamos escolher) um fenômeno extraordinário. Entre a savana arenosa e a floresta argilosa, parece que uma faixa de terra de vinte metros de largura se estende na orla, do lado da savana. Essa faixa de terra é ambígua, mais argilosa que a savana, mas menos que a floresta. Pareceria que a floresta lança seu próprio solo à frente, para criar condições favoráveis à sua expansão – a menos que, ao contrário, a savana esteja degradando o húmus silvestre enquanto se prepara para invadir a floresta. Os diversos cenários que meus amigos discutem à noite, no restaurante, curvam-se agora ao peso da evidência. Tornam-se interpretações possíveis do material solidamente instalado na grade do pedocomparador.

Um cenário finalmente se transformará em texto e o pedocomparador transformará uma tabela em um artigo. É necessária apenas uma última e minúscula transformação.

Sobre a mesa, na tabela/mapa da Figura 2.14, vemos a floresta à esquerda e a savana à direita (o inverso da Figura 2.1) provocando ou sofrendo umas poucas transformações. (Uma vez que não há compartimentos suficientes no pedocomparador, a série de amostras precisa ser alterada, rompendo a bonita ordem da mesa e exigindo que recorramos a uma convenção de leitura *ad hoc*.) Ao lado das gavetas abertas acha-se um diagrama desenhado em papel milimetrado e uma tabela elaborada em papel comum. As coordenadas das amostras, tomadas pela equipe ao longo de uma dada transecção, são recapturadas num corte transversal, enquanto o mapa resume as variações cromáticas como função de profundidade num determinado conjunto de coordenadas. Uma régua transparente, esquecida na gaveta, assegurará mais tarde a transição de móvel a papel.

Na Figura 2.12, René passava do concreto ao abstrato por meio de um gesto rápido. Ia da coisa para o signo e da terra tridimensional para a tabela/mapa em duas dimensões e meia. Na Figura 2.13, ele escapara do campo para o restaurante: as gavetas convertidas em maleta permitiram que René se deslocasse de um sítio desconfortável e mal equipado para a comodidade relativa de um café; e em princípio nada (exceto os funcionários de alfândega) poderá impedir o transporte desse mapa/gaveta/maleta para qualquer parte do mundo, ou sua comparação com todos os outros perfis alojados em todas as outras pedobibliotecas.

Na Figura 2.14, uma transformação tão importante quanto as anteriores torna-se visível; ela, todavia, recebeu mais atenção que as outras. Chama-se inscrição*. Movamo-nos agora do instrumento para o diagrama, da terra/signo/gaveta híbrida para o papel.

As pessoas muitas vezes se espantam com a possibilidade de aplicar a matemática ao mundo. Neste caso, pelo menos, o espanto não se justifica. É que aqui precisamos perguntar até que ponto o mundo precisa mudar para que um tipo de papel possa ser *superposto* a uma geometria de outra espécie sem sofrer demasiadas distorções. A matemática jamais cruzou o imenso abismo entre ideias e coisas, mas pode vencer a pequena lacuna entre o pedocomparador já geométrico e o pedaço de papel milimetrado em que René registrou os dados deduzidos das amostras. É fácil superar essa lacuna e posso até medir a distância com uma régua plástica: dez centímetros!

Figura 2.14

Por mais abstrato que o pedocomparador seja, ele permanece objeto. É mais leve que a floresta, porém mais pesado que o papel; está menos sujeito à corrupção que a terra vibrante, mas corrompe-se mais que a geometria; é mais móvel que a savana, mas menos que o diagrama que eu poderia transmitir por telefone caso Boa

Vista possuísse um aparelho de fax. O pedocomparador é codificado – e ainda assim René não pode inseri-lo no texto de seu relatório. Só pode mantê-lo de reserva para comparações futuras caso tenha em algum momento dúvidas sobre seu artigo. Graças ao diagrama, entretanto, a transição floresta-savana torna-se papel, assimilável por todos os artigos do mundo e transportável para qualquer texto. A forma geométrica do diagrama o faz compatível com todas as transformações geométricas já registradas desde que existem *centros de cálculo**. Aquilo que perdemos em matéria, devido às sucessivas reduções do solo, é cem vezes compensado pelos desdobramentos em outras formas que tais reduções – escrita, cálculo e arquivo – tornam possíveis.

No relatório que nos preparamos para escrever, uma única ruptura permanecerá, uma lacuna tão insignificante e tão gigantesca quanto todos os passos que temos dado: refiro-me ao hiato que divide nossa prosa dos diagramas anexos de que vou tratar. Escreveremos sobre a transição floresta-savana, que no texto será mostrada num gráfico. O texto científico é diferente de todas as outras formas de narrativa. Ele fala de um referente, *presente* no texto, de um modo diverso da prosa: mapa, diagrama, equação, tabela, esboço. Mobilizando seu próprio referente* *interno*, o texto científico traz em si sua própria verificação.

Na Figura 2.15 vemos o diagrama que combina todos os dados obtidos durante a expedição. Aparece como "Figura 3" no relatório escrito do qual sou um dos orgulhosos autores e cujo título é:

> Relações entre dinâmica da vegetação e diferenciação de solos na zona de transição floresta-savana na região de Boa Vista, Roraima, Amazônia (Brasil)
>
> Relatório da expedição ao estado de Roraima, 2-14 de outubro de 1991
>
> E. L. Setta Silva (1), R. Boulet (2), H. Filizola (3), S. do N. Morais (4), A. Chauvel (5) e B. Latour (6)
>
> (1) MIRR, Boa Vista RR, (2.3) USP, São Paulo, (3-5) Inpa Manaus, (6) CSI, ENSMP, (2.5) ORSTOM Brasil

Voltemos rapidamente à estrada pela qual viajamos em companhia de nossos amigos. A prosa do relatório final fala de um diagrama que resume a forma exibida pelo *layout* do pedocomparador – ele extrai, classifica e codifica o solo, que é finalmente marcado, traçado e indicado por meio do cruzamento de coordenadas. Note-se que, em todas as etapas, cada elemento pertence à matéria por sua origem e à forma por sua destinação; é abstraído de um domínio excessivamente concreto antes de tornar-se, na etapa seguinte, excessivamente concreto outra vez. Jamais detectamos a ruptura entre coisas e signos; jamais arrostamos a imposição de signos arbitrários e descontínuos à matéria informe e contínua. Vemos apenas uma série intacta de elementos perfeitamente alojados, cada um dos quais faz o papel de signo para o anterior e de coisa para o posterior.

A cada etapa descobrimos *formas* elementares de matemática, que são usadas para coletar *matéria* mediante a prática encarnada num grupo de pesquisadores.

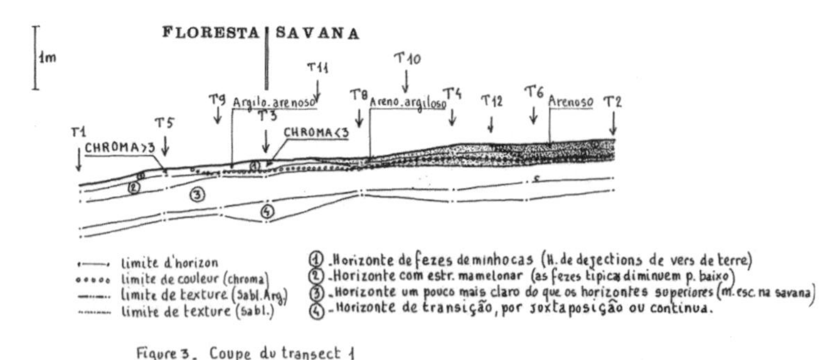

Figura 2.15

Em cada ocasião um novo fenômeno é eduzido desse híbrido de forma, matéria, corpos especializados e grupos. Lembremo-nos de René, na Figura 2.12, colocando a terra marrom no cubo de papelão branco, que foi imediatamente marcado com um número. Ele não dividiu o solo de acordo com categorias intelectuais, como na mitologia kantiana; ao contrário, transmitiu a significação de cada fenômeno fazendo a matéria cruzar o abismo que a separava da forma.

De fato, se examinarmos rapidamente essas fotografias, perceberemos que, fosse embora a minha pesquisa mais meticulosa, cada etapa revelaria uma brecha tão grande quanto as que a seguem e precedem. Se, como Zenão, tentasse multiplicar os intermediários, não obteria uma *semelhança* entre as etapas que nos permitisse sobrepô-las. Comparem-se os dois extremos nas figuras 2.1 e 2.15. A diferença entre eles não é maior que a existente entre os torrões colhidos por René (Figura 2.12) e os pontos de referência em que eles se transformam no pedocomparador. Quer escolha os dois extremos ou multiplique os intermediários, encontro a mesma descontinuidade.

No entanto, há também continuidade, já que todas as fotografias dizem a mesma coisa e representam a mesma transição floresta--savana, atestada com maior certeza e precisão a cada etapa. Nosso relatório de campo refere-se, com efeito, à "Figura 3", que por sua vez refere-se à floresta de Boa Vista. Nosso relatório diz respeito à estranha dinâmica da vegetação que parece permitir à floresta derrotar a savana, como se as árvores houvessem transformado o solo arenoso em argila, a fim de preparar o crescimento na faixa de terra de vinte metros de largura. Mas esses atos de referência estão tanto mais assegurados quanto confiam, não apenas na semelhança, mas numa série regulada de transformações, transmutações e translações. Uma coisa pode durar mais e ser levada para mais longe, com maior rapidez, se continuar a sofrer transformações a cada etapa dessa longa cadeia.

Parece que a referência não é simplesmente o ato de apontar ou uma maneira de manter, do lado de fora, alguma garantia material da veracidade de uma afirmação; é, antes, um jeito de fazer que algo permaneça *constante* ao longo de uma série de transformações. O conhecimento não reflete um mundo exterior real, ao qual se assemelha por mimese, mas sim um mundo interior real, cujas coerência e continuidade ajudam a garantir. Belo movimento esse, que aparentemente sacrifica a semelhança a cada etapa apenas para insistir no mesmo significado, que permanece intacto depois de inúmeras transformações rápidas. A descoberta desse estranho e contraditório comportamento vale bem a descoberta de uma floresta capaz de criar seu próprio solo. Se eu pudesse encontrar solução para semelhante quebra-cabeça, minha própria expedição não seria menos produtiva que a de meus felizes colegas.

A fim de entender a constante mantida ao longo dessas transformações, consideremos um pequeno aparelho tão engenhoso quanto o *topofil* ou o pedocomparador (Figura 2.16). Uma vez que nossos amigos não podem levar facilmente o solo da Amazônia para a França, devem ser capazes de transformar a cor de cada cubo graças ao uso de etiquetas e, se possível, de números, que irão tornar as amostras de solo compatíveis com o universo de cálculo e permitir aos cientistas beneficiarem-se da vantagem que todos os calculadores oferecem a qualquer manipulador de signos.

Mas o relativismo não levantará sua cabeça monstruosa se tentarmos qualificar os matizes de marrom? Poderemos discutir sobre gostos e cores? Como diz o ditado, "Cada cabeça, uma sentença". Na Figura 2.16 vemos a solução de René para compensar as devastações do relativismo.

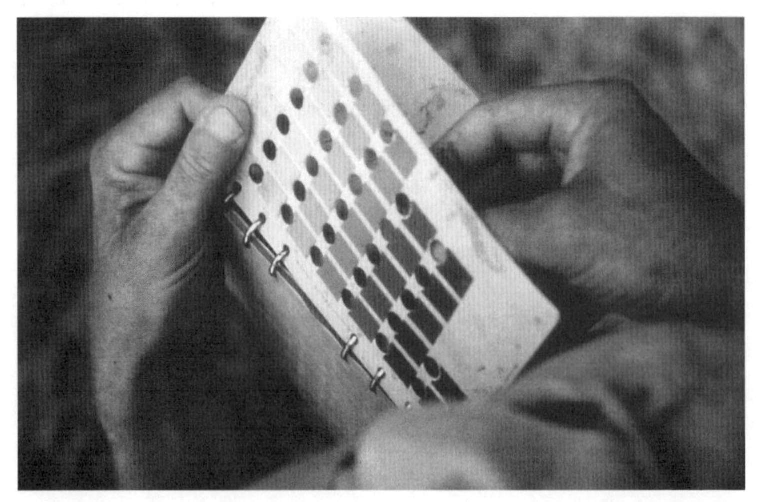

Figura 2.16

Por trinta anos ele labutou nos solos tropicais do mundo inteiro, levando consigo um caderninho de páginas duras: o código Munsell. Cada página desse pequeno volume agrupa cores de tons muito similares. Há uma página para os vermelhos-púrpura, outra para os vermelhos-amarelados, outra para os marrons. O código Munsell é uma norma relativamente universalizada; usa-se como padrão comum para pintores, fabricantes de tintas, cartógrafos e pedólogos, pois, página após página, dispõe todos os matizes de todas as cores do espectro dando a cada um seu número.

O número é uma referência facilmente compreensível e reproduzível por todos os coloristas do mundo, desde que utilizem a mesma compilação, o mesmo código. Por telefone, você e um vendedor não podem comparar amostras de papel de parede; mas você pode, baseado na tabela de cores que o vendedor lhe entregou, selecionar um número de referência.

O código Munsell constitui uma vantagem decisiva para René. Perdido em Roraima, tornado tragicamente local, ele consegue fazer-se, por meio desse código, tão global quanto é facultado a um ser humano. A cor específica desse solo particular transforma-se num número (relativamente) universal.

A esta altura, o poder da padronização (Schaffer, 1991) interessa-me menos que uma assombrosa artimanha técnica – os buraquinhos perfurados acima dos tons de cor. Embora aparentemente fora de alcance, o limiar entre local e global pode agora ser cruzado de imediato. Sem dúvida, é necessária alguma habilidade para inserir a amostra de solo no código Munsell. Para que a amostra se qualifique como número, René deve, com efeito, ser capaz de comparar, sobrepor e alinhar o pedaço de terra local que tem na mão com a cor padronizada escolhida como referência. A fim de obter esse resultado, ele passa as amostras de solo pelas aberturas feitas no caderno e, após sucessivas aproximações, seleciona a cor mais condizente com a da amostra.

Há, como eu disse, uma ruptura completa a cada etapa entre a parte "coisa" do objeto e sua parte "signo", entre a cauda da amostra de solo e sua cabeça. O abismo é tão grande porque nossos cérebros são incapazes de memorizar cores com precisão. Ainda que a amostra de solo e o padrão não estivessem distanciados mais que dez ou quinze centímetros – a largura do caderno –, isso já bastaria para que o cérebro de René esquecesse a correspondência exata entre ambos. O único meio de estabelecer a semelhança entre uma cor padronizada e uma amostra de solo é fazer buracos nas páginas que nos permitam alinhar a superfície áspera do torrão com a superfície brilhante e uniforme do padrão. Com menos de um milímetro a separá-las, então, e só então, pode-se lê-las sinoticamente. Sem os buracos não pode haver alinhamento, precisão, leitura e, consequentemente, transmutação da terra local em código universal. Por sobre o abismo da matéria e da forma, René lança uma ponte. Trata-se de um passadiço, de uma linha, de um arpéu.

"Os japoneses fizeram um sem buracos", diz René. "Eu não consigo usá-lo." Com toda a justiça, ficamos perplexos ante a mente dos cientistas, mas devemos admirar também sua completa falta de confiança nas próprias habilidades cognitivas (Hutchins, 1995). Duvidam de seus cérebros a tal ponto que precisam inventar pequenos truques como esse para, simplesmente, garantir a compreensão da cor de uma amostra de solo. (E como eu explicaria ao leitor essa obra de referência sem as fotografias que tirei, imagens que devem ser vistas exatamente ao mesmo tempo em que se lê a história que conto? Tenho tanto receio de cometer um engano em meu relato que eu próprio insisto em não perder de vista as fotografias, sequer por um momento.)

A ruptura entre o punhado de pó e o número impresso está sempre ali, embora se tenha tornado infinitesimal por causa dos buracos. Graças ao código Munsell, uma amostra de solo pode ser lida como texto: "10YR3/2" – nova evidência do platonismo prático que transforma poeira em Ideia por intermédio de duas mãos calosas que agarram firmemente um caderno/instrumento/calibrador.

Sigamos mais de perto a trilha mostrada na Figura 2.16, demarcando para nós mesmos a estrada perdida da referência. René colheu sua porção de terra, renunciando ao solo muito rico e muito complexo. O buraco, por sua vez, permite o enquadramento do torrão e a seleção de sua cor, ignorando-se seu volume e textura. O pequeno retângulo plano de cor é em seguida utilizado como um intermediário entre a terra, resumida como cor, e o número inscrito abaixo do tom correspondente. Assim como podemos ignorar o volume da amostra a fim de nos concentrarmos na cor do retângulo, logo estaremos aptos a ignorar a cor a fim de conservar apenas o número de referência. Mais tarde, no relatório, omitiremos o número, que é por demais concreto, detalhado e preciso, para reter unicamente o horizonte, a tendência.

Aqui encontramos a mesma cadeia de antes, da qual apenas uma porção minúscula (a passagem da cor da amostra para a cor do padrão) repousa na semelhança, na *adequatio*. Todas as outras dependem somente da conservação de traços, que estabelecem uma rota de regresso pela qual é possível arrepiar caminho quando necessário. Ao longo das variações de matérias/formas, os cientistas forjam uma vereda. Redução, compressão, marcação, continuidade, reversibilidade, padronização, compatibilidade com texto e números – tudo isso conta infinitamente mais que a mera *adequatio*. Apenas um passo lembra o que o precede; mas no fim, quando leio o relatório de campo, o que tenho nas mãos é a floresta de Boa Vista. Um texto realmente fala do mundo. Como pode a semelhança resultar dessa série raramente descrita de transformações exóticas e insignificantes, obsessivamente encaixadas umas às outras como para manter a constância de alguma coisa?

Na Figura 2.17, vemos Sandoval agachado, com o cabo da picareta ainda sob seu braço, contemplando o novo buraco que acaba de cavar. De pé, Heloísa pensa nos poucos animais existentes nessa floresta verde-acinzentada. Enverga uma cartucheira de geólogo, um cinto de munição com ilhoses finos demais para cartuchos, mas bons para alojar os lápis de cor indispensáveis ao cartógrafo profissional. Na mão, traz o indefectível caderno, o livro-protocolo que deixa claro acharmo-nos num vasto laboratório verde. Está pronta para abrir o caderno e tomar notas, agora que ambos os pedólogos terminaram seu exame e chegaram a um acordo.

Armand (à esquerda) e René (à direita) empenham-se no esquisitíssimo exercício de "degustar terra". Em uma das mãos, cada um deles tem um pouquinho do solo extraído do buraco na profundidade ditada pelo protocolo de Heloísa. Cuspiram delicadamente no pó e agora o amassam com a outra mão. Será isso pelo prazer de modelar figurinhas de barro?

Figura 2.17

Não, o que pretendem é fazer outro julgamento, que já não envolve cor e sim textura. Infelizmente, para essa finalidade, não existe um equivalente ao código Munsell – e, mesmo que existisse, não saberíamos como trazê-lo para cá. Se quiséssemos definir a granularidade de uma maneira padronizada, precisaríamos de metade de um laboratório bem equipado. Consequentemente, nossos amigos têm de contentar-se com um teste qualitativo que repousa em trinta anos de experiência e que mais tarde compararão com resultados de laboratório. Se o solo é facilmente moldável, é argiloso; se se esfarinha sob os dedos, é arenoso. Eis aqui uma tentativa aparentemente muito fácil, feita na palma da mão, que lembra uma espécie de experimento laboratorial. Os dois extremos são facilmente reconhecíveis, mesmo por um principiante como eu. O que torna difícil e crucial a diferenciação são os compostos intermediários de argila e areia, dado que queremos qualificar as modificações sutis dos solos de transição – mais argilosos na direção da floresta, mais arenosos na direção da savana.

Sem nenhuma espécie de craveira, Armand e René confiam na discussão de seus juízos de gosto, como meu pai fazia ao degustar os vinhos Corton.

"Argilo-arenoso ou areno-argiloso?"

"Eu diria argiloso ou arenoso, não argilo-arenoso."

"Amasse um pouco mais, dê mais tempo."

"Sim, digamos então entre argilo-arenoso e areno-argiloso."

"Heloísa, anote: na página P2, entre 5 e 17 centímetros, *areno-argiloso a argilo-arenoso.*" (Esqueci-me de mencionar que alternamos constantemente entre o francês e o português, acrescentando assim a política de língua à política de raça, sexo e disciplinas.)

A combinação de discussão, *know-how* e manipulação física permite chegar a uma qualificação calibrada de textura que pode substituir imediatamente, no caderno, o solo jogado fora. Uma palavra substitui uma coisa, mas conserva um traço que a define. Será isso uma correspondência palavra por palavra? Não, o julgamento não se *assemelha* ao solo. Trata-se de um deslocamento metafórico? Não mais que uma correspondência. Será então metonímia? Também não, pois quando tomamos um punhado de solo pelo horizonte todo, preservamos apenas o que está nas folhas do caderno e nada da terra que serviu para qualificá-lo. Teremos aqui uma compressão de dados? Sim, sem dúvida, porque quatro palavras ocupam a localização da amostra de solo; mas é uma mudança de estado tão radical que agora um signo aparece no lugar de uma coisa. Já não se trata de um problema de redução e sim de transubstanciação.

Estaremos cruzando a fronteira sagrada entre o mundo e o discurso? Claro que sim. Mas já fizemos isso umas dez vezes pelo menos. O novo salto não é maior que o anterior, no qual a terra extraída por René, limpa de folhas de grama e fezes de minhocas, tornara-se evidência no teste de sua resistência à modelagem; ou o salto anterior a este último, em que Sandoval cavara o buraco P2 com sua picareta; ou, ainda, o que será dado em seguida, em que sob forma de diagrama todo o horizonte de 5 a 17 cm assumirá uma única textura, permitindo, por indução, a cobertura da superfície a partir de um ponto; e, finalmente, a transformação n+1, que permite a um diagrama desenhado em papel milimetrado fazer as vezes de referente interno para o relatório escrito. Não há privilégios na passagem para as palavras e todas as etapas nos permitem igualmente apreender as referências. Em nenhuma das etapas surge jamais a questão de copiar a etapa precedente. Trata-se, ao contrário, de *alinhar* cada etapa com as que a antecedem e sucedem, de modo que, começando pela última, possa-se *regressar* à primeira.

Como qualificar essa relação de representação, de delegação, quando ela não é mimética, mas ainda assim muito regulada, muito exata, muito envolvida pela realidade e, no fim, muito realista? Os filósofos a si próprios se ludibriam quando procuram uma correspondência entre palavras e coisas, atribuindo-lhe o padrão definitivo da verdade. Há verdade e há realidade, mas não há nem correspondência nem *adequatio*. A fim de atestar e secundar o que afirmo, existe um movimento bem mais confiável – indireto, arrevesado e tentacular – através de sucessivas camadas de transformação (James, 1975 [1907]). A cada passo, a maior parte dos elementos se perde, mas também se renova, saltando assim sobre os abismos que separam a matéria da forma, sem outra ajuda que uma semelhança ocasional, mais tênue que os corrimões que ajudam os alpinistas a cruzar as gargantas mais acrobáticas.

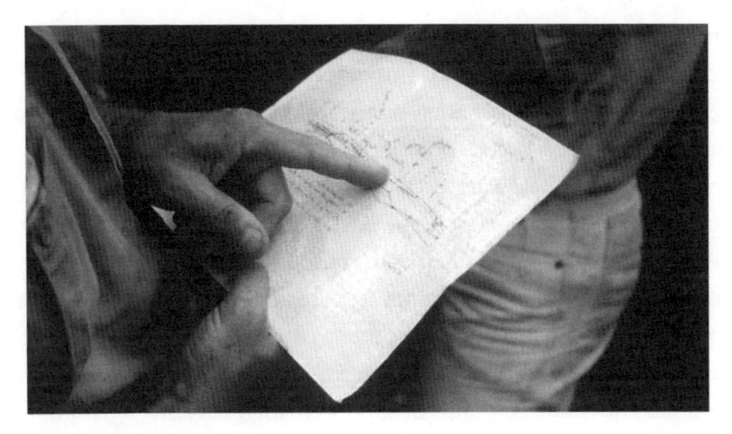

Figura 2.18

Na Figura 2.18 estamos em campo, já quase no fim da expedição. René comenta o diagrama de um corte vertical de uma transecção que acabamos de cavar e examinar. Roto, sujo, manchado de suor, incompleto e rabiscado a lápis, esse diagrama é o predecessor direto do que se vê na Figura 2.15. De um para outro há sem dúvida transformações, que incluem processos de seleção, centralização, grafia e limpeza, mas são pouca coisa diante das transformações pelas quais nós mesmos acabamos de passar (Tufte, 1984).

No centro da fotografia, René aponta uma linha com o dedo, gesto que já acompanhamos desde o começo (ver figuras 2.1 e 2.2). A menos que seja o prelúdio rancoroso de um soco, a extensão do indicador revela sempre um acesso à realidade, até quando tem por alvo um simples pedaço de papel – acesso que, neste caso, engloba a totalidade do sítio, o qual paradoxalmente desapareceu por completo, embora estejamos suando no meio dele. Temos aí a mesma inversão de espaço e tempo a que já assistimos inúmeras vezes: graças às inscrições, podemos superintender e controlar uma situação na qual estamos mergulhados, tornamo-nos superiores àquilo que é maior que nós e conseguimos reunir sinoticamente todas as ações empreendidas no curso de vários dias, desde então esquecidas.

O diagrama, porém, não apenas redistribui o fluxo temporal e inverte a ordem hierárquica do espaço como nos revela aspectos antes invisíveis, posto que estivessem literalmente debaixo dos pés de nossos pedólogos. É-nos impossível visualizar a transição floresta-savana em cortes transversais, qualificá-la em horizontes homogêneos, marcá-la com pontos de referência e linhas. René aponta com seu dedo feito de carne e atrai o olhar dos vivos para um perfil cujo observador jamais poderia existir. É que esse observador precisaria não só morar debaixo da terra, tal qual uma toupeira, como cortar o solo, empunhando uma espécie de faca de centenas de metros de comprimento e substituindo a confusa variedade de formas por tracejados homogêneos! Dizer que o cientista "assume uma perspectiva" nunca é muito útil, pois ele logo se desloca para outra graças ao uso de um instrumento. Os cientistas jamais *permanecem* em seus pontos de vista.

A despeito do panorama implausível que apresenta, o diagrama enriquece nossa informação. Na superfície de um papel nós combinamos fontes muito diversas, misturadas por intermédio de uma linguagem gráfica homogênea. A posição das amostras ao longo da transecção, as profundidades, os horizontes, as texturas e os números de referência das cores podem sobrepor-se – e a realidade perdida é substituída.

René, por exemplo, acaba de juntar aos diagramas as fezes de minhoca que mencionei. Segundo meus amigos, as minhocas podem encerrar a solução do enigma em seus tratos digestivos especialmente vorazes. O que produz a faixa de solo argiloso na savana, à beira da floresta? Não a floresta, pois essa faixa avança vinte metros além da sombra protetora e da umidade nutritiva das árvores. Nem a savana, já que – convém lembrar – ela reduz a argila a areia. Que será essa ação misteriosa a distância, que prepara o solo para a chegada da floresta, subindo a encosta termodinâmica que continua a degradar a argila? Por que não as minhocas? Não seriam elas os agentes catalisadores da pedogênese? Ao modelar a situação, o diagrama nos induz a imaginar novos cenários, que nossos amigos discutem apaixonadamente enquanto examinam o que está faltando e onde irão cavar o próximo buraco a fim de voltar aos "dados brutos" com suas picaretas e enxadas (Ochs; Jacoby et al., 1994).

O diagrama que René tem em mãos é mais abstrato ou mais concreto que nossas etapas anteriores? Mais abstrato, já que aqui se preservou uma fração infinitesimal da situação original; mais concreto, de vez que podemos pegar e ver a essência da transição floresta-savana, resumida numas poucas linhas. O diagrama é uma construção, uma descoberta, uma invenção ou uma convenção? As quatro coisas, como sempre. O diagrama é *construído* pelos labores de cinco pessoas e pelo avanço ao longo de sucessivas construções geométricas. Sabemos muito bem que o *inventamos* e que sem nós e os pedólogos ele jamais se materializaria. Contudo, ele *descobre* uma forma até então oculta, mas que nós, retrospectivamente, pressentimos ter estado ali, sob os aspectos visíveis do solo. Ao mesmo tempo reconhecemos que, sem a codificação *convencional* de julgamentos, formas, etiquetas e palavras, tudo o que veríamos no diagrama tirado da terra seriam rabiscos informes.

Todas essas qualidades contraditórias – contraditórias para nós, filósofos – lastreiam o diagrama com realidade. Ele não é realista; não se parece com coisa alguma. Todavia, faz mais que *parecer*: ele *assume o lugar da situação original*, que podemos rastrear graças ao livro-protocolo, às etiquetas, ao pedocomparador, às fichas, às estacas e, finalmente, à delicada teia de aranha tecida pelo *pedofil*. Não podemos, contudo, divorciar o diagrama dessa série de transformações. Isolado, ele não teria nenhum significado posterior. Ele substitui sem nada substituir; ele resume sem conseguir substituir completamente aquilo que reuniu. Trata-se de um estranho objeto transversal, um operador de alinhamento confiável apenas enquanto permite a *passagem* daquilo que antecede para aquilo que sucede.

No último dia da expedição, eis-nos no restaurante, agora transformado numa sala de reuniões para nosso laboratório móvel, prontos a redigir o rascunho do relatório (Figura 2.19). René tem em mãos o diagrama agora completo e comenta-o, apontando com um lápis em benefício de Edileusa e Heloísa. Armand acaba de ler a única tese publicada em nosso canto de floresta; veem-se as páginas com fotografias em cores, obtidas por satélite. Em primeiro plano estão os cadernos de notas do antropólogo que tira a fotografia – outra forma de registrar entre tantas de inscrever. Achamo-nos novamente às voltas com mapas e signos, documentos bidimensionais e literatura publicada, já bem longe do sítio onde trabalhamos durante dez dias. Teremos então voltado ao ponto de partida (ver Figura 2.2)? Não, pois *ganhamos* esses diagramas, essas inscrições novas que tentamos interpretar, inserir como apêndices e evidências numa narrativa que elaboramos juntos, parágrafo a parágrafo, em duas línguas, francês e português. Permitam-me citar uma passagem da página 1:

> O interesse do relatório desta expedição provém do fato de, na primeira fase do trabalho, as conclusões das abordagens botânica e pedológica parecerem contraditórias. *Sem a contribuição dos dados botânicos, os pedólogos concluiriam que a savana está invadindo a floresta.* A colaboração das duas disciplinas, neste caso, forçou-nos a fazer novas perguntas de pedologia. [O grifo é do original.]

Figura 2.19

Aqui, estamos em terreno bem mais familiar – retórica, discurso, epistemologia e redação de artigos –, ocupados em sopesar os argumentos pró e contra o avanço da floresta. Nem filósofos de linguagem, nem sociólogos de controvérsia, nem semiólogos, nem retóricos, nem estudiosos de literatura teriam muita dificuldade aqui.

Por mais portentosas que sejam as transformações pelas quais Boa Vista passará de texto para texto, não quero no momento acompanhá-las. O que agora me interessa é a transformação sofrida pelo solo e vertida em palavras. Como resumir isso? Preciso rabiscar não um diagrama como meus colegas, mas pelo menos um esboço, um esquema que me permita localizar e indicar aquilo que eu, no meu próprio campo dos estudos científicos, descobri: descoberta trazida do fundo da terra e digna de nossas irmãs inferiores, as minhocas.

A filosofia da linguagem faz parecer que existam duas esferas díspares, separadas por uma única e radical lacuna entre palavras e mundo, que deve ser reduzida pela busca de correspondência e referência (ver Figura 2.20). Acompanhando a expedição a Boa Vista, cheguei a uma solução bem diferente (Figura 2.21). O conhecimento, é de crer, não reside no confronto direto da mente com o objeto, assim como a referência não designa uma coisa por meio de uma sentença verificada por essa coisa. Ao contrário, a cada etapa reconhecemos um operador comum, que pertence à matéria num dos extremos e à forma no outro; entre uma etapa e a seguinte, há um hiato que nenhuma semelhança pode preencher. Os operadores estão ligados numa série que *atravessa* a diferença entre coisas e palavras, o que redistribui essas duas fixações obsoletas da filosofia da linguagem: a terra se torna um cubo de papelão, as palavras se tornam papel, as cores se tornam números e assim por diante.

Uma propriedade essencial dessa cadeia é sua necessidade de permanecer *reversível*. A sucessão de etapas tem de ser rastreável, para que se possa viajar nos dois sentidos. Se a cadeia for interrompida em algum ponto, deixa de transportar a verdade – isto é, deixa de produzir, de construir, de traçar, de conduzir a verdade. *A palavra "referência" designa a qualidade da cadeia em sua inteireza* e não mais a *adequatio rei et intellectus*. Aqui, o valor de verdade *circula* como a eletricidade ao longo do fio, enquanto o circuito não é interrompido.

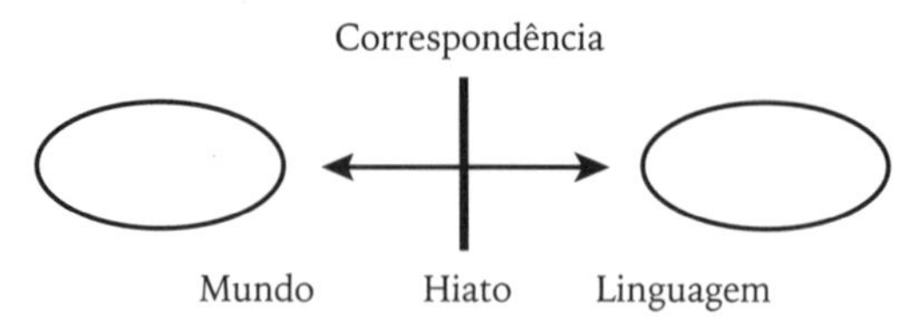

Figura 2.20 – A concepção que têm os "saltacionistas" (James, 1975 [1907]) da correspondência implica a existência de um hiato entre mundo e palavras, que a referência procura cobrir.

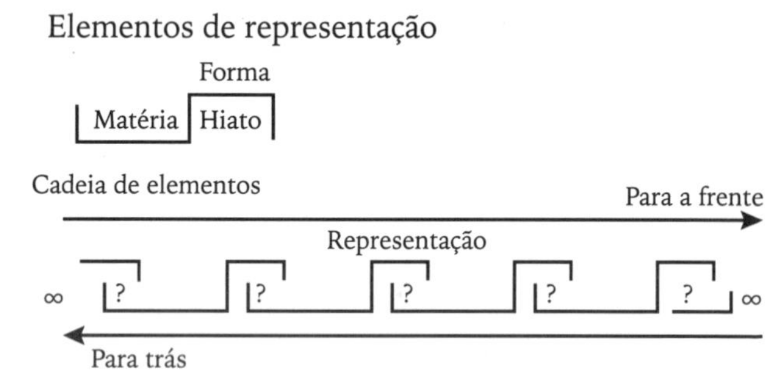

Figura 2.21 – A concepção "deambulatória" de referência prevê uma série de transformações, cada qual implicando um pequeno hiato entre "forma" e "matéria"; a referência, segundo essa visão, qualifica o movimento para a frente e para trás, bem como a natureza da transformação; o ponto principal é que a referência, nesse modelo, vai do centro para as extremidades.

Outra propriedade é revelada pela comparação de meus dois esboços: a cadeia não tem limite em nenhuma das extremidades. No modelo anterior (Figura 2.20), o mundo e a linguagem existiam como duas esferas finitas, capazes de fechar-se. Aqui, ao contrário, é possível alongar a cadeia indefinidamente por ambos os extremos, acrescentando-lhe outras etapas – embora não nos seja facultado cortar a linha ou romper a sequência, ainda que possamos resumi-las numa única "caixa-preta".

Para entender a cadeia de transformação, e para captar a dialética de ganho e perda que, como vimos, caracteriza cada etapa, precisamos observar de cima e transversalmente (Figura 2.22). Da floresta ao relatório da expedição, representamos consistentemente a transição floresta-savana como se desenhássemos dois triângulos isósceles inversamente superpostos. Etapa após etapa, fomos perdendo localidade, particularidade, materialidade, multiplicidade e continuidade, de sorte que no fim pouca coisa restou além de umas poucas folhas de papel. Vamos dar o nome de *redução* ao primeiro triângulo, cujo vértice é o que realmente conta. Entretanto, a cada etapa, não apenas reduzimos como ganhamos ou reganhamos, já que graças ao mesmo trabalho de re-representação conseguimos obter muito mais compatibilidade, padronização, texto, cálculo, circulação e universalidade relativa. Assim, no final das contas, inserimos no relatório de campo não somente Boa Vista inteira (a que podemos voltar), mas também a explicação de sua dinâmica. Nós pudemos, a cada etapa, ampliar nosso vínculo com o conhecimento prático já estabelecido, começando pela velha trigonometria existente "por trás" dos fenômenos e terminando pela nova ecologia, os novos achados da "pedologia botânica". Chamemos a esse segundo triângulo, mediante o qual a diminuta transecção de Boa Vista foi dotada de uma vasta e vigorosa base, de *amplificação*.

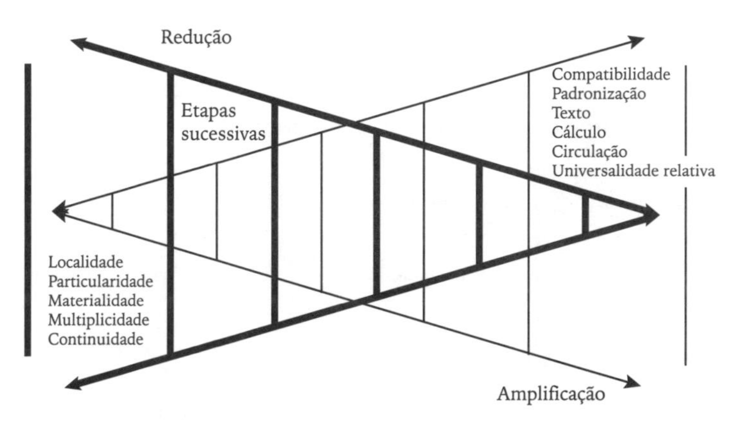

Figura 2.22 – A transformação, a cada passo da referência (ver Figura 2.21), pode ser descrita como uma barganha entre o que é ganho (amplificação) e o que é perdido (redução) a cada passo de produção de informação.

Nossa tradição filosófica enganou-se ao pretender tornar os fenômenos* o ponto de encontro entre as coisas em si e as categorias do entendimento humano (Figura 2.23; ver também capítulo

4). Realistas, empiristas, idealistas e racionalistas de todo gênero digladiaram-se incansavelmente à volta desse modelo bipolar. No entanto, os fenômenos não se acham no *ponto de encontro* entre as coisas e as formas da mente humana; os fenômenos são aquilo que *circula* ao longo da cadeia reversível de transformação, perdendo a cada etapa algumas propriedades a fim de ganhar outras que as tornem compatíveis com os centros de cálculo já instalados. Em vez de avançar de duas extremidades fixas para um ponto de encontro estável localizado no centro, a referência instável *avança do meio para as extremidades*, que vão sendo continuamente empurradas para mais longe. Para perceber até que ponto a filosofia kantiana confundiu os triângulos, tudo de que se precisa é uma expedição de quinze dias. (Mas isso, apresso-me em dizer, desde que eu não seja instado a falar de *meu* trabalho com a mesma pormenorização com que os pedólogos reportam os seus: 15 dias virariam 25 anos de trabalho pesado, em controvérsias com grupos de caros colegas equipados com dados, instrumentos e conceitos amealhados durante décadas. Pinto-me aqui, sem medo de contradição, como mero espectador que teve acesso ao conhecimento de seus informantes. Sou o primeiro a admitir que não conseguiria acompanhar racionalmente e de imediato cada um de seus passos.)

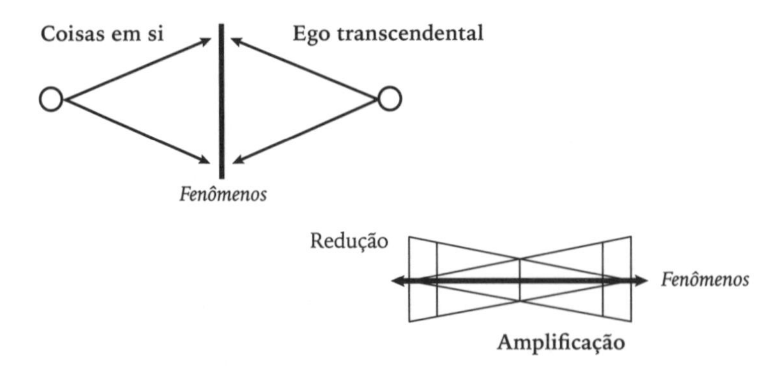

Figura 2.23 – Na cenografia kantiana, os fenômenos residem no ponto de encontro entre as coisas inacessíveis em si mesmas e o esforço de categorização empreendido pelo Ego ativo. No caso da referência circulante, os fenômenos são aquilo que normalmente circula ao longo da cadeia de transformações.

É possível, com a ajuda de meu esquema, compreender, visualizar e descobrir por que o modelo original dos filósofos da linguagem acha-se tão disseminado, se esta modesta investigação revela prontamente sua impossibilidade. Nada poderia ser mais simples: basta obliterar, ponto por ponto, todas as etapas que testemunhamos na fotomontagem (Figura 2.24).

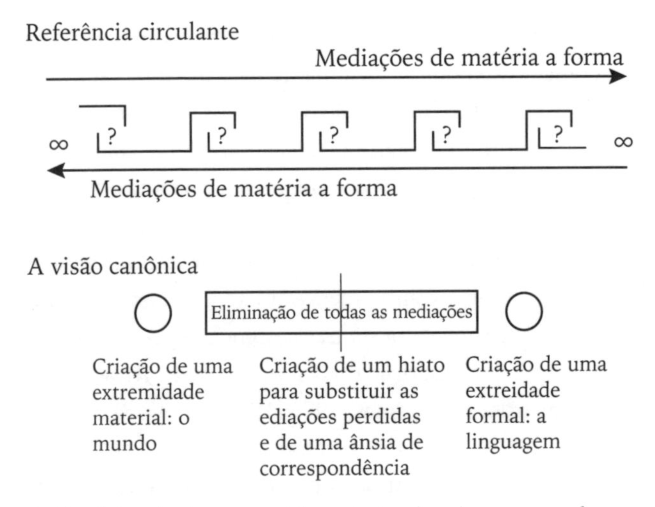

Figura 2.24 – A fim de obter o modelo canônico de palavras e mundo separados por um abismo e ligados pela perigosa ponte da correspondência, temos simplesmente de considerar a referência circulante e eliminar todas as mediações, por serem intermediários inúteis que tornam a conexão opaca. Isso só é possível no final (provisório) do processo.

Vamos delinear as extremidades da cadeia como se uma delas fosse o referente, a floresta de Boa Vista, e a outra uma frase, "a floresta de Boa Vista". Eliminemos todas as mediações que descrevi com tanto gosto. Em lugar das mediações esquecidas, criemos um hiato radical, capaz de cobrir o abismo hiante que separa a declaração que faço em Paris de seu referente a seis mil quilômetros de distância. *Et voilà*, eis-nos de volta ao antigo modelo, procurando alguma coisa para preencher o vazio que criamos, alguma *adequatio*, alguma semelhança entre duas variedades ontológicas que tornamos o mais dissimilares possível. Não espanta que os filósofos tenham falhado em compreender o problema do realismo e do relativismo: eles tomaram as duas extremidades provisórias pela cadeia inteira, como se procurassem entender de que modo uma lâmpada e um comutador poderiam "corresponder-se" depois de se cortar o fio e fazer a lâmpada "contemplar" o comutador "externo". Como disse William James em seu vigoroso estilo:

> Os intermediários, que em sua particularidade concreta formam uma ponte, evaporam-se idealmente para um intervalo vazio a ser cruzado; depois, tendo a relação dos termos finais se tornado saltatória, toda a fórmula mágica de *erkenntnistheorie* começa e avança sem ser refreada por outras considerações concretas. A ideia, "significando" um objeto separado de si mesmo por um "corte epistemológico", executa agora o que o Professor Ladd chama de *salto mortale* [...]. A relação entre ideia e objeto, ora abstrato e saltatório, daí por diante se opõe, por ser mais essencial e prévia, a seu próprio eu ambulante. E a descrição mais concreta é classificada como falsa ou como insuficiente. (James, 1975 [1907], p.247-8)

Na manhã seguinte, após redigir o relatório da expedição, carregamos as preciosas caixas de papelão que contêm minhocas preservadas em formaldeído bem como os saquinhos de terra cuidadosamente etiquetados para o jipe (Figura 2.25). Isso os argumentos filosóficos que pretendem vincular a linguagem ao mundo por meio de uma única transformação regular não conseguem explicar satisfatoriamente. Do texto volvemos às coisas, deslocadas *um pouquinho para a frente*. Do laboratório-restaurante dirigimo-nos para outro laboratório, situado a mil quilômetros de distância, em Manaus; e dali viajamos mais seis mil quilômetros até a Universidade Jussieu, em Paris. Sandoval voltará sozinho para Manaus com as valiosas amostras que terá de conservar intactas a despeito da árdua jornada que irá empreender. Como eu disse, cada etapa é matéria para aquilo que a sucede e forma para aquilo que a precede – cada qual separada da outra por um hiato correspondente à distância entre o que conta como palavras e o que conta como coisas.

Aprestam-se para partir, *mas preparam-se também para voltar*. Cada sequência flui "para diante" e "para trás", razão pela qual se amplifica o duplo sentido do movimento de referência. Conhecer não é apenas explorar, mas conseguir refazer os próprios passos, seguindo a trilha demarcada. O relatório que preparamos na noite anterior deixa isso muito claro: outra expedição será necessária para estudar, no mesmo sítio, a atividade daquelas minhocas suspeitas:

> De um ponto de vista pedológico, admitir que a floresta avança sobre a savana implica:
>
> 1. que a floresta e sua atividade biológica transformam o solo arenoso em solo areno-argiloso até uma profundidade de 15 cm a 20 cm;
> 2. que essa atividade ter-se-ia iniciado na orla da savana, em faixa de 15 cm a 30 m.
>
> Embora essas duas noções sejam difíceis de conceber a partir dos pressupostos da pedologia clássica, é necessário, levando-se em conta a solidez dos argumentos derivados do estudo biológico, testar essas hipóteses.
>
> O aumento de argila nos horizontes superiores não se deve a neoformações (à falta de uma fonte conhecida de alumínio [o alumínio é responsável pela criação de argila a partir da sílica contida no quartzo]). Os únicos agentes capazes de promover isso são as minhocas, cuja atividade no sítio estudado pudemos verificar e que dispõem de vastas quantidades da caulinita existente no horizonte até uma profundidade de setenta centímetros. O estudo dessa população de minhocas e o cálculo de sua atividade fornecerão, portanto, dados essenciais para o prosseguimento da pesquisa.

Infelizmente, não poderei acompanhar a próxima expedição. Enquanto os outros membros da equipe dizem *au revoir* a Edileusa, tenho de dizer *adieu*. Vamos embora de avião. Edileusa ficará em Boa Vista, encantada pela intensa e amistosa colaboração, nova para ela, e continuará a inspecionar seu sítio, que devido à superposição de pedologia e botânica acaba de ganhar em importância. Quanto a seu terreno, ficará mais denso depois de lhe acrescentarmos a ciência das minhocas. Construir um fenômeno em camadas sucessivas torna-o cada vez mais real dentro de uma rede traçada pelos deslocamentos (em ambos os sentidos) de pesquisadores, amostras, gráficos, espécimes, mapas, relatórios e pedidos de verba.

Para que essa rede comece a mentir – para que cesse de fazer referência –, basta *interromper* sua expansão em qualquer dos extremos, parar de incentivá-la, suspender seu financiamento ou rompê-la em qualquer outro ponto. Se o jipe de Sandoval tombar, quebrando os vidros de minhoca e espalhando o conteúdo dos saquinhos de terra, a expedição inteira terá de ser repetida. Se meus amigos não conseguirem dinheiro para *regressar* ao campo, jamais saberemos se a frase do relatório sobre o papel das minhocas é uma verdade científica, uma hipótese gratuita ou uma ficção. E se meus negativos se extraviarem no laboratório de revelação, como alguém saberá se não menti?

Figura 2.25

Finalmente, ar condicionado! Finalmente, um espaço mais parecido com um laboratório (Figura 2.26). Estamos em Manaus, no Inpa, num velho barracão transformado em escritório. Na parede o mapa da Amazônia, do Radambrasil, e a tabela de Mendeleiev. Separatas, arquivos, *slides*, cantis, sacolas, latas de gasolina, um motor de popa. Fumando um cigarro, Armand redige a versão final do relatório em seu *laptop*.

A transição floresta-savana em Boa Vista prossegue em sua marcha de transformações. Depois de digitada e salva no disco rígido, ela circulará por fax, e-mail e disquetes, precedendo as malas cheias de terra e minhocas, que serão submetidas a várias séries de testes nos muitos laboratórios selecionados por nossos pedólogos. Os resultados voltarão para engrossar as pilhas de notas e arquivos sobre a mesa de Armand, apoiando seu pedido de verba para retornar ao campo. A ronda sem fim da credibilidade científica: cada volta faz que a pedologia absorva um pouco mais da Amazônia, movimento que não pode cessar a menos que se percam imediatamente a significação e o sentido.

Fumando um cigarro, também eu escrevo meu relatório em meu *laptop*. Já em Paris, estou sentado à escrivaninha atulhada de livros, arquivos e *slides*, diante de um imenso mapa da bacia amazônica. Como meus colegas, estendo a rede da transição floresta-savana para os filósofos e sociólogos, que são os leitores deste livro. A seção da rede que estou construindo, porém, *não* é feita com o tipo de referências exaradas pelos outros cientistas, mas com alusões e ilustrações. Meus esquemas não fazem referência da mesma maneira que seus diagramas e mapas. Ao contrário da inscrição do solo de Boa Vista, feita por Armand, minhas fotografias não transportam aquilo de que falo. Escrevo um texto de filosofia empírica que não re-representa sua evidência à maneira de meus amigos pedólogos; assim, a rastreabilidade de meu tema não é suficientemente imutável para permitir que o leitor volte ao campo. (Deixo-lhe a tarefa de medir a distância que separa as ciências naturais e sociais, pois tal mistério exigiria outra expedição para estudar o papel do empirista ranzinza que tenho sido.)

Figura 2.26

O leitor pode agora contemplar um mapa do Brasil no atlas e deter-se na área de Boa Vista, mas não para procurar uma *semelhança* entre o mapa e o sítio cuja história venho narrando. Todo o velho problema da correspondência entre palavras e mundo surge de uma simples confusão entre epistemologia e história da arte. Tomamos a ciência por uma pintura realista, supondo que ela proporcionava uma cópia exata do mundo. As ciências fazem mais que isso – pinturas também, no presente caso. Ao longo de etapas sucessivas, vinculam-nos a um mundo alinhado, transformado, construído. Nesse modelo, perdemos a semelhança, mas há uma compensação: apontando com o indicador para os traços de uma figura impressa no atlas, podemos, graças a uma série de transformações uniformemente descontínuas, estabelecer um laço com Boa Vista. Gozemos essa longa cadeia de transformações, essa sequência potencialmente infinita de mediadores, em vez de exigir os prazeres insignificantes da *adequatio* e o um tanto perigoso *salto mortale* que James tão bem ridicularizou. Jamais conseguirei verificar a semelhança entre minha mente e o mundo; mas posso, se pagar o preço, *estender* a cadeia de transformações sempre que uma referência verificada circular ao longo de substituições constantes. Essa filosofia "deambulatória" não será mais realista e certamente mais *realística* que o antigo acordo?

3
O fluxo sanguíneo da ciência
Um exemplo da inteligência científica de Joliot

Depois de começarmos a perceber que a referência é algo que circula, tudo mudará em nossa compreensão das conexões entre uma disciplina científica e o restante de seu mundo. Em particular, logo seremos capazes de reunir novamente muitos dos elementos contextuais que tivemos de abandonar no capítulo anterior. Sem exagerar em demasia, digamos que os estudos científicos fizeram uma descoberta não totalmente diversa da do grande William Harvey... Seguindo as trilhas da circulação dos fatos, saberemos reconstruir, vaso após vaso, o sistema circulatório completo da ciência. A noção de uma ciência isolada do resto da sociedade se tornará tão absurda quanto a ideia de um sistema arterial desconectado do sistema venoso. Mesmo a noção de um "coração" conceitual da ciência assumirá um sentido completamente novo depois de começarmos a examinar a farta vascularização que dá vida às disciplinas científicas.

A fim de ilustrar esse segundo aspecto, darei um exemplo canônico – e já agora tomado, não de uma ciência verde e amistosa como a pedologia, mas pesada e sombria como a física atômica. Não tenciono contribuir em nada para a história e a antropologia da física, como alguns de meus colegas fizeram de forma tão excelente (Schaffer, 1994; Pickering, 1995; Galison, 1997). Quero apenas refundir o sentido do adjetivozinho "social". Se, no capítulo 2, tive de abandonar muitos dos caminhos que se abriam para o contexto da expedição, neste deixarei de lado quase todo o conteúdo técnico para concentrar-me no próprio *caminho*. Isso me permitirá introduzir um pouco de sociologia clássica da ciência, de que precisamos para prosseguir, e ajudar o leitor convicto de que os estudos científicos procuram oferecer uma explicação "social" da ciência a abandonar esse preconceito. Quando estivermos equipados com uma noção diferente de referência e uma concepção renovada do social, será possível integrar as duas com uma definição alternativa do objeto. Gostaria de poder ir mais depressa; mas, em assuntos como estes, ir depressa é uma receita infalível para apenas repetir o antigo arranjo sem nenhuma perspectiva de aclarar o novo, que ainda está imerso em sombras.

Um pequeno exemplo de Joliot

Em maio de 1939 Frédéric Joliot, aconselhado por seus amigos do Ministério da Guerra e por André Laugier, diretor do recém-instalado CNRS (Centre National de la Recherche Scientifique – Centro Nacional de Pesquisa Científica), entrou num acordo legal muito finório com uma companhia belga, a Union Minière du Haut Katanga. Graças à descoberta do rádio por Pierre e Marie Curie, e em seguida à comprovação da existência de depósitos de urânio no Congo, essa companhia se tornara a principal fornecedora de todos os laboratórios do mundo que tentavam realizar a primeira reação nuclear artificial em cadeia. Joliot, como antes dele sua sogra Marie Curie, imaginara uma maneira de atrair a companhia. Com efeito, a Union Minière utilizava seus minerais radiativos unicamente como fonte do rádio, que vendia aos médicos; montanhas de óxido de urânio eram relegadas aos depósitos de lixo. Joliot planejava construir um reator atômico, para o qual precisava de grande quantidade de urânio: eis o que transformou um simples refugo da produção de rádio em algo valioso. A companhia prometeu a Joliot cinco toneladas de óxido de urânio, assistência técnica e um milhão de francos. Em troca, todas as descobertas dos cientistas franceses seriam patenteadas por um sindicato que deveria distribuir os lucros igualmente entre a Union Minière e o CNRS.

Enquanto isso, em seu laboratório do Collège de France, Joliot e seus dois principais colegas de pesquisa, Hans Halban e Lew Kowarski, excogitavam um acordo tão sutil quanto o que aproximara os interesses do Ministério da Guerra, do CNRS e da Union Minière. Mas, desta feita, a questão era coordenar os comportamentos aparentemente irreconciliáveis das partículas atômicas. O princípio da fissão acabara de ser descoberto. Quando bombardeado por nêutrons, o átomo de urânio se parte em dois, liberando energia. O efeito dessa radiatividade artificial foi logo percebido por diversos físicos: se, sob bombardeio, cada átomo de urânio expelia dois ou três nêutrons que por seu turno bombardeavam outros átomos de urânio, uma reação em cadeia extremamente poderosa seria ativada. A equipe de Joliot pôs-se a trabalhar sem tardança para demonstrar que semelhante reação era possível e poderia abrir caminho a novas descobertas científicas e a uma nova técnica de produção de energia em quantidades ilimitadas. A primeira equipe a provar que cada geração de nêutrons dava de fato nascença a um número ainda maior conquistaria enorme prestígio na altamente competitiva comunidade científica, em que os franceses ocupavam, na época, a posição de destaque.

Decidido a chegar a essa importante descoberta científica, Joliot e seus colegas continuaram a publicar seus achados, a despeito dos telegramas urgentes que Leo Szilard lhes estava enviando dos Estados Unidos. Em 1934 Szilard, um emigrado da Hungria e físico visionário, obtivera uma patente secreta dos princípios de fabricação da bomba atômica. Inquieto ante a possibilidade de também os alemães construírem a bomba tão logo se certificassem de que os nêutrons emitidos eram mais numerosos do que se pensava a princípio, Szilard tentava estimular a autocensura de todos os pesquisadores antinazistas. Não conseguiu, entretanto, impedir que Joliot publicasse um derradeiro artigo no periódico inglês *Nature*, em abril de

1939, no qual mostrava ser possível gerar 3,5 nêutrons por fissão. Ao lê-lo, todos os físicos da Alemanha, da Inglaterra e da União Soviética tiveram a mesma ideia e reorientaram suas investigações para a obtenção de uma reação em cadeia, escrevendo imediatamente a seus governos sobre a importância capital dessa pesquisa, informando-os de seus perigos e requerendo imediata provisão das verbas gigantescas necessárias para testar a hipótese de Joliot.

No mundo inteiro, cerca de dez equipes voltaram-se apaixonadamente à tarefa de produzir a primeira reação nuclear artificial em cadeia. Mas apenas Joliot e seus colaboradores estavam já capacitados a transformá-la em realidade militar ou industrial. O primeiro problema de Joliot era desacelerar os nêutrons emitidos pelas fissões iniciais, pois se eles fossem muito rápidos não provocariam a reação. A equipe pôs-se em busca de um moderador que pudesse desacelerar os nêutrons sem absorvê-los ou fazê-los recuar – ou seja, um moderador ideal com propriedades bastante difíceis de reconciliar. Em sua oficina de Ivry, eles experimentaram diversos moderadores com diferentes configurações (parafina e grafite, por exemplo). Foi Halban quem lhes chamou a atenção para as vantagens decisivas do deutério, um isótopo do hidrogênio, duas vezes mais pesado mas com o mesmo comportamento químico. Esse elemento poderia tomar o lugar do hidrogênio em moléculas de água, que dessa forma se tornaria "pesada". Com base em trabalhos anteriores com a água pesada, Halban sabia que ela absorvia pouquíssimos nêutrons. Infelizmente, o moderador ideal apresentava uma desvantagem: havia apenas um átomo de deutério para cada seis mil átomos de hidrogênio. Custava uma fortuna obter água pesada, que só foi produzida em escala industrial numa única fábrica em todo o mundo, pertencente à companhia norueguesa Norsk Hydro-Elektrisk.

Raoul Dautry, formado pela École Polytechnique e antigo funcionário público que se tornou ministro dos Armamentos pouco antes da derrota da França na Segunda Guerra Mundial, também estava informado do trabalho de Joliot desde o princípio. Apoiara o acordo de Joliot com a Union Minière e fizera o possível para auxiliar a equipe do Collège de France, bem como os começos do

CNRS, tentando integrar, até onde o permitia a tradição francesa, a pesquisa militar e científica avançada. Embora, em política, não partilhasse as posições direitistas de Joliot, tinha a mesma fé no progresso do conhecimento e o mesmo fervor pela independência nacional. Joliot prometeu fornecer um reator experimental para uso civil, que poderia eventualmente levar à construção de um novo tipo de armamento. Dautry e outros tecnocratas deram generoso apoio a Joliot, mas solicitaram que ele alterasse as prioridades: caso a bomba fosse viável, deveria ser desenvolvida primeiro e o mais rápido possível.

Os cálculos de Halban sobre a desaceleração dos nêutrons, a hipótese de Joliot sobre a exequibilidade da reação em cadeia e a convicção de Dautry de que era necessário desenvolver novas armas entrelaçaram-se ainda mais quando surgiu a questão de obter a água pesada da Noruega. Enquanto se travava a "guerra de mentirinha" entre as linhas Siegfried e Maginot, espiões, banqueiros, diplomatas, físicos alemães, ingleses, franceses e noruegueses brigavam pelos 26 recipientes que estes últimos haviam confiado aos franceses para evitar que caíssem nas mãos dos alemães. Após algumas semanas conturbadas, os recipientes foram entregues a Joliot. Halban e Kowarski, ambos estrangeiros e portanto suspeitos, tinham sido postos de lado pelo serviço secreto francês enquanto durasse a operação. Completada esta, puderam voltar ao laboratório do Collège de France, onde, sob a proteção de Dautry e dos militares, começaram a trabalhar para descobrir um modo de combinar o urânio da Union Minière e a água pesada dos noruegueses com os cálculos que Halban, diariamente, ia fazendo graças à ajuda dos dados confusos de um primitivo contador Geiger.

Como vincular a história da ciência à da França

Como encarar esse caso, tão bem contado pelo historiador americano Spencer Weart (1979) e do qual apenas resumi um episódio? Dois enormes equívocos tornaram incompreensível o projeto de mapear o sistema circulatório da ciência, empreendido pelos estudos científicos. O primeiro é a crença de que os estudos científicos buscam uma "explicação social" dos fatos científicos; o segundo, a de que tratam unicamente de discurso e retórica, ou, na melhor das hipóteses, de problemas epistemológicos, sem se importar com "o mundo real lá fora". Examinemos cada um desses equívocos.

Os estudos científicos certamente rejeitam a ideia de uma ciência desvinculada do resto da sociedade, mas tal rejeição não significa que adote a postura contrária, a de uma "construção social" da realidade, ou que estaque em uma posição intermediária tentando extrair fatores "puramente" científicos de fatores "meramente" sociais (ver final do capítulo 4). O que os estudos científicos repelem *por inteiro* é o *programa de pesquisas* que tentaria dividir a história de Joliot em duas partes: uma para os problemas jurídicos com a Union Minière, a "guerra de mentirinha", o nacionalismo de Dautry, os espiões alemães; a outra para os nêutrons, o deutério, o coeficiente de absorção da parafina. O estudioso dessa época teria então duas listas de personagens correspondentes a duas histórias: na primeira, a história da França de 1939 a 1940; na segunda, a história da ciência no mesmo período. A primeira lista trataria de política, direito, economia, instituições e paixões; a segunda, de ideias, princípios, conhecimento e procedimentos.

Poderíamos até mesmo imaginar duas subprofissões, dois diferentes tipos de historiadores, um deles partidário de explicações baseadas na política pura, o outro, de explicações baseadas na ciência pura. A primeira espécie de explicação é em geral chamada *externalista** e a segunda, *internalista**. Nesse período de 1939-40, as duas histórias não teriam tido pontos de interseção. Uma falaria de Adolf Hitler, Raoul Dautry, Edouard Daladier e CNRS, mas não de nêutrons, deutério ou parafina; a outra discorreria sobre o princípio da reação em cadeia, mas não sobre a Union Minière ou os bancos que controlavam a Norsk Hydro-Elektrisk. Como duas equipes de engenheiros que trabalhassem em dois vales paralelos dos Alpes, ambas fariam enorme quantidade de trabalho sem sequer se dar conta uma da outra.

Sem dúvida, estabelecida a divisão entre atores humanos e não humanos, todos admitiriam a permanência de uma área ligeiramente indefinida de híbridos, que se poderia encontrar ora numa coluna, ora na outra, ou talvez em nenhuma. Para haver-se com essa "zona crepuscular", externalistas e internalistas teriam de tomar fatores emprestados de suas respectivas listas. Poder-se-ia dizer, por exemplo, que Joliot "misturou" preocupações políticas com interesses puramente científicos. Ou que o projeto de desacelerar nêutrons com deutério revestia, decerto, cunho científico, mas era também "influenciado" por fatores extracientíficos. A proposta de autocensura por parte de Szilard não seria "estritamente científica", pois introduzia considerações militares e políticas no livre intercâmbio de ideias de ciência pura. Desse modo, tudo que aparece misturado explica-se por referência a um dos constituintes igualmente puros: política e ciência.

Os estudos científicos poderiam ser definidos como um projeto cujo objetivo consiste em eliminar por inteiro essa divisão. A história de Joliot, tal qual relatada por Spencer Weart, é uma "trama inconsútil" que não se pode partir em duas sem que tanto a política da época quanto a física atômica se tornem incompreensíveis. Em lugar de seguir os vales paralelos, o propósito dos estudos científicos é cavar um túnel entre ambos, para que as duas equipes ataquem o problema de seu lado e se encontrem no meio.

Acompanhando a argumentação de Halban sobre cortes transversais (Weart, 1979), segundo a qual o deutério apresenta vantagens decisivas, o analista de ciência é levado, sem preconceito e sem postular uma nítida divisão entre ciência e política, por uma *transição* imperceptível, para o escritório de Dautry e dali para o aeroplano de Jacques Allier, banqueiro e oficial aviador que foi o agente secreto enviado pela França para burlar os caças da Luftwaffe. Começando, no túnel, pelo lado da ciência, o historiador chega finalmente ao outro, o da guerra e da política. Mas, a meio caminho, pode encontrar um colega vindo da direção contrária, que partiu da estratégia industrial da Union Minière e, graças a outra transição imperceptível, acabou interessadíssimo pelo método de extração do urânio 235 e, depois, pelos cálculos de Halban. Avançando a partir do lado da política, esse historiador, de bom ou mau grado, envolve-se com a matemática. Em vez de duas histórias que não se intersecionam em ponto algum, temos agora pessoas que narram dois episódios simétricos, os quais incluem os *mesmos* elementos e os *mesmos* atores, mas *na ordem inversa*. O primeiro erudito esperava acompanhar os cálculos de Halban sem precisar envolver-se com a Luftwaffe; o segundo imaginava poder encarar a Union Minière sem ter contato com a física atômica.

Ambos se equivocaram, mas os caminhos por eles traçados graças à abertura do túnel são muito mais interessantes do que supunham. De fato, seguindo sem preconceitos as veredas interconectadas de seu raciocínio, os estudos científicos revelarão, *a posteriori*, o trabalho que cientistas e políticos precisaram empreender a fim de ligar-se de maneira tão inextricável. Não estava previsto que todos os elementos do relato de Weart deveriam ser mesclados. A Union Minière poderia ter continuado a produzir e vender cobre sem se preocupar com o rádio ou o urânio. Se Marie Curie e mais tarde Frédéric Joliot não procurassem interessar a companhia pelo trabalho que faziam em seus laboratórios, um analista da Union Minière jamais teria de ocupar-se de física nuclear. Ao discutir Joliot, Weart não precisaria referir-se à Katanga Superior. Em contrapartida, depois de vislumbrar a possibilidade da reação em cadeia, Joliot poderia direcionar sua pesquisa para outro tópico sem ter de mobilizar, com vistas a produzir um reator, praticamente todos os industriais e tecnocratas esclarecidos da França. Escrevendo sobre a França do pré-guerra, Weart não mencionaria Joliot.

Em suma, o projeto dos estudos científicos, contrariamente ao que os guerreiros da ciência queriam induzir todos a crer, não é estabelecer *a priori* que existe "alguma conexão" entre ciência e sociedade, pois *a existência dessa conexão depende daquilo que os atores fizeram ou deixaram de fazer para estabelecê-la*. Os estudos científicos apenas fornecem os meios de traçar essa conexão *quando ela existe*. Em vez de cortar o nó Górdio – de um lado ciência pura, de outro, política pura –, eles procuram acompanhar os gestos daqueles que o apertam ainda mais. A história social da ciência não diz: "Busquem a sociedade oculta dentro, por trás ou por baixo das ciências". Apenas faz algumas perguntas simples: "Num dado período, até que ponto é possível seguir uma política antes de ter de lidar com o conteúdo detalhado de uma ciência? Até que ponto é possível examinar o raciocínio de um cientista antes de ter de lidar com os detalhes de uma política? Um minuto? Um século? Uma eternidade? Um segundo? Não pedimos que corteis o fio que vos conduz, ao longo de uma série de transições imperceptíveis, de um tipo de elemento para outro". Todas as respostas são interessantes e constituem dados de grande relevância para aqueles que desejam compreender esse *imbróglio* de coisas e pessoas – *inclusive*, é claro, os dados que possam mostrar que não existe a menor conexão, em dada época, entre uma ciência e o resto da cultura.

Não basta dizer que as conexões entre ciência e política formam uma teia emaranhadíssima. Repelir toda divisão *a priori* entre a lista dos atores humanos ou políticos e a lista de ideias e procedimentos nada mais é que o primeiro passo, por sinal dos mais negativos. Temos de entender a série de operações pelas quais um industrial, que só pretendia administrar seus negócios, viu-se forçado a calcular a taxa de absorção de nêutrons pela parafina; ou por que uma pessoa, cujo único interesse era ganhar o prêmio Nobel, deu consigo a preparar uma incursão de comandos na Noruega. Em ambos os casos, o vocabulário *inicial* difere do vocabulário *final*. Há uma *translação** de termos políticos para termos científicos e vice-versa. Para o presidente da Union Minière, "ganhar dinheiro" significa agora, até certo ponto, "investir na física de Joliot"; e para Joliot, "demonstrar a possibilidade de uma reação em cadeia" significa, em parte, "vigiar os espiões nazistas". A análise dessas operações translativas constitui boa parte dos estudos científicos. A ideia de translação fornece às duas equipes de estudiosos – uma que vem do lado da política e vai para o lado das ciências, a outra que vem do lado das ciências e segue as referências circulantes – o sistema de orientação e alinhamento que lhes enseja alguma possibilidade de encontrar-se no meio em vez de desviar-se.

Acompanhemos uma operação elementar de translação a fim de entender como, na prática, ocorre a passagem de um registro a outro. Dautry quer garantir o poderio militar da França e a autossuficiência de sua produção energética. Digamos que esse é o seu "objetivo", independentemente da psicologia que lhe imputemos. Joliot deseja ser o primeiro no mundo a produzir em laboratório fissão nuclear artificialmente controlada: eis seu objetivo. Chamar a primeira ambição de "puramente política" e a segunda de "puramente científica" é absurdo, pois justamente a "impureza" é que irá permitir a consecução dos dois objetivos.

De fato, quando Joliot encontra Dautry, não tenta alterar-lhe o objetivo, mas apresentar seu próprio projeto de um modo tal que Dautry considere a reação nuclear em cadeia como o caminho *mais rápido* e mais seguro para alcançar a independência nacional. "Se você utilizar meu laboratório", pode ter dito ele, "será possível ganhar a dianteira em relação a outros países e talvez mesmo produzir um explosivo como jamais se imaginou." Essa transação não é de natureza comercial. Para Joliot, não se trata de vender a fissão nuclear, pois ela sequer existe ainda. Ao contrário, a única maneira de fazê-la existir é receber do ministro dos Armamentos o pessoal, as premissas e as conexões que o capacitarão, em plena guerra, a obter as toneladas de grafite, o urânio e os litros de água pesada necessários. Ambos os homens acreditam que, sendo impossível para qualquer deles alcançar diretamente seu objetivo, a pureza política e científica é inútil e o melhor a fazer é negociar um acordo que modifique a relação entre seus dois alvos originais.

A operação de translação consiste em combinar dois interesses até então diferentes (guerrear, desacelerar nêutrons) num único objetivo composto (ver Figura 3.1). Sem dúvida, não há nenhuma garantia de que uma ou outra parte não esteja trapaceando. Dautry pode estar desperdiçando recursos preciosos ao permitir que Joliot brinque com seus nêutrons enquanto os alemães concentram tanques nas Ardenas. De igual modo, Joliot talvez ache que está sendo forçado a construir a bomba antes do reator civil. Ainda que haja equilíbrio perfeito, nenhuma das partes, como se vê no diagrama, conseguirá chegar *exatamente* ao objetivo original. Há aí uma deriva, um deslizamento, um deslocamento que, dependendo do caso, pode ser ínfimo ou gigantesco.

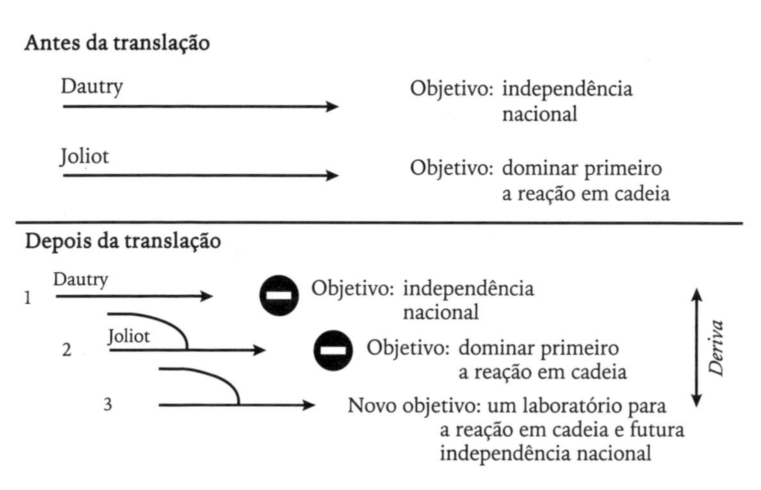

Figura 3.1 – Devemos ser cuidadosos para não fixar interesses *a priori*; os interesses são "transladados". Quer dizer, quando se frustram seus objetivos, os atores tomam atalhos pelos objetivos de outros, daí resultando uma deriva, com a linguagem de um ator sendo substituída pela linguagem de outro.

Em nosso exemplo, Joliot e Dautry não alcançaram seu objetivo senão 15 anos mais tarde, após terrível derrota, quando o general De Gaulle criou o CEA, Comissariat à l'Énergie Atomique (Comissariado de Energia Atômica).

O que importa nessa operação de translação não é unicamente a fusão de interesses que ela enseja, mas a criação de uma nova mistura, o laboratório. Com efeito, a oficina de Ivry tornou-se a juntura crucial que iria permitir a realização conjunta tanto do projeto científico de Joliot quanto da independência nacional, tão cara ao coração de Dautry. As paredes do laboratório, seu equipamento, seu pessoal e seus recursos foram trazidos à existência por Dautry e Joliot. Já não era possível afirmar, em meio ao complexo de forças mobilizadas em torno da esfera de cobre cheia de urânio e parafina, o que pertencia a Dautry e o que pertencia a Joliot.

Seria inútil estudar uma única negociação ou translação isoladamente. Os esforços de Joliot não poderiam, é claro, ser confinados a gabinetes ministeriais. Tendo conseguido seu laboratório, ele precisava agora negociar *com os próprios nêutrons*. Uma coisa era persuadir um ministro a fornecer o estoque de grafite e bem outra convencer um nêutron a desacelerar-se o suficiente para golpear um átomo de urânio e, assim, liberar mais três nêutrons? Sim e não. Para Joliot, não era muito diferente. De manhã ele trabalhava com os nêutrons e à tarde enfrentava o ministro. Quanto mais o tempo passava, mais os dois problemas se tornavam um só: se um número excessivo de nêutrons escapasse do vaso de cobre e baixasse o fluxo da reação, o ministro perderia a paciência. Para Joliot, enquadrar o ministro e os nêutrons no mesmo projeto, mantendo-os ativos e disciplinados, não era de fato realizar tarefas distintas. *Ele precisava de ambos.*

Joliot cruzou e recruzou Paris, indo da matemática ao direito e à política, passando telegramas a Szilard para que o fluxo de publicações necessário à promoção do projeto continuasse, telefonando para seu advogado a fim de que a Union Minière não cessasse de enviar-lhe urânio e recalculando, pela enésima vez, a curva de absorção obtida com seu rudimentar contador Geiger. Eis seu trabalho científico: manter juntos todos os fios e arrancar favores de todos, nêutrons, noruegueses, deutério, colegas, antinazistas, americanos, parafina... Quem disse que ser cientista era tarefa fácil? Ser *inteligente*, segundo a etimologia da palavra, é ser capaz de manter unidas todas essas conexões. Compreender a ciência é, com a ajuda de Joliot (e de Weart), compreender essa rede complicada de conexões sem imaginar de antemão que exista um dado estado de sociedade e um dado estado de ciência.

Hoje é fácil perceber a diferença entre os estudos científicos e as duas histórias *paralelas* que eles substituem. A fim de explicar todas as complicações políticas e científicas, as duas equipes de historiadores sempre tiveram de vê-las como misturas lamentáveis de dois registros igualmente puros. Assim, suas explicações eram exaradas em termos de "distorção", "impureza" ou, na melhor das hipóteses, "justaposição". Para esses historiadores, fatores puramente políticos ou econômicos juntavam-se a fatores puramente científicos. Onde lobrigavam apenas confusão, os estudos científicos descobrem uma *substituição* lenta, contínua e inteiramente explicável de um certo tipo de preocupação e de um certo tipo de prática por outro. Há, com efeito, momentos em que, se alguém domina solidamente o cálculo das seções transversais do deutério, *domina também*, por meio de substituições e translações, o destino da França, o futuro da indústria, o porvir da física, uma patente, um bom artigo, um prêmio Nobel e por aí além.

Com a ajuda de outro diagrama, é possível estender o contraste entre esses dois tipos de investigação para as conexões da ciência. O lado esquerdo da Figura 3.2 mostra a separação entre ciência e política em sua forma mais comum: há um núcleo de conteúdo científico *rodeado* por um "ambiente" social, político e cultural, a que se pode chamar de "contexto" da ciência. Baseados nessa separação, podemos oferecer explicações externalistas ou internalistas, alimentando a pesquisa contraditória de nossas duas equipes de eruditos. Os membros da primeira empregarão o vocabulário do contexto* e tentarão (às vezes) penetrar o máximo possível no conteúdo científico; os da segunda empregarão o vocabulário do conteúdo* e permanecerão dentro do núcleo conceitual central. Para os primeiros, *o que explica a ciência é a sociedade* – embora, geralmente, apenas a superfície da disciplina esteja em questão: sua organização, o *status* relativo dos diferentes trabalhadores ou os erros mais tarde revelados. No segundo caso, *as ciências explicam-se a si mesmas*, sem necessidade de assistência externa uma vez que produzem o comentário a seu próprio respeito e se desenvolvem a partir de suas próprias forças internas. Sem dúvida, o ambiente social pode atrapalhar ou estimular seu desenvolvimento, mas nunca forma ou constitui o conteúdo em si das ciências.

No lado direito da Figura 3.2 está o programa de estudos científicos, que podemos chamar de modelo de translação* (Callon, 1981). Deve ter ficado claro que não existe relação alguma entre os dois paradigmas. Os estudos científicos *não* se situam, no debate clássico, entre história internalista e história externalista. Eles reconfiguram por completo as questões. Só o que se pode dizer é que as sucessivas cadeias de translação envolvem, num extremo, recursos *exotéricos* (que lembram mais o que lemos nos artigos diários) e, no outro, recursos *esotéricos* (que lembram mais o que lemos nos manuais universitários). Todavia, esses dois extremos não são mais importantes nem mais reais que as duas pontas de referência do capítulo anterior – e pela mesma razão. Tudo o que é importante ocorre *entre ambos* e as mesmas explicações servem para conduzir a translação nas duas direções. Nesse segundo modelo, métodos idênticos são utilizados para compreender ciência e sociedade. Os estudos científicos nunca tiveram interesse, a meu ver, em fornecer uma explicação social de qualquer item de ciência. Se tivessem tido, fracassariam de pronto, já que *nada* na definição comum do que seja sociedade poderia explicar a conexão entre um ministro dos Armamentos e os nêutrons. Apenas por causa do trabalho de Joliot é que essa conexão foi estabelecida. Os estudos científicos acompanham de perto aquelas translações implausíveis que mobilizam, de maneira absolutamente inesperada, definições novas do que é fazer a guerra e definições novas do que constitui o mundo.

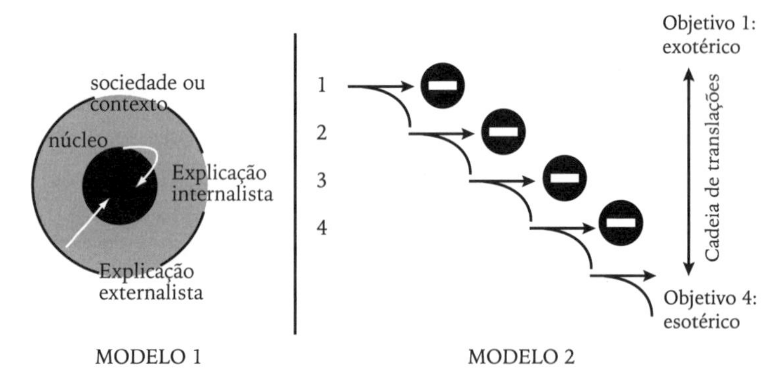

Figura 3.2 – No modelo 1, concebe-se a ciência como um núcleo rodeado por uma coroa de contextos sociais irrelevantes para a definição de ciência; assim, pouco têm em comum as explicações internalistas e externalistas. No modelo 2, as sucessivas translações fizeram que os vocabulários esotérico e exotérico tivessem algo em comum, de sorte que a distinção entre explicações internalistas e externalistas é tão pequena (ou tão grande) quanto a própria cadeia de translação.

A progressiva inserção de não humanos no discurso humano

Agora que o primeiro equívoco foi desfeito, será mais fácil encarar o segundo, principalmente com a ajuda do que aprendemos sobre referência circulante no capítulo 2. Os cientistas não apenas confundem, na prática diária, as fronteiras entre sua ciência puramente esotérica e a esfera impuramente exotérica da sociedade como toldam os limites entre o domínio do discurso e aquilo que o mundo é. Os filósofos da ciência gostam de lembrar-nos, como se isso fosse o epítome do bom senso, que não devemos confundir nunca questões epistemológicas (nossa representação do mundo) com questões ontológicas (a realidade do mundo). Infelizmente, se seguirmos o conselho dos filósofos, não compreenderemos nenhuma atividade científica, pois confundir aqueles dois domínios supostamente separados é precisamente o que os cientistas fazem a maior parte do tempo. Joliot não apenas translada considerações sociais e científicas cada vez mais intimamente como também mistura questões epistemológicas e ontológicas cada vez mais profundamente. É apenas em virtude desse acúmulo gradual de confusão que suas palavras sobre reações em cadeia podem ser levadas cada vez mais a sério pelos outros.

Examinemos a seguinte frase: (1) "Cada nêutron libera 2,5 nêutrons". É o que se lê hoje nas enciclopédias e se chama um "fato científico". Outra frase: (2) "Joliot afirma que cada nêutron libera de três a quatro nêutrons, mas isso é impossível; ele não tem provas; está sendo por demais otimista; é o francês típico, contando com o ovo na galinha; e, seja como for, é muitíssimo perigoso: se os alemães lerem suas palavras, acreditarão que a coisa é viável e trabalharão nela com afinco". Ao contrário da frase (1), a frase (2) não condiz com as regras estilísticas que governam o aparecimento dos fatos científicos; não se pode lê-la em nenhuma enciclopédia. Seu caráter datado é facilmente discernível (algum momento entre 1939 e 1940) e ela pode ser atribuída a um colega físico (como Szilard, que então encontrara abrigo no laboratório de Enrico Fermi, na zona sul de Chicago). Notemos que as duas frases têm um ponto em comum, a declaração ou *dictum**: "cada nêutron libera *x* nêutrons";

e um elemento muito diferente, feito de um conjunto de situações, pessoas e juízos, chamado modificador ou *modus**.

Como já demonstrei à saciedade, um bom indício do surgimento de um fato científico é que o modificador desaparece e só o *dictum* se mantém. A eliminação dos modificadores é o resultado e às vezes o objetivo da controvérsia científica (conforme veremos no capítulo 4, em que Pasteur se afasta de suas células de fermento para permitir que elas falem por si mesmas). Por exemplo, se Joliot e seu grupo tivessem logrado êxito, seus colegas passariam imperceptivelmente da segunda frase para uma terceira, mais respeitável: (3) "A equipe de Joliot parece ter provado que todo nêutron libera três nêutrons, o que é muito interessante". Alguns anos depois, leríamos frases como: (4) "Numerosos experimentos provaram que cada nêutron libera entre dois e três nêutrons". Mais um esforço e chegamos à frase com a qual começamos: (1) "Cada nêutron libera 2,5 nêutrons". Mais tarde essa frase – sem quaisquer restrições, sem nome de autor, sem julgamento, sem polêmicas nem controvérsias, sem sequer uma alusão ao mecanismo que a tornou possível – penetrará num estado de certeza ainda maior. Os físicos atômicos nem mesmo falarão ou escreverão a respeito – exceto num curso introdutório ou num artigo de divulgação –, de tão óbvio que o assunto se tornou. Da controvérsia trepidante ao conhecimento tácito, a transição é progressiva e contínua – pelo menos quando tudo vai bem, o que certamente é raro.

Como explicaremos essa mudança progressiva de (2) para (3) e (4)? Diremos, para empregar o clichê surrado, que tendem "assintoticamente" para o verdadeiro estado de coisas? Sustentaremos que (2) é ainda uma afirmação humana, marcada pela língua e pela história, enquanto (1) não é absolutamente uma afirmação e escapa tanto à história quanto à humanidade? A maneira tradicional de responder a tais perguntas é tentar identificar, entre as afirmações, aquelas que correspondem a um estado de coisas e aquelas que não lhe fazem nenhuma referência. Mas, de novo, os estudos científicos não são o programa de pesquisa que irá tomar posição nesse debate clássico. Segundo vimos no capítulo 2, eles se interessam por um problema inteiramente diverso: como pode o mundo ser aos poucos vertido em discurso graças a transformações sucessivas, de modo a seguir-se daí um fluxo estável de referência em duas direções? Como conseguirá Joliot livrar-se das restrições ao fato científico que ele deseja estabelecer? A resposta a essa pergunta explica por que não pode existir outra história da ciência a não ser os estudos científicos tais quais os defino aqui.

Joliot pode estar convencido de que a reação nuclear em cadeia é exequível e de que ela levará, em poucos anos, à fabricação do reator atômico. No entanto, se toda vez que ele o disser seus colegas interpuserem objeções – como "É ridículo acreditar nisso [*dictum*]", "É impossível supor tal coisa [*dictum*]", "É perigoso imaginá-lo [*dictum*]" ou "É contrário à teoria postulá-lo [*dictum*]" –, Joliot se sentirá completamente impotente. Ele não pode, *sozinho*, transformar sua afirmação em fato científico, aceito pelos demais; por definição, precisa *dos outros* para efetuar essa transformação. Foi Szilard quem teve de admitir: "Já acho que Joliot pode mesmo fazer seu reator funcionar", embora acrescentasse logo: "desde que os alemães não o surrupiem se ocuparem Paris". Recorrendo outra vez a um mote que tenho muitas vezes empregado, o destino da afirmação está nas mãos dos outros, principalmente dos caros colegas, que por esse motivo são ao mesmo tempo amados e odiados (quanto menos numerosos forem e quanto mais esotérica ou importante se revelar a declaração em apreço, mais serão amados ou odiados).

Não tenciono enfatizar aqui a lamentável "dimensão social" da ciência, para provar que os cientistas são apenas humanos, demasiado humanos. A controvérsia não desapareceria caso os pesquisadores fossem apenas "realmente científicos". Não há como saltar nenhum dos degraus que conduzem à convicção; poderíamos até mesmo imaginar Joliot pondo-se imediatamente a escrever um artigo de enciclopédia sobre o funcionamento de uma usina nuclear! É necessário convencer os outros primeiro, um por um. Os outros estão sempre lá, céticos, indisciplinados, desatentos, desinteressados; formam o grupo social sem o qual Joliot não pode passar.

Joliot, como todos os pesquisadores, precisa dos outros, precisa discipliná-los e convencê-los; não pode desprezá-los e encerrar-se no Collège de France, convicto de que tem razão. Entretanto, não está completamente inerme. Apesar da maldosa insinuação dos guerreiros da ciência, os estudos científicos jamais declararam que os "outros" envolvidos no processo de convicção eram todos humanos. Ao contrário, o esforço inteiro dos estudos científicos voltou-se para a observação da extraordinária mescla de humanos e não humanos que os cientistas precisam discernir para convencer. Em seus debates com os colegas, Joliot tem de introduzir *outros recursos* além dos que a retórica clássica lhe transmitiu.

Por isso tinha tanta pressa em desacelerar os nêutrons com deutério. Sozinho, não conseguiria forçar os colegas a acreditarem nele. Se pudesse fazer seu reator funcionar ao menos por uns segundos – e obter, desse acontecimento, provas suficientemente claras para que ninguém o acusasse de ver apenas o que queria ver –, Joliot já não estaria só. Com ele, por trás dele, disciplinados e supervisionados por seus colaboradores, e devidamente alinhados, os nêutrons do reator poderiam tornar-se visíveis na forma de um diagrama em corte transversal. Os experimentos na oficina de Ivry eram muito caros, mas justamente esse alto custo é que obrigaria seus estimados colegas a levar a sério seu artigo na *Nature*. Os estudos científicos, repetimos, não tomam posição num debate clássico – será a retórica ou a prova que por fim convence os cientistas? –, mas reconfiguram a questão como um todo a fim de entender este estranhíssimo híbrido: uma esfera de cobre fabricada para convencer.

Durante seis meses, Joliot foi o único homem no mundo a ter à disposição recursos suficientes para mobilizar colegas e nêutrons em torno e dentro de um reator de verdade. A opinião de Joliot, isoladamente, podia ser desacreditada com um simples aceno de mão; a opinião de Joliot, apoiada pelos diagramas de Halban e Kowarski, obtidos da esfera de cobre da oficina de Ivry, não podia sê-lo com tamanha facilidade – e a prova disso é que três países em guerra se puseram imediatamente a trabalhar na construção de seus próprios reatores. Disciplinar homens e mobilizar coisas, mobilizar coisas disciplinando homens; eis uma nova maneira de convencer, às vezes chamada de pesquisa científica.

De forma alguma os estudos científicos são uma análise da retórica da ciência, da dimensão discursiva da ciência. Eles foram sempre uma análise de como a linguagem torna-se aos poucos capaz de transportar coisas *sem* deformação *ao longo de* transformações. A noção do grande abismo entre palavras e mundo impossibilitou a compreensão desse carregamento progressivo – como fez a própria distinção entre retórica e realidade, cujas origens políticas examinarei no capítulo 7. Todavia, pôr de lado um abismo não existente e uma correspondência ainda menos real entre duas coisas inexistentes – palavras e mundo – não é absolutamente o mesmo que dizer que os humanos estão para sempre aferrolhados na prisão da linguagem. Isso implica exatamente o oposto. Os não humanos podem ser acondicionados no discurso com a mesma facilidade com que ministros podem ser induzidos a entender nêutrons. Conforme veremos no capítulo 6, isso é o mais fácil de alcançar. Somente a prepotência do acordo modernista poderia fazer parecer bizarra essa evidência de senso comum.

O que de início chocou no novo paradigma foi o fato de ele não se basear no mito do *rompimento* heroico com a sociedade, a convenção e o discurso, rompimento mítico que permitiria ao cientista solitário descobrir o mundo verdadeiro. Decerto, já não imaginamos os cientistas como criaturas que abandonam o universo dos signos, política, paixões e sentimentos para descobrir o mundo das frias e desumanas coisas em si localizado "lá fora". Mas isso não significa que os pintemos a conversar com humanos, com humanos apenas, pois aqueles a quem se dirigem em suas pesquisas não são exatamente humanos e sim híbridos esquisitos com longas caudas, apêndices, tentáculos, filamentos que amarram palavras a coisas que estão, por assim dizer, *atrás* delas, acessíveis apenas através de mediações altamente indiretas e imensamente complexas de diferentes séries de instrumentos. A verdade do que os cientistas afirmam já não provém de seu rompimento com a sociedade, convenção, mediações e conexões, mas da segurança proporcionada pelas referências circulantes que cascateiam ao longo de um grande número de transformações e translações, modificando e constrangendo os atos de fala de inúmeros humanos sobre os quais ninguém tem nenhum controle durável. Em vez de abandonar o mundo vil da retórica, da argumentação e do cálculo, os cientistas – bem à moda dos eremitas religiosos do passado – começam a falar com verdade porque mergulham ainda mais profundamente no mundo secular das palavras, signos, paixões, materiais e mediações, ampliando seus próprios laços íntimos com os não humanos que eles aprenderam a desancar em suas discussões.

Se o quadro tradicional traz a legenda "Quanto mais desconectada a ciência, melhor", os estudos científicos dizem "Quanto mais conectada a ciência, mais exata ela pode se tornar". A qualidade da referência de uma ciência não vem de um *salto mortale* para fora do discurso e da sociedade, com vistas a ter acesso às coisas, e sim da extensão de suas mudanças, da segurança de seus vínculos, do acúmulo progressivo de suas mediações, do número de interlocutores que atrai, de sua capacidade de tornar os não humanos acessíveis às palavras, de sua habilidade em interessar e convencer os outros e de sua institucionalização rotineira desses fluxos (ver capítulo 5). Não existem afirmações verdadeiras que correspondam a um estado de coisas e afirmações falsas que não correspondam, mas apenas referência contínua ou interrompida. Não é uma questão de cientistas confiáveis, que romperam com a sociedade, e de mentirosos, que são influenciados pelos devaneios da paixão e da política: é uma questão de cientistas altamente conectados, como Joliot, e de cientistas escassamente conectados, que se limitam às palavras.

A confusão pela qual este capítulo começou não é um aspecto da produção científica que se deva lamentar; é o resultado dessa própria produção. Em qualquer ponto encontramos pessoas e coisas misturadas, provocando ou encerrando uma controvérsia. Se, depois que Joliot esboçou seu projeto, Dautry não houvesse recebido uma resposta favorável de seus conselheiros, aquele não obteria os recursos necessários para mobilizar as toneladas de grafite que seu experimento exigia – e, se não tivesse conseguido convencer os conselheiros de Dautry, não conseguiria também convencer seus próprios colegas. Foi o mesmo trabalho científico que o fez entrar na oficina de Ivry e no escritório de Dautry, aproximar-se dos colegas e refazer seus cálculos. Foi o mesmo trabalho disciplinador e disciplinado que o induziu a ocupar-se do desenvolvimento do CNRS –

sem o qual não teria colegas suficientemente sofisticados na nova física (Pestre, 1984) para interessar-se por seus argumentos; a dar palestras para os operários nos subúrbios comunistas – sem os quais não haveria apoio amplo à pesquisa científica como um todo; a convidar os diretores da Union Minière a visitar seu laboratório – sem o que não teria recebido as toneladas de refugo radiativo necessárias a seu reator; a escrever artigos para a *Nature* – sem os quais o próprio objetivo de sua pesquisa teria sido solapado; e, acima de tudo, a lutar para que o maldito reator funcionasse.

Como veremos, a energia com que Joliot pressionou Szilard, Kowarski, Dautry e os outros é *proporcional* ao número de recursos e interesses que ele já mobilizara. Se o reator falhar, se cada nêutron liberar apenas outro nêutron, então todos esses recursos se dispersarão e se dissiparão. Tanto trabalho já não valerá a pena. Essa linha de trabalho será considerada dispendiosa, inútil ou prematura; e as palavras de Joliot começarão a encerrar mentiras, a perder a referência. O que importa para os estudos científicos é o fato de um conjunto de elementos heterogêneos, até então desvinculados, partilhar agora um destino comum dentro de um coletivo comum e de as palavras de Joliot se tornarem verdadeiras ou falsas de acordo com o que circula por esse coletivo recém-formado. É tarde para apregoar que questões ontológicas e epistemológicas devem ser claramente separadas. Graças ao trabalho de Joliot, tais questões estão interligadas – e a relevância do que ele diz para o que o mundo é depende, agora, do que acontece na esfera de cobre em Ivry.

O sistema circulatório dos fatos científicos

As operações de translação transformam as questões políticas em questões de técnica e vice-versa; numa controvérsia, as operações de convencimento mobilizam uma mistura de agentes humanos e não humanos. Em lugar de definir *a priori* a distância entre o núcleo do conteúdo científico e seu contexto, o que tornaria incompreensíveis os numerosos curtos-circuitos entre ministros e nêutrons, os estudos científicos seguem comandos, acenos e sendas que poderiam parecer imprevisíveis e tortuosos aos filósofos da ciência tradicional. É impossível, por definição, dar uma descrição geral de todos os laços surpreendentes e heterogêneos que explicam o sistema circulatório encarregado de manter vivos os fatos científicos; mas talvez possamos esboçar as diferentes preocupações que todos os pesquisadores terão de alimentar ao mesmo tempo caso queiram ser bons cientistas.

Tentemos enumerar os vários fluxos que Joliot precisa levar em conta simultaneamente e que, juntos, garantem a referência para aquilo que ele diz. Joliot tem, ao mesmo tempo, de fazer funcionar o reator; convencer seus colegas; despertar o interesse de militares, políticos e industriais; dar ao público uma imagem positiva de suas atividades; e, finalmente, o que não é menos importante, compreender o que se passa com esses nêutrons agora tão vitais para as partes empenhadas no destino deles. Eis aí *cinco* tipos de atividades que os estudos científicos têm de descrever em primeiro lugar caso pretendam começar a entender, de um modo realista, o que determinada disciplina científica procura: instrumentos, colegas, aliados, público e, finalmente, o que eu chamo de *vínculos* ou *nós*, a fim de evitar a bagagem histórica que vem com a expressão "conteúdo conceitual". Cada uma dessas cinco atividades é tão importante quanto as outras, cada uma nutre-se de si mesma e das demais: sem aliados, nada de grafite e, portanto, nada de reator; sem colegas, adeus à opinião favorável de Dautry e, portanto, à expedição à Noruega; sem uma maneira de calcular a taxa de reprodução dos nêutrons, renuncie-se ao reator, à prova e, portanto, ao convencimento dos colegas. Na Figura 3.3, mapeei os cinco diferentes circuitos que os estudos científicos precisam considerar para reconstituir a circulação dos fatos científicos.

Mobilização do mundo

O primeiro circuito a acompanhar pode ser chamado de *mobilização do mundo*, se por isso entendermos a expressão geral dos meios pelos quais os não humanos são progressivamente inseridos no discurso, conforme vimos no capítulo 2. É uma questão de dirigir-se para o mundo, torná-lo móvel, trazê-lo para o local da controvérsia, mantê-lo empenhado e fazê-lo suscetível de argumentação. Em certas disciplinas como a física nuclear de Joliot, essa expressão designa primariamente os *instrumentos* e o *equipamento* principal que, pelo menos desde a Segunda Guerra Mundial, vêm constituindo a história da Grande Ciência. Em muitas outras, ela designa também as *expedições* mandadas ao redor do mundo durante os três ou quatro últimos séculos para trazer plantas, animais, troféus e observações cartográficas. Vimos um exemplo disso no capítulo 2, onde o solo da floresta Amazônica foi se tornando mais e mais móvel até iniciar uma longa viagem, por uma série de transformações, até a Universidade de Paris. Em outras disciplinas, finalmente, a palavra "mobilização" não significará nem instrumentos, nem equipamento, nem expedições, mas *levantamentos*, questionários que reúnem informações sobre o estado de uma sociedade ou economia.

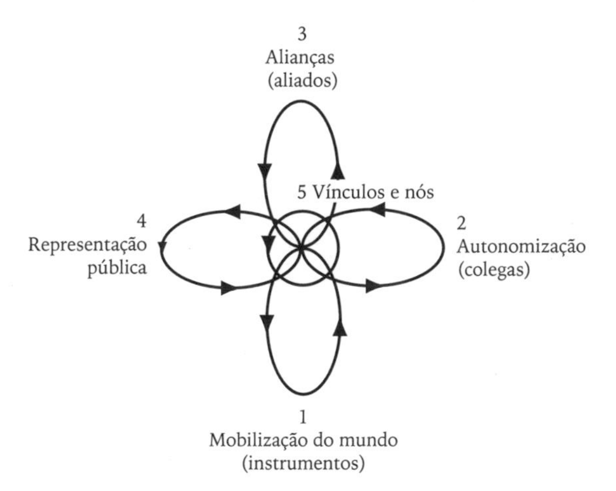

Figura 3.3 – Se renunciarmos ao modelo núcleo/contexto, poderemos exibir um modelo alternativo. Para qualquer expressão realista da ciência, cumpre levar em conta cinco circuitos ao mesmo tempo; nesse modelo, o elemento conceitual (vínculos e nós) continua no meio, porém já não como uma pedra rodeada por um contexto e sim como um nó central ligando os outros quatro circuitos.

Quaisquer que sejam os tipos de mediação adotados, esse circuito executa na prática aquilo que Kant chamou de Revolução Copernicana, embora dificilmente ele tenha percebido até que ponto era prática a atividade designada por essa pomposa expressão: em vez de girar em torno dos objetos, os cientistas fazem os objetos girar em torno deles. Nossos amigos, os pedólogos, estavam perdidos no meio de uma paisagem indecifrável (ver Figura 2.7); de volta à segurança de Manaus, mapearam todos os horizontes pedológicos e puderam, num relance, dominar a floresta que antes os dominara. Como se vê no frontispício do livro de Mercator, o geógrafo quinhentista que empregou pela primeira vez o termo *atlas*, a tarefa demiúrgica de Atlas – sustentar o mundo nos ombros –, transformou-se num "atlas" e não exige mais esforços heroicos que o de virar as páginas de um bonito livro que o cartógrafo manuseia.

Esse primeiro circuito trata de expedições e levantamentos por meio de ferramentas e petrechos, mas também de *sítios* nos quais todos os objetos do mundo assim mobilizados estão reunidos e contidos. Por exemplo, somente aqui em Paris, as galerias do Museu de História Natural, as coleções do Museu do Homem, os mapas do Serviço Geográfico, os arquivos do CNRS, os fichários da polícia e o equipamento dos laboratórios de fisiologia do Collège de France são outros tantos objetos cruciais de estudo para aqueles que desejam compreender a mediação graças à qual os humanos, falando uns com os outros, discorrem sobre as coisas com um grau de verdade cada vez maior. Graças a um novo levantamento e a novos dados, um economista antes desapercebido pode começar a elaborar estatísticas confiáveis a uma taxa de milhares de colunas por minuto. Uma ecologista a quem ninguém levava a sério intervém agora nos debates brandindo belas fotografias por satélite que lhe permitem, de seu laboratório em Paris, observar o avanço da floresta de Boa Vista. Um médico, acostumado a tratar seus clientes caso a caso na mesa de cirurgia, tem à sua disposição tabelas de sintomas baseados em centenas de casos, fornecidas pelo serviço de registro do hospital.

Se quisermos entender por que essa gente começa a falar com mais autoridade e segurança, teremos de acompanhar a mobilização do mundo, graças à qual as coisas ora se apresentam sob uma forma que as torna prontamente úteis nos debates entre cientistas. Por meio dessa mobilização, o mundo se converte em argumentos. Escrever a história do primeiro circuito é escrever a história da transformação do mundo em móveis imutáveis* e combináveis. Ou seja, é o estudo da redação do "grande livro da natureza" em caracteres legíveis para os cientistas ou, em outras palavras, o estudo da *logística*, tão indispensável para a *lógica* da ciência.

Autonomização

Para convencer, o cientista precisa de *data* (ou, mais exatamente, *sublata*), mas também de alguém a ser convencido! O objetivo dos historiadores da segunda parte do sistema vascular é mostrar como um pesquisador encontra colegas. Chamo esse segundo circuito de *autonomização* porque diz respeito ao modo pelo qual uma disciplina, uma profissão, uma facção ou uma "congregação invisível"* se torna independente e engendra seus próprios critérios de avaliação e relevância. Sempre nos esquecemos de que os especialistas vêm dos amadores, assim como os soldados vêm dos civis. Nem sempre houve cientistas e pesquisadores. Foi necessário, a duras penas, extrair químicos de alquimistas, economistas de juristas, sociólogos de filósofos; ou obter as misturas sutis que produzem bioquímicos a partir de biólogos e químicos, psicólogos sociais a partir de psicólogos e sociólogos. O conflito de disciplinas não é um freio ao desenvolvimento da ciência e sim um de seus motores. A maior credibilidade nos experimentos, expedições e levantamentos pressupõe um colega capaz ao mesmo tempo de criticá-los e utilizá-los. Para que obter dez milhões de fotografias coloridas por satélite se só existirem dois especialistas no mundo aptos a interpretá-las? Um especialista isolado é um paradoxo. Ninguém pode se especializar sem a autonomização simultânea de um pequeno grupo de pares. Até no coração da Amazônia nossos amigos, os cientistas do solo, jamais deixaram de falar num cenário virtual de colegas, com os quais estavam sempre discutindo *in absentia*, como se a paisagem povoada de árvores houvesse se transformado nos painéis de madeira de uma sala de conferências.

A análise das profissões *científicas* é sem dúvida a parte mais fácil dos estudos científicos e a mais acessível à compreensão dos cientistas, que nunca deixam de tagarelar a esse respeito. Ela trata da história das associações e sociedades doutas, bem como das "panelinhas", grupos e facções que constituem as sementes de todos os relacionamentos entre pesquisadores. De um modo mais geral, essa análise versa sobre os critérios mediante os quais se pode distinguir, no curso da história, um cientista de um curioso, um especialista de um amador, um pesquisador de grandes temas de um pesquisador de ninharias. Como estabelecer valores para uma nova profissão, o controle meticuloso sobre títulos e dificuldades de acesso? Como impor um monopólio de competência, regular a demografia interna de um campo e encontrar empregos para alunos e discípulos? Como solucionar os inumeráveis conflitos de competência entre a profissão e as disciplinas afins – por exemplo, entre botânica e pedologia?

Além da história das profissões e disciplinas, o segundo circuito faz a história das *instituições** científicas. É preciso haver organizações, recursos, estatutos e regulamentos para manter juntas as massas de colegas. Não seria possível, por exemplo, imaginar a ciência francesa sem a Academia, o Instituto, as *grandes écoles*, o CNRS, o Bureau de Recherches Géologiques et Minières e o Ponts et Chaussées. As instituições são tão necessárias para a solução de controvérsias quanto o fluxo regular de dados obtidos no primeiro circuito. O problema para o cientista prático é que as habilidades exigidas para essa segunda atividade são inteiramente diferentes das exigidas para a primeira. Um pedólogo pode ser exímio na arte de cavar fossos e preservar minhocas em frascos no meio da floresta, mas absolutamente nulo ao escrever artigos e conversar com colegas. E, no entanto, é preciso fazer as duas coisas. A referência circulante não cessa com os dados. Tem de continuar a fluir e convencer outros colegas. Todavia, para os cientistas, tudo é mais complicado porque a circulação não se interrompe nesse segundo circuito.

Alianças

Nenhum instrumento pode ser aperfeiçoado, nenhuma disciplina pode tornar-se autônoma, nenhuma instituição nova pode ser fundada sem o terceiro circuito, que chamo de *alianças*. É possível recrutar para as controvérsias dos cientistas grupos que antes não se relacionavam. É possível atrair o interesse dos militares para a física, o dos industriais para a química, o dos reis para a cartografia, o dos professores para a teoria da educação, o dos congressistas para a ciência política. Sem o empenho em tornar o público interessado, os outros circuitos nada mais seriam que uma viagem imaginária; sem colegas e sem um mundo, o pesquisador não custaria muito, mas também não valeria nada. Grupos grandes, ricos e competentes precisam ser mobilizados para que o trabalho científico se desenvolva em qualquer escala, para que as expedições se tornem mais numerosas e demandem terras longínquas, para que as instituições prosperem, para que as profissões evoluam, para que as cátedras e outros cargos se multipliquem. De novo, as habilidades requeridas para atrair o interesse alheio são diferentes das requeridas para manusear instrumentos e conquistar colegas. A pessoa talvez seja ótima em redigir artigos técnicos convincentes e péssima em persuadir ministros de que eles não podem passar sem a ciência. Como no caso de Joliot, essas tarefas chegam a ser até mesmo um tanto contraditórias: as alianças dele cooptaram estranhos como Dautry e seus conselheiros, enquanto o trabalho de autonomização pressupunha limitar a discussão a seus colegas físicos.

Conforme vimos na seção precedente, não se trata de historiadores procurando uma explicação contextual para uma disciplina científica, mas de cientistas *inserindo a disciplina num contexto* suficientemente amplo e seguro para garantir-lhe a existência e a continuidade. Não é uma questão de estudar o impacto da base econômica no desenvolvimento da superestrutura científica, mas de descobrir como, por exemplo, um industrial pode fomentar seus negócios investindo num laboratório de física de estado sólido ou como um serviço geológico estatal pode crescer associando-se a um departamento de transportes. As alianças não pervertem o fluxo puro da informação científica, ao contrário, constituem precisamente aquilo que torna esse fluxo sanguíneo mais rápido e com uma taxa mais elevada de pulsação. Conforme as circunstâncias, essas alianças podem assumir diversas formas; no entanto, o enorme esforço de persuasão e aliciamento nunca é autoevidente: não existe nenhuma conexão natural entre um militar e uma molécula química, entre um industrial e um elétron; eles não se encontram só por seguirem uma inclinação natural. Essa inclinação, esse clinâmen tem de ser criado; o mundo social e material tem de ser trabalhado para que as alianças pareçam, em retrospecto, inevitáveis. Eis aí uma história longa e apaixonadamente interessante, talvez a que mais promova o conhecimento de nossas próprias sociedades: a história de como novos não humanos se mesclaram à existência de milhões de novos humanos (ver capítulo 6).

Representação pública

Ainda que os instrumentos estivessem instalados, que os pares houvessem sido treinados e disciplinados, que instituições prósperas se prontificassem a oferecer guarida a esse maravilhoso mundo de colegas e coleções, e que o governo, a indústria, o exército, a assistência social e a educação apoiassem amplamente as ciências, restaria muito trabalho a ser feito. Essa socialização maciça de objetos novos – átomos, fósseis, bombas, radares, estatísticas, teoremas – no coletivo, toda essa agitação e todas essas controvérsias chocariam terrivelmente o cotidiano das pessoas, abalando-lhes o sistema normal de crenças e opiniões. O contrário é que seria de espantar, pois não é tarefa da ciência modificar as associações de pessoas e coisas? Os mesmos cientistas que precisaram correr mundo para torná-lo móvel, convencer colegas e assediar ministros ou conselhos de diretores têm agora de cuidar de suas relações com outro mundo exterior formado por civis: repórteres, pânditas e pessoas comuns. Chamo esse quarto circuito de *representação pública* (se é que podemos livrar tal expressão do estigma associado à sigla "RP").

Contrariamente ao que é muitas vezes sugerido pelos guerreiros da ciência, esse novo mundo exterior não é mais exterior que os três precedentes: ele apenas possui outras propriedades e traz para a refrega pessoas com outros dons e talentos. De que modo as sociedades formaram representações da ciência? Qual é a epistemologia espontânea das pessoas? Até que ponto confiam na ciência? Como medir essa confiança em diferentes períodos e para disciplinas diferentes? De que maneira, por exemplo, foi recebida na França a teoria de Isaac Newton? E, pelos clérigos ingleses, a de Charles Darwin? Até onde o taylorismo foi aceito pelos sindicalistas franceses durante a Grande Guerra? Por que a economia, aos poucos, acabou se tornando uma das preocupações capitais dos políticos? Como sucedeu que a psicanálise fosse gradualmente absorvida pelas discussões psicológicas cotidianas? E por que os especialistas em DNA ocupam o banco das testemunhas?

Como os demais, esse circuito exige dos cientistas um conjunto inteiramente diverso de habilidades – não relacionadas aos dos outros circuitos, mas ainda assim determinantes para eles. Podemos ser desenvoltos ao convencer ministros, mas hesitantes ao responder perguntas num programa de entrevistas. Como produzir uma disciplina capaz de modificar a opinião de todos e, mesmo assim, esperar deles uma aceitação passiva? Se os primatologistas, etólogos e geneticistas produzem genealogias inteiramente diferentes para papéis de sexo, agressão e amor materno, por que se surpreenderão se amplos setores do público se sentirem ofendidos? Todo astrônomo, ao calcular novamente o número dos planetas que giram ao redor das estrelas, sabe que tudo mudará se de repente uma massa de outras formas de vida for acrescentada à definição do coletivo humano. Esse quarto circuito é tanto mais importante quanto os outros três que dependem muitíssimo dele. Boa parte da pesquisa avançada em biologia molecular na França, por exemplo, depende do financiamento privado anual ao combate à distrofia muscular. Todo argumento pró e contra o determinismo genético se abeberará nesse fundo. Nossa sensibilidade à representação pública da ciência pode ser ainda maior porque a informação não flui simplesmente *dos* outros três circuitos *para* o quarto, ela também dá corpo a inúmeras pressuposições dos próprios cientistas sobre seu objeto de estudo. Assim, longe de constituir um apêndice marginal da ciência, esse circuito integra o tecido dos fatos e não deve ser relegado a teóricos da educação e estudantes de mídia.

Vínculos e nós

Chegar ao quinto circuito não é chegar finalmente ao conteúdo científico, como se os outros quatro fossem meras condições de sua existência. Do primeiro círculo em diante, não nos afastamos um instante sequer do curso da inteligência científica em ação. Como se percebe pela Figura 3.3, não estivemos fazendo rodeios intermináveis para escapar ao "conteúdo conceitual", conforme diriam os guerreiros da ciência. Apenas seguimos as veias e artérias para chegar agora, inevitavelmente, ao coração palpitante. Por que esse quinto circuito (que chamo de *vínculos e nós* a fim de evitar, por enquanto, a palavra "conceito") goza da reputação de ser muito mais difícil de estudar que o restante? Bem, ele é *de fato* mais difícil. Não tenciono esmiuçá-lo agora, apenas redefinir sua topologia, que é por assim dizer uma das razões de sua solidez.

Essa dificuldade não é como a de um caroço embebido na polpa macia de uma pera; é a de um nó muito apertado no centro de uma rede. É difícil porque ele precisa manter juntos inúmeros recursos heterogêneos. Sem dúvida, o coração é importante para compreendermos o sistema circulatório do corpo humano, mas Harvey certamente não fez sua famosa descoberta considerando o coração de um lado e os vasos sanguíneos de outro. O mesmo se diga dos estudos científicos. Se mantivermos o conteúdo de um lado e o contexto de outro, o fluxo da ciência torna-se incompreensível e outro tanto acontece com a fonte de seu oxigênio e nutrição, bem como com os meios de entrada destes na corrente sanguínea. Que sucederia se não houvesse um quinto circuito? Os outros quatro desapareceriam imediatamente. O mundo não mais seria mobilizável; os colegas se dispersariam em todas as direções; os aliados perderiam o interesse, ocorrendo o mesmo ao público após expressar sua indignação ou indiferença. Mas esse desaparecimento ocorreria também se qualquer dos outros circuitos fosse eliminado.

Esse ponto representa uma das primeiras baixas nas guerras de ciência. Decerto Joliot "tinha ideias"; decerto "tinha conceitos"; decerto sua ciência tinha algum conteúdo. Todavia, quando os estudos científicos procuram entender a centralidade do conteúdo conceitual da ciência, tentam primeiro descobrir para *qual* periferia esse conteúdo desempenha o papel de centro, de *quais* veias e artérias é o coração, de *qual* rede é o nó, de *quais* caminhos é a interseção, de *qual* comércio é a câmara de compensação. Se imaginarmos Joliot vagando ao longo do circuito que forma o centro da Figura 3.3, compreenderemos por que ele se esforçou tanto para encontrar uma maneira de conservar unidos seus instrumentos, seus colegas, os oficiais e industriais a quem envolveu, e o público.

Sim, Joliot só terá sucesso se compreender a reação em cadeia – e melhor será que o faça logo, antes de Szilard, antes de os alemães entrarem em Paris, antes de os duzentos litros de água pesada vindos da Noruega se escoarem, e antes de Halban e Kowarski terem de fugir, denunciados como estrangeiros por seus vizinhos. Sim, existe uma teoria; sim, o cálculo da seção transversal realizado de noite por Kowarski fará toda a diferença; sim, o conhecimento que geraram a respeito dos nêutrons lhes dará uma vantagem decisiva antes que a derrota de maio de 1940 ponha um fim a tudo. Mas o resto é necessário para que esse cálculo seja a teoria *de* alguma coisa. Há, de fato, um núcleo conceitual, mas ele não é definido por preocupações localizadas *a grande distância* de outras; ao contrário, é ele que as mantém todas juntas, que robustece sua coesão, que *acelera sua circulação*. Os guerreiros da ciência defendem o conteúdo conceitual da ciência recorrendo à metáfora errada. Querem que ele seja uma espécie de Ideia flutuando no Céu, livre da poluição deste mundo conspurcado. Já os estudos científicos entendem-no mais como um coração pulsando no centro de um rico sistema de vasos sanguíneos ou, melhor ainda, como os milhares de alvéolos dos pulmões que reoxigenam o sangue.

A diferença nas metáforas não é irrelevante. O que os estudos científicos mais almejam explicar é a relação entre o *tamanho* desse quinto circuito e dos outros quatro. Um conceito não se torna científico por estar distanciado do restante daquilo que ele envolve, mas porque se liga mais estreitamente a um repertório bem maior de recursos. Trilha de cabra não precisa de cancela. O coração do elefante é muito maior que o do rato. O mesmo se diga do conteúdo conceitual de uma ciência: disciplinas difíceis precisam de conceitos mais amplos e mais exigentes que as disciplinas fáceis, não por estarem *mais distantes* do resto do mundo dos dados, colegas, aliados e espectadores – os outros quatro circuitos –, mas porque o mundo que elas agitam, abalam, movem e vinculam é muito maior.

O conteúdo de uma ciência não é algo que esteja contido: é, ele próprio, o *continente*. De fato, se a etimologia puder ajudar, seus *conceitos*, seus *Begriffe* (de *greifen*, "agarrar" ou "apreender") são o que mantém estreitamente unido um coletivo. Os conteúdos técnicos não são mistérios assombrosos, colocados pelos deuses no caminho daqueles que estudam ciência a fim de humilhá-los com a lembrança da existência de um outro mundo, um mundo que escapa à história; nem são oferecidos para divertimento de epistemólogos, a fim de capacitá-los a olhar de cima os ignaros da ciência. Eles fazem parte deste mundo. Surgem apenas aqui, em nosso globo, porque são eles que o constroem unindo mais e mais elementos em coletivos cada vez maiores (como veremos no capítulo 6). Para que esse ponto não seja apenas uma declaração vazia de intenções, eu deveria obviamente aproximar-me mais do conteúdo técnico do que o fiz em meu esboço de Joliot. Entretanto, não posso fazê-lo antes de substituir, nos próximos capítulos, a velha dicotomia sujeito-objeto por uma nova definição do que significa, para humanos, lidar com não humanos. Entrementes, apenas colocarei conceitos, vínculos e nós numa posição diferente para, quando aprendermos sobre o conteúdo esotérico de uma ciência, procurarmos imediatamente os outros quatro circuitos que lhe dão sentido.

A enucleação da sociedade a partir do coletivo

De que modo irei convencer meus amigos cientistas de que, graças ao estudo da vascularização dos fatos científicos, lucraremos em realismo e a ciência lucrará em dificuldade? Talvez isso cheire tanto a senso comum que pareça herético – pelo menos por algum tempo. Quanto mais uma ciência for articulada, mais inflexível será; não poderia haver nada mais simples. No entanto, por razões políticas que serão esclarecidas no capítulo 7, os epistemólogos transformaram esse fato bastante comezinho num mistério inextricável. Para os epistemólogos, as disciplinas científicas precisam tornar-se sólidas e confiáveis sem se prenderem por vasos de qualquer tipo ao restante de seu mundo. O coração bombeará para fora e para dentro, mas não haverá nem saída nem entrada de fluxo, nenhum corpo, pulmões ou sistema vascular. Os guerreiros da ciência só examinam um coração vazio, brilhantemente iluminado sobre uma mesa de cirurgia. Os estudos científicos manuseiam uma massa sanguinolenta, palpitante e complexa, toda a vascularização do coletivo. E o primeiro grupo zomba do segundo porque seus integrantes parecem enxovalhados, com manchas de sangue nos jalecos brancos, e acusam-nos de ignorar o coração da ciência! Aí está, como conversaremos uns com os outros?!

Todavia, como no final do capítulo 2, temos também de explicar de que maneira o modelo implausível e irrealista pode ser extraído do modelo realista, proposto pelos estudos científicos. Um paradigma novo deveria sempre ser capaz de compreender aquele que vem substituir. Conforme vimos na Figura 2.24, a noção de um abismo escancarado entre palavras e mundo foi obtida pelo cancelamento de todas as mediações e pela interrogação apenas das duas extremidades confrontantes, com o que se criou artificialmente o "problema" da referência. A mutilação do sistema circulatório da ciência é ainda mais revoltante (ver Figura 3.4). Se se deixa de dar atenção cabal à inteireza do esforço científico (Figura 3.4a), pode-se ter a impressão de que existe, de um lado, uma série de contingências (a coroa) e, de outro, no centro, um conteúdo conceitual que importa mais (Figura 3.4b). Aqui, basta um lapso de atenção, um mínimo descuido e adeus! As ricas e frágeis malhas serão cortadas e isoladas das coisas que vinculam e reúnem. Outro cochilo e o núcleo do "conteúdo científico" ficará separado daquilo que irá tornar-se, por contraste, um "contexto" histórico contingente (Figura 3.4c). Teremos passado de um ramo da geometria a outro, dos nós às superfícies.

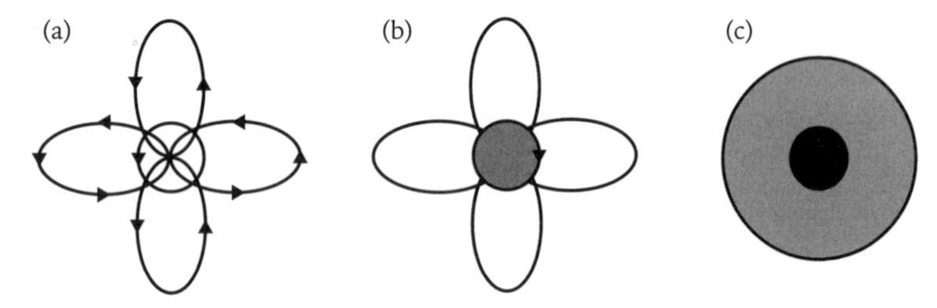

Figura 3.4 – Como na Figura 2.24, é possível extrair o modelo canônico do novo pelo cancelamento de mediações-chave. Se a dimensão conceitual – o círculo central em (a) – for extirpada das outras quatro, será transformada num núcleo (b); os outros quatro circuitos ora desconectados formarão, quando reconectados, uma espécie de contexto que não terá relevância alguma para a definição do cerne da ciência (c).

Somente pela desatenção e pelo uso descuidado de diferentes escalpelos analíticos pode-se obter o modelo conteúdo *versus* contexto a partir do múltiplo e heterogêneo esforço dos cientistas. A totalidade desse esforço torna-se então obscura, pois já não se distingue o ponto de conexão essencial, constituído por todos os elementos diferentes que as teorias e os conceitos examinam e juntam. Em lugar da senda contínua e curva das translações, topamos com uma cortina de ferro a separar as ciências dos fatores "extracientíficos", tal como um muro cinzento de concreto interrompia, em Berlim, a circulação por um delicado sistema de alamedas, vias férreas e bairros. Os epistemólogos, descoroçoados ante objetos tão duros e duráveis que mais parecem provenientes de outro mundo, só o que podiam fazer era remetê-los ao Céu Platônico e ligá-los uns aos outros numa história inteiramente fantasmagórica, às vezes chamada de "história conceitual da ciência" a despeito do fato de já não existir nela nada de histórico e, *portanto*, nada de científico (ver capítulo 5). O mal foi feito: longas trajetórias de ideias e princípios sólidos parecem agora flutuar sobre uma história contingente como outros tantos corpos estranhos.

Mas o pior ainda está por vir: historiadores, economistas e sociólogos, dados ao estudo dos aspectos que enumerei, sentem-se desencorajados por todas essas esquisitices que pululam à roda de suas cabeças e deixam o cerne conceitual das ciências para cientistas e filósofos, contentando-se modestamente com arrastar-se ao longo de "fatores sociais" e "dimensões sociais". Essa modéstia em muito os honraria se, abandonando o estudo do conteúdo científico e técnico, eles também não tornassem incompreensível *a própria existência social* que proclamam investigar e à qual alegam restringir-se. Com efeito, o que é mais sério nessa separação inteiramente artificial entre o núcleo e a célula, entre teorias e aquilo que elas teorizam, não é o fato de permitir aos historiadores intelectuais postular esse a-histórico e infindável desdobramento de ideias "puramente" científicas. O perigo real consiste na crença correspondente, entre os cientistas sociais, de que pela concatenação prévia de contextos "enucleados" é possível explicar a existência de sociedades *sem o concurso da ciência e da tecnologia*.

Em lugar de um coletivo de humanos e não humanos, temos agora duas séries paralelas de artefatos que jamais se cruzam: de um lado, ideias; de outro, *sociedade**. A primeira série, que resulta nos sonhos da epistemologia e na reação patelar defensiva dos guerreiros da ciência, é simplesmente aborrecedora e pueril; a segunda, que resulta na *ilusão de um mundo social*, é bem mais nociva, ao menos para aqueles que, como eu, tentam pôr em prática uma filosofia realista. Essa invenção de um contexto social enucleado inviabilizou a compreensão do mundo moderno como um todo.

Suponhamos, por exemplo, que um historiador investigue os programas e decisões militares da França durante a Segunda Guerra Mundial. Como vimos, operações de translação tornaram o laboratório de Joliot indispensável para a condução do esforço militar francês. Ora, Joliot só podia pôr seu reator em funcionamento se descobrisse um novo elemento radiativo, o plutônio, que provoca a reação em cadeia com mais facilidade. Os historiadores de temas militares, acompanhando a série de translações, inevitavelmente passam a interessar-se pelo caso do plutônio; mais precisamente, essa inevitabilidade é uma função do trabalho e do êxito de Joliot. Considerando-se as atividades dos cientistas nos últimos três ou quatro séculos, por quanto tempo alguém estudará um militar antes de pilhar-se dentro de um laboratório? No máximo, por um quarto de hora caso investigue a ciência do pós-guerra e talvez por uma hora se tratar do século anterior (McNeill, 1982; Alder, 1997). Consequentemente, escrever história militar sem levar em conta os laboratórios que dão corpo a essa história é um absurdo. Não se trata de princípios disciplinares, de saber se é ou não correto abordar a história sem dar atenção à ciência e à tecnologia; é uma questão de *fato*: saber se os agentes estudados pelos historiadores mesclaram ou não suas vidas e sentimentos a não humanos mobilizados por laboratórios e profissões científicas. Se a resposta for sim, como deve ser o caso neste exemplo, torna-se impensável não repor no jogo o plutônio que Joliot e os militares utilizaram, cada qual à sua maneira, para fazer a guerra e a paz.

Podemos agora avaliar o grave equívoco cometido por quem afirma que os estudos científicos oferecem "uma explicação social da ciência". Sim, eles oferecem uma explicação, mas da *origem artefatual de um conceito inútil de sociedade**, obtida pela enucleação de disciplinas científicas a partir de sua existência coletiva. O que permanece após essa excisão é, por um lado, uma sociedade de humanos e, por outro, um núcleo conceitual. Seria ainda mais absurdo dizer que os estudos científicos procuram reconciliar uma explicação social com uma explicação conceitual – se as entendermos como dois tipos distintos de explicação que impedem o cruzamento das séries paralelas de artefatos. Juntar novamente dois artefatos significa um terceiro artefato e não uma solução! A Figura 3.4 deve deixar óbvio que simplesmente enxertar uma grande coroa de fatores sociais no cerne da ciência, como em 3.4c, não nos devolverá à rica vascularização dos fatos científicos que circulam pelos cinco circuitos de 3.4a. As metáforas, os paradigmas e os métodos são inteiramente diferentes e totalmente incompatíveis. Por mais que isso possa parecer estranho aos olhos dos guerreiros da ciência e – por que não? – da maior parte dos *cientistas sociais*, nós *precisamos abandonar por completo a noção de sociedade* para recuperar o senso de realismo no estudo da ciência. Que ninguém se admire: conforme veremos nos capítulos 7 e 8, essa concepção de sociedade foi inventada por razões que de modo algum poderiam explicar fosse o que fosse.

4
DA FABRICAÇÃO À REALIDADE
PASTEUR E SEU FERMENTO DE ÁCIDO LÁCTICO

Demos já dois passos que devem começar a modificar, para melhor, o acordo* proposto no primeiro capítulo. A noção de um mundo "lá fora", ao qual uma mente extirpada tenta obter acesso estabelecendo alguma correspondência segura entre palavras e estado de coisas, deve ser encarada agora pelo que vale: uma posição das mais irrealistas em ciência, tão forçada, tão acanhada que só se pode explicá-la por razões políticas de peso (que examinaremos mais tarde). No capítulo 2, começamos a perceber que a referência não é algo acrescentado às palavras, mas um fenômeno circulante cuja deambulação – para empregar, novamente, um termo de William James – não deve ser interrompida por nenhum salto caso queiramos que as palavras se refiram às coisas progressivamente inseridas nelas. Em lugar do abismo *vertical* entre palavras e mundo, acima do qual balança a perigosa pinguela da correspondência, temos agora uma sólida e espessa camada de sendas *transversais* pelas quais circulam massas de transformações.

Depois, no capítulo 3, vimos como o antigo acordo impunha ao cientista um duplo e impossível compromisso: "Isole-se inteiramente do peso da sociedade, psicologia, ideologia, povo"; e ao mesmo tempo: "Esteja absolutamente, e não relativamente, seguro das leis do mundo exterior". Em face dessa injunção contraditória, compreendemos que a única maneira razoável e realista de uma mente discorrer com veracidade sobre o mundo é *reconectar-se*, por meio do maior número possível de relações e vasos, à rica vascularização que faz a ciência fluir – o que significa, é claro, que já não existe nenhuma "mente" (Hutchins, 1995). Quanto mais relações uma disciplina científica tiver, mais chances haverá de a exatidão circular por seus inúmeros vasos. Em lugar da tarefa inexequível de libertar a ciência da sociedade, temos agora uma bem mais viável: ligar a disciplina o mais estreitamente possível ao resto do coletivo.

Entretanto, nada foi resolvido. Nós apenas começamos a nos afastar dos defeitos clamorosos do velho acordo. Ainda não achamos outro melhor. *Mais realidade*, eis o que deve ser levado em conta se quisermos prosseguir. Nos capítulos 2 e 3 deixamos o mundo, por assim dizer, intacto. Nossos amigos, os pedólogos, Joliot e seus colegas faziam muitas coisas, mas o próprio solo e os próprios nêutrons comportavam-se como se tivessem estado ali o tempo todo, esperando para ser metamorfoseados em balizas, diagramas, mapas, argumentos e integrantes da esfera do discurso humano. Isso, evidentemente, não basta para explicar como podemos discorrer com veracidade a respeito de um estado de coisas. Não importa quanto modifiquemos a noção de referência, se não formos capazes também de alterar nossa compreensão daquilo que as entidades do mundo realizam quando entram em contato com a comunidade científica e começam a ser socializadas no coletivo*.

Desde o início dos estudos científicos, a solução tem sido empregar os termos "construção" e "fabricação". A fim de explicar a transformação do mundo, efetuada pelos cientistas, vimos falando de "construção de fatos", "fabricação de nêutrons" e outras expressões similares que enfurecem os guerreiros da ciência e que eles agora nos devolvem. Eu seria o primeiro a admitir que essa maneira de explicar a ação apresenta inúmeros problemas. Em primeiro lugar, embora "construir" e "fabricar" sejam termos aplicáveis a atividades técnicas, sucede que, no jargão de sociólogos e filósofos que trabalhavam dentro do espaço minguado que o acordo moderno lhes facultava, a tecnologia se tornou quase tão obscura quanto a ciência (como veremos no capítulo 6). Em segundo lugar, essa explicação implica que a iniciativa da ação sempre parte da esfera humana, com o mundo fazendo pouco mais que oferecer uma espécie de *playground* para o engenho humano (ao discutir o "fatiche", no capítulo 9, tentarei rebater isso). Em terceiro lugar, falar em construção implica um jogo zerado, com uma lista fixa de ingredientes: a fabricação simplesmente os combina de outras formas. Enfim, o que é muito mais inquietante, o antigo acordo sequestrou as noções de construção e fabricação, transformando-as em armas numa batalha polarizada contra a verdade e a realidade. Com frequência, a implicação é que, se algo foi fabricado, é falso; se foi construído, deve ser desconstrutível.

Essas são as razões principais que explicam por que quanto mais os estudos científicos mostravam o caráter construtivista da ciência, mais profunda era a incompreensão entre nós e nossos amigos cientistas. Era como se estivéssemos solapando a pretensão da ciência à verdade. Sim, nós estávamos solapando alguma coisa, mas inteiramente diversa. Embora tardássemos um pouco a percebê-lo, íamos abalando os alicerces do *próprio idioma da construção e da fabricação* que antes tínhamos por pacífico – e também, como se verá no capítulo 9, as noções básicas de ação e criação. Construção e fabricação, mais ainda que referência e "conteúdo conceitual", têm de ser totalmente reconfiguradas como os demais conceitos que nos foram transmitidos (se, de fato, pretendemos surpreender a ciência em ação). Essa reconfiguração é o que desejo plasmar no presente capítulo visitando outro sítio empírico, desta vez o laboratório de Louis Pasteur. Acompanhemos de perto a "Mémoire sur la fermentation appelée lactique"[1] [Memória sobre a fermentação dita láctea], que os historiadores da ciência consideram um dos artigos mais importantes de Pasteur.

---

1 Parcialmente traduzida para o inglês por J. B. Conant, em "Harvard Case Studies in Experimental Science", Conant, 1957. Completei e modifiquei a tradução em diversos passos. O texto francês pode ser encontrado no volume II das obras completas de Pasteur. Para subsídios, ver Geison (1974).

O texto é ideal para nosso propósito, pois se estrutura à volta de dois dramas combinados. O primeiro modifica o *status* de um não humano e de um humano. Converte uma não entidade, a Cinderela da teoria química, numa personagem gloriosa e heroica. Paralelamente, a opinião de Pasteur, o Príncipe Encantado, triunfa sobre todas as vicissitudes da teoria de Liebig: "A pedra que os construtores rejeitaram tornou-se a pedra angular". Vem depois o segundo drama, um drama reflexivo, um mistério que só aparece no fim: quem está construindo os fatos, quem está dirigindo a história, quem está puxando as cordinhas? Os preconceitos dos cientistas ou os não humanos? Assim, ao drama ontológico, acrescenta-se um drama epistemológico. Teremos oportunidade de ver, recorrendo às próprias palavras de Pasteur, como um cientista resolve, para si mesmo e para nós, dois dos problemas fundamentais dos estudos científicos. Mas antes examinemos a edificante história de Cinderela-Fermento.

O primeiro drama: dos atributos à substância

Em 1856, algum tempo depois de o levedo de cerveja tornar-se seu principal interesse, Pasteur relatou a descoberta de um fermento peculiar ao ácido láctico. Hoje, a fermentação do ácido láctico não é mais objeto de discussão e a indústria de laticínios do mundo inteiro pode solicitar pelo correio a quantidade de fermento que desejar. Todavia, basta que a pessoa "se coloque nas condições da época" para apreciar a originalidade do relatório de Pasteur. Em meados do século XIX, nos círculos científicos onde a química de Liebig imperava, afirmar que um microrganismo específico podia explicar a fermentação equivalia a dar um passo atrás, já que apenas por livrar-se de obscuras explicações vitalistas é que a química conquistara seus louros. A fermentação vinha sendo explicada em termos puramente químicos, sem a intervenção de nenhuma coisa viva e apelando para a degradação das substâncias inertes. Aliás, os especialistas em fermentação láctica jamais haviam visto microrganismos associados à transformação do açúcar.

No começo do artigo de Pasteur, a fermentação do ácido láctico não tem uma causa óbvia e isolável. Se algum fermento está envolvido, ele nada mais é que um subproduto quase invisível de um mecanismo puramente químico de fermentação ou, pior ainda, uma impureza indesejável capaz de prejudicar e deter a fermentação. Lá pelo fim do artigo, no entanto, o fermento se torna uma entidade autossuficiente, integrada a uma classe de fenômenos similares: torna-se, em suma, a causa única da fermentação. Em um só parágrafo, Pasteur acompanha toda a transformação do fermento:

> Ao microscópio, quando não se é prevenido, é *quase impossível* distingui-lo da caseína, do glúten desagregado etc., de tal modo que *nada indica tratar-se de um material separado* ou ter sido produzido durante a fermentação. Seu peso aparente *sempre permanece insignificante* se comparado ao do material nitrogenoso originariamente necessário para a consecução do processo. Enfim, muitas vezes ele se apresenta *tão misturado* com a massa de caseína e giz que *não haveria motivo para suspeitar de sua existência.* (§7)

No entanto, Pasteur conclui o parágrafo com esta ousada e surpreendente frase: "É *ele* [o fermento], não obstante, que desempenha o *papel principal*". Quem sofre essa transformação abrupta não é apenas o fermento, extraído do nada para tornar-se alguma coisa, mas também o Príncipe Encantado, Pasteur em pessoa. No início do artigo, sua opinião nada é contra as pujantes teorias de Liebig e Berzelius; no final, Pasteur triunfa sobre seus inimigos e sua visão ganha a batalha, derrotando a concepção química da fermentação. Eis como começa:

> Os fatos [que tornam tão obscura a causa da fermentação do ácido láctico] parecem *muito favoráveis às ideias* de Liebig ou de Berzelius... As opiniões deles *conquistam mais credibilidade a cada dia*... Essas *obras são unânimes em rejeitar a ideia* de algum tipo de influência da organização e da vida como causa do fenômeno que ora consideramos. (§5)

E de novo ele encerra o parágrafo com uma frase desafiadora, que anula o peso dos argumentos anteriores: "*Eu* adotei um *ponto de vista inteiramente diferente*". Contudo, para acompanhar essa apoteose da Cinderela e esse triunfo do Príncipe Encantado, outra transformação, de maior alcance, é necessária. As qualidades do mundo natural são alteradas entre o começo e o fim da história. No começo, o leitor vive num mundo onde a relação matéria orgânica--fermentos é a de contato e decadência:

> Segundo [Liebig], *um fermento é uma substância excessivamente alterável* que se decompõe e, portanto, estimula a fermentação em consequência de sua alteração, a qual comunica uma turbulência desintegradora ao grupo molecular da matéria fermentável. De acordo com Liebig, essa é a causa primária de todas as fermentações e a origem da maioria das doenças contagiosas. Berzelius acredita que o ato químico da fermentação deve-se à ação de *contato*. (§5)

No final, o leitor passa a viver num mundo em que um fermento é tão ativo quanto qualquer outra forma de vida já identificada e a tal ponto que agora se nutre de material orgânico, o qual, em vez de ser sua causa, torna-se seu alimento:

> Quem quer que julgue imparcialmente os resultados deste trabalho e do que pretendo logo publicar reconhecerá comigo que a fermentação parece correlacionar-se com a *vida* e com a *organização* de glóbulos – *não* com sua *morte* e putrefação. A fermentação também não é um fenômeno devido ao contato, no qual a transformação do açúcar ocorreria em presença do fermento sem nada lhe dar e nada lhe tomar. (§22)

Examinemos agora a principal personagem não humana da história a fim de descobrir por quantas etapas ontológicas diferentes essa entidade teve de passar até tornar-se, por assim dizer, uma substância plenamente aceita. De que modo um cientista explica, com suas próprias palavras, o surgimento de um novo ator oriundo de outras entidades que ele precisa destruir, redistribuir e reagrupar? Que acontece com esse atuante *x* que logo será chamado de levedo da fermentação do ácido láctico? Assim como o limite floresta-savana do capítulo 2, a nova entidade é em primeiro lugar um objeto circulante submetido a provas e a uma série extraordinária de transformações. No início, sua própria existência é negada:

> Até agora, pesquisas acuradas *não conseguiram descobrir o desenvolvimento de seres organizados*. Os observadores que reconheceram alguns desses seres estabeleceram ao mesmo tempo que eles eram *acidentais* e *arruinavam* o processo. (§4)

Em seguida, o principal experimento de Pasteur permite a um "observador prevenido" detectar o tal ser organizado. Mas esse objeto *x* é despojado de todas as suas qualidades essenciais, que são redistribuídas entre dados de senso elementar:

> Se alguém examinar cuidadosamente uma fermentação láctica comum, casos haverá em que irá descobrir, por cima do depósito de giz e material nitrogenoso, *manchas de uma substância cinzenta que às vezes forma uma camada* [*formant quelquefois zone*] na superfície do depósito. Outras vezes, nota-se essa substância aderida aos lados superiores do recipiente, aonde foi levada pelo movimento dos gases. (§7)
>
> [...]
>
> Quando se solidifica [*prise en masse*], ela *parece exatamente* o fermento comum prensado e drenado. É ligeiramente *viscosa* e de cor *cinza*. Ao microscópio, surge como que formada por *glóbulos* minúsculos ou filamentos segmentados muito curtos, isolados ou em grupo, formando flocos irregulares que *lembram* os de certos precipitados amorfos. (§10)

Dificilmente qualquer outra coisa teria menos existência que isso! Não se trata de um objeto e sim de uma nuvem de percepções transientes, que ainda não constituem predicados de uma substância coesa. Na filosofia da ciência de Pasteur, os fenômenos precedem aquilo de que são fenômenos. Algo mais é necessário para garantir a *x* uma essência, para fazer dele um ator: a série de testes de laboratório graças aos quais *x* provará sua têmpera. No parágrafo seguinte, Pasteur transforma-o naquilo que em outro lugar chamei de "um nome de ação"*: ignoramos o que ele *seja*, mas sabemos o que ele *faz* durante os testes de laboratório. Uma série de desempenhos* *precede* a definição de competência* que, mais tarde, constituirá a única causa desses mesmos desempenhos.

> Dissolvem-se cerca de cinquenta a cem gramas de açúcar em cada litro, acrescenta-se um pouco de giz e *polvilha-se uma pitada do material cinzento* obtido, conforme mencionei, de uma boa fermentação láctica comum... Logo no dia seguinte, *manifesta-se uma fermentação intensa e regular*. O líquido, originalmente cristalino, *torna-se* turvo; aos poucos o giz *desaparece*, enquanto se *forma*, ao mesmo tempo, um depósito que cresce contínua e progressivamente com a solução do giz. O gás que se *evola* é puro ácido carbônico ou uma mistura, em proporções variadas, de ácido carbônico e hidrogênio. Depois que o giz *desaparece*, caso o líquido tenha evaporado, uma abundante cristalização de lactato de cal se *forma* durante a noite e a borra apresenta quantidade variável do butirato dessa base. Sendo corretas as proporções de giz e açúcar, o lactato se *cristaliza* numa massa volumosa dentro do próprio líquido, no curso da operação. Às vezes, o líquido se *torna* muito viscoso. Em suma, temos ante os olhos uma fermentação láctica *nitidamente caracterizada*, com todos os acidentes e complicações usuais desse fenômeno, cujas manifestações externas são assaz conhecidas dos químicos. (§8)

Ignoramos o que seja, mas sabemos que pode ser polvilhado, que provoca fermentação, que turva líquidos, que faz o giz desaparecer, que forma um depósito, que produz gás, que gera cristais e que se torna viscoso (Hacking, 1983). Até agora é uma lista de itens registrados no caderno do laboratório, *membra disjecta* que ainda não integram nenhuma entidade – propriedades em busca da substância a que pertencem. A essa altura do texto, a entidade é tão frágil, seu *invólucro** tão indeterminado que Pasteur nota, com surpresa, sua capacidade de viajar:

> Ele *pode* ser coletado e *transportado* por grandes distâncias sem perder a atividade, que só se *enfraquece* quando o material é secado ou fervido em água. Muito pouco desse levedo é necessário para transformar uma quantidade considerável de açúcar. Tais fermentações devem ser conduzidas, *de preferência*, com o material protegido do ar, para que a vegetação ou infusórios estranhos não as prejudiquem. (§10)

Talvez, se agitarmos o frasco, o fenômeno desapareça. Talvez, se o expusermos, o ar o destrua. Antes que a entidade seja, com toda a segurança, subscrita por uma substância ontológica consagrada, Pasteur terá de tomar precauções que logo achará dispensáveis. Não sabendo ainda o que é aquilo, ele precisa tentear, investigar todas as facetas dos limites vagos que traçou ao redor da entidade a fim de determinar seus contornos exatos.

Mas como conseguirá melhorar o *status* ontológico de sua entidade, como transformará esses limites frágeis e incertos num invólucro sólido, como passará do "nome de ação" para o "nome de uma coisa"? Se atua tanto, será a entidade um ator? Não necessariamente. *Algo mais* é imprescindível para transformar esse delicado candidato num ator de verdade, que será designado como a origem daquelas ações. E haverá necessidade de outra ação para conjurar o substrato desses predicados, com vistas a definir a competência que depois será "expressada" ou "manifestada" em muitos desempenhos durante os testes de laboratório. Na seção principal do artigo, Pasteur não hesita. Lança mão de tudo o que está a seu alcance para estabilizar o substrato numênico de sua entidade, atribuindo-lhe uma atividade parecida à do levedo de cerveja. Recorrendo à metáfora das plantas em crescimento, evoca os processos de domesticação e cultivo, o *status* ontológico firmemente estabelecido dos vegetais, como meio de dar forma a seu aspirante a ator:

> Aqui encontraremos *todas as características* gerais do levedo de cerveja, e todas essas substâncias têm provavelmente estruturas orgânicas que, numa classificação natural, colocam-nas em *espécies vizinhas* ou em duas famílias afins. (§11)
>
> [...]
>
> Há outra característica que nos permite comparar esse novo fermento com o levedo de cerveja: se o levedo de cerveja, e não o fermento láctico, for *mergulhado* num líquido cristalino, açucarado e albuminoso, ter-se-á levedo de cerveja e também fermentação alcoólica, mesmo que as outras condições da operação permaneçam inalteradas. Não devemos concluir daí que a composição química dos dois fermentos seja idêntica, como não concluiríamos que a composição química de *duas plantas* é a mesma porque elas crescem *no mesmo solo*. (§13)

O que, no §7, era uma não entidade ficou tão bem estabelecido no §11 que ganhou nome e lugar no mais exato e mais venerável ramo da história natural, a taxonomia. Tão logo Pasteur desvia a origem de todas as ações para o fermento, já agora uma entidade independente de pleno direito, passa a utilizá-la como elemento estável para redefinir todas as práticas anteriores: não sabíamos o que estávamos fazendo, mas agora sabemos:

> Todos os químicos ficarão surpresos com a rapidez e regularidade da fermentação láctica sob as condições por mim especificadas, isto é, *quando o fermento láctico se desenvolve sozinho*. Frequentemente mostra-se mais rápida que a fermentação alcoólica da mesma quantidade de material. A fermentação láctica, *tal qual normalmente conduzida*, exige mais tempo. Mas isso se pode *compreender* logo. O glúten, a caseína, a fibrina, as membranas e os tecidos utilizados contêm uma enorme quantidade de matéria inútil. O mais das vezes, transformam-se em *nutrientes* do fermento láctico somente depois da putrefação – alteração por contato com plantas ou animálculos –, que tornou os elementos solúveis e assimiláveis. (§12)

A prática lenta e incerta com uma explicação obscura transforma-se num conjunto ágil e compreensível de novos métodos dominados por Pasteur: o tempo todo e sem o saber, os fabricantes de queijos andaram cultivando microrganismos num meio apto a fornecer nutrição ao fermento, nutrição que pode, ela própria, variar para adaptar múltiplos fermentos em competição a um ambiente. Aquilo que fora a causa primária de um subproduto descartável tornou-se alimento para sua consequência!

Indo além, Pasteur faz dessa entidade recém-moldada um "caso singular" dentro de uma classe inteira de fenômenos. As "circunstâncias gerais" de um fenômeno tão comum, a fermentação, podem agora ser definidas:

> Condição essencial para uma *boa fermentação* é a *pureza* do fermento, sua *homogeneidade*, seu *livre desenvolvimento sem empecilhos* e com a ajuda de um nutriente bem *adaptado* à sua natureza individual. A esse respeito, importa compreender que as *circunstâncias* de neutralidade, alcalinidade, acidez ou composição química dos líquidos desempenham papel importante no crescimento predominante deste ou daquele fermento, pois a vida de cada qual não se *adapta* no mesmo grau aos diferentes estados do *ambiente*. (§17)

Recorrendo a diversas filosofias da ciência aparentemente incompatíveis, Pasteur oferece uma oportuna solução para aquilo que ainda é tema de controvérsia em epistemologia, a saber, de que modo uma entidade nova pode brotar de uma entidade antiga. Não se pode passar de uma entidade não existente para uma classe genérica ao longo de etapas onde a entidade é constituída por dados sensoriais flutuantes, tomados como um nome de ação e finalmente transformados num ser organizado à maneira das plantas, com seu lugar garantido na taxonomia. A circulação de referência não nos arrebata, como nos capítulos 2 e 3, de um sítio de pesquisa a outro, de um tipo de indício a outro, mas de *um status ontológico a outro*. Aqui já não é apenas o humano que transporta informação mediante transformação, mas também o não humano, que transita sub-repticiamente de atributos vagamente existentes para uma substância plena.

Da fabricação de fatos aos eventos

De que modo a explicação dada pelo próprio Pasteur ao primeiro drama de seu texto modifica o entendimento, baseado no senso comum, da fabricação? Digamos que em seu laboratório de Lille Pasteur *elabora* um *ator*. Como? Uma maneira agora tradicional de explicar isso é dizer que Pasteur elabora testes* para o ator* mostrar quem é. E por que definir um ator por meio de testes? Porque a única maneira de definir um ator é por intermédio de sua atuação; assim também, a única maneira de definir uma atuação é indagar em que outros atores foram modificados, transformados, perturbados ou criados pela personagem em apreço. Eis um recurso pragmático que podemos estender para (a) a própria coisa, que logo será chamada de "fermento"; (b) a história contada por Pasteur a seus colegas na Academia de Ciência; e (c) as reações dos interlocutores de Pasteur ao que até agora nada mais é que uma história encontrada num texto escrito. Pasteur se empenha ao mesmo tempo em *três* testes que devem primeiro ser *distinguidos* e em seguida *alinhados* um com outro, segundo a noção de referência circulante que já nos é agora familiar.

Primeiro, na história contada por Pasteur, há personagens cuja competência* é definida por seus desempenhos*: a quase invisível Cinderela surge, para gáudio do leitor, como a heroína que triunfa e se diz causa essencial da fermentação láctica – da qual não passava antes de subproduto inútil. Segundo, Pasteur anda ocupado em seu laboratório a encenar um novo mundo artificial para nele testar seu novo ator. Ele ignora qual seja a essência de um fermento. Pasteur é muito pragmático: para ele, essência é existência e existência é ação. Que se pode dizer desse misterioso candidato, o fermento? Em grande parte, a argúcia de um experimentador consiste em elaborar enredos alternativos e encená-los com cuidado, para que o atuante* participe de situações novas e inesperadas capazes de defini-lo ativamente. O primeiro teste é uma história: diz respeito à linguagem e se parece com qualquer outro teste nos contos de fadas ou mitos. O segundo é uma situação: refere-se a componentes não verbais, não linguísticos (tubos de ensaio, fermentos, Pasteur, assistentes de laboratório). Ou não?

O terceiro teste é realizado *para responder a essa pergunta*. Pasteur submete-se ao novo teste quando conta sua história da Cinderela, que triunfa contra todas as expectativas, e do Príncipe Encantado, que derrota o dragão da teoria química – ou seja, quando apresenta uma versão resumida de seu artigo à Academia, em 30 de novembro de 1857. Pasteur tenta agora convencer os acadêmicos de que sua história não é uma história e de que ela aconteceu *independentemente* de sua vontade e capacidade de imaginação. Sem dúvida, o laboratório é artificial e feito por mão de homem, mas Pasteur precisa deixar claro que a competência do fermento é do *próprio* fermento, não dependendo *de modo algum* da solércia de Pasteur ao inventar um teste que lhe permita revelar-se. Que acontecerá se Pasteur se sair bem nesse novo (terceiro) teste? Uma nova competência será acrescentada à *sua* definição. Ele pontificará então como o homem que mostrou, para satisfação geral, que o fermento é um organismo vivo, da mesma forma que o segundo teste acrescentou uma nova competência a este outro atuante, o fermento: a saber, que pode desencadear uma fermentação láctica específica. Mas que acontecerá se Pasteur falhar? Bem, nesse caso o segundo teste terá sido um desperdício. Pasteur terá engambelado seus pares com o conto de Cinderela, o Fermento, uma história divertida, sem dúvida, mas que só envolveu suas próprias expectativas e antigas proezas. Nada de novo foi transmitido pelas palavras de Pasteur na Academia, nada capaz de modificar o que os colegas diziam dele e das propriedades dos organismos vivos que constituem o mundo.

No entanto, um experimento não é nenhum desses três testes isolado. É o *movimento* dos três *tomados em conjunto quando têm êxito ou tomados em separado quando falham*. Aqui, reconhecemos novamente o movimento da referência circulante que estudamos no capítulo 2. O rigor da afirmação não se relaciona a um estado de coisas exterior e sim à rastreabilidade de uma série de transformações. Nenhum experimento pode ser estudado unicamente no laboratório, unicamente na literatura, unicamente nos debates entre colegas. Um experimento é uma história, claro – e como tal passível de estudo –, mas uma história *presa* a uma situação em que novos atuantes submetem-se a testes terríveis engenhados por habilidosos encenadores; estes, por sua vez, submetem-se a testes terríveis engenhados por seus colegas, que investigam a espécie de *laços* existentes entre a primeira história e a segunda situação. Um experimento é um texto sobre uma situação não contextual, mais tarde avaliado por outros para se saber se é simplesmente um texto. Caso o teste final seja bem-sucedido, então *não é* simplesmente um texto, há na verdade uma situação real *por trás* dele e tanto o ator quanto seus autores ostentam nova competência: Pasteur provou que o fermento é uma coisa viva; o fermento pode desencadear uma fermentação específica, diferente da do levedo de cerveja.

Eis o ponto principal que quero demonstrar: a "construção" não é de forma alguma a mera recombinação de elementos preexistentes. No curso do experimento, Pasteur e seu fermento *intercambiaram e mutuamente aprimoraram suas propriedades*: Pasteur ajudou o fermento a mostrar quem era, o fermento "ajudou" Pasteur a ganhar uma de suas muitas medalhas. Se o derradeiro teste falhar é porque não passava de um texto, não havia nada que o amparasse e nem ator nem encenador lograram quaisquer competências *adicionais*. Suas propriedades se anulam umas às outras e os colegas podem concluir que Pasteur simplesmente induziu o fermento a dizer o que ele queria que dissesse. Se Pasteur alcançar a vitória, veremos dois atores (parcialmente) novos na linha de chegada: um novo fermento e um novo Pasteur! Se perder, haverá apenas um – e ele, o velho Pasteur, se diluirá na história como uma figura menor, juntamente com uns poucos levedos informes e produtos químicos desperdiçados.

Temos de compreender que, independentemente do que pensarmos ou questionarmos a respeito do caráter artificial do laboratório ou dos aspectos literários desse tipo peculiar de exegese, o fermento do ácido láctico foi inventado *não* por Pasteur, mas *pelo fermento*. Ao menos, esse é o problema que os testes de seus colegas, do próprio Pasteur e do besouro no frasco precisam resolver. É vital para todos eles que, não importa a engenhosidade do experimento, não importa a artificialidade perversa do dispositivo, não importa a subdeterminação ou o peso das expectativas teóricas, Pasteur consegue safar-se da ação para tornar-se um *expert*, isto é, um *expertus*, alguém transformado pela manifestação de algo não imaginado pelo antigo Pasteur. Por mais artificial que seja o cenário, uma coisa nova, independente desse cenário, tem de surgir para que o empreendimento todo não tenha sido em vão.

É em virtude dessa "dialética" entre fato e artefato que, apesar de nenhum filósofo defender seriamente uma correspondência entre teoria e verdade, torna-se de todo impossível aceitar um argumento puramente construtivista por mais de três minutos. Bem, digamos uma hora, para sermos justos. Boa parte da filosofia da ciência, desde Hume e Kant, consiste em assumir, repelir, obstruir, retomar, abjurar, resolver, refutar, embrulhar e desembrulhar esta antinomia impossível: de um lado, os fatos são construídos experimentalmente, jamais escapando a seus cenários artificiais; de outro, é imperioso que os fatos *não* sejam construídos e que apareça alguma coisa *não* artificial. Na jaula, os ursos vão e vêm em seu espaço limitado, com menos obstinação e angústia do que os filósofos e sociólogos da ciência vagueando incessantemente do fato ao artefato, e vice-versa.

Essa obstinação e essa angústia provêm da insistência em definir o experimento como um jogo zerado. Se o experimento for isso, se toda saída tiver de ser contrabalançada por uma entrada, então nada escapa do laboratório que não tenha sido antes colocado nele. Eis a fraqueza real das definições comuns de construção e fabricação: qualquer que seja a lista de entradas no cenário que o filósofo apresentar, ela sempre registrará os *mesmos* elementos antes e depois – o mesmo Pasteur, o mesmo fermento, os mesmos colegas, a mesma teoria. Seja qual for o gênio dos cientistas, eles sempre jogam com um número fixo de cartas. Infelizmente, como é ao mesmo tempo fabricado e não fabricado, no experimento há sempre *mais* do que nele foi posto. Explicar o resultado de um experimento mediante uma lista de fatores e atores estáveis sempre apresentará, pois, um *déficit*.

É esse déficit que será depois explicado diferentemente pelas várias convicções realistas, construtivistas, idealistas, racionalistas ou dialéticas. Cada qual *compensará* o déficit recorrendo a seus financiamentos favoritos: natureza "exterior", fatores macro ou microssociais, Ego transcendental, teorias, pontos de vista, paradigmas, tendências ou batedeiras elétricas de dialéticos. Parece haver um suprimento inesgotável de gordas contas bancárias sobre as quais se pode sacar para completar a lista e "explicar" a originalidade de um resultado experimental. Nesse tipo de solução, a novidade não é justificada por modificações na lista dos atores iniciais, mas pelo acréscimo de um fator destacado que *equilibra* a justificação. Desse modo, toda entrada é compensada por uma saída. Nada de novo acontece. Cada experimento apenas revela a Natureza; ou então sociedade, tendências e pontos cegos teóricos traem-se no resultado, no curso de um experimento. Só o que acontece na história da ciência é a descoberta daquilo que já lá estava o tempo todo, na natureza ou na sociedade.

Mas não há razão para acreditar que um experimento seja um jogo zerado. Ao contrário, toda dificuldade apresentada pelo artigo de Pasteur sugere que *um experimento é um evento**. Nenhum evento pode ser explicado por uma lista dos elementos que penetraram na situação *antes* de sua conclusão, *antes* de Pasteur lançar seu experimento, *antes* de o fermento desencadear a fermentação, *antes* da reunião da Academia. Se tal lista fosse elaborada, os atores dela não seriam aquinhoados com a competência que *adquirirão* no curso do evento. Nessa lista Pasteur surge como um cristalógrafo dos mais promissores, mas não demonstrou, para satisfação geral, que os fermentos são criaturas vivas; o fermento pode acompanhar a fermentação, como Liebig concedia, porém não está ainda dotado da propriedade de desencadear uma fermentação do ácido láctico diferente da do levedo de cerveja; quanto aos acadêmicos, ainda não dependem de um fermento vivo em seus laboratórios e talvez prefiram continuar sobre os sólidos alicerces da química que aprenderam de Liebig, a voltar a flertar com o vitalismo. A lista de entradas não precisa ser completada pelo saque contra um estoque de recursos, já que o estoque sacado *antes* do evento experimental não é o mesmo que será sacado *depois*. É precisamente por isso que um experimento é um evento e não uma descoberta, um desvelamento, uma imposição, um juízo sintético *a priori**, a concretização de uma potencialidade* e por aí além.

É por isso também que a lista elaborada depois do experimento não precisa de nenhum acréscimo por mão da Natureza, sociedade ou seja lá o que for, já que todos os elementos foram parcialmente transformados: um Pasteur (parcialmente) novo, um fermento (parcialmente) novo e uma Academia (parcialmente) nova congratulam-se no fim. Os ingredientes da primeira lista não bastam – não porque um fator tenha sido esquecido ou porque a lista não foi feita com cuidado, mas porque os atores *ganham* em suas definições graças a esse evento, graças aos próprios testes do experimento. Todos concordam que a ciência evolui por meio do experimento; a questão é que Pasteur também foi modificado e evolui por meio do experimento, como a Academia e até o fermento, por que não? *Todos* eles vão embora num estado diferente daquele que apresentavam ao entrar. Como veremos no próximo capítulo, isso pode induzir-nos a investigar se existe mesmo uma história da ciência e não apenas de cientistas, e se existe mesmo uma *história das coisas* e não apenas de ciência.

O segundo drama: a solução de Pasteur para o conflito entre construtivismo e realismo

Se não foi muito difícil reconfigurar a noção de construção e fabricação, para considerar um experimento como um evento e não como um jogo zerado, é bem mais espinhoso compreender de que modo podemos insistir, simultaneamente, na artificialidade do cenário de laboratório e na autonomia da entidade "feita" dentro das paredes do laboratório. Certamente, somos auxiliados pelo duplo significado da palavra "fato" – aquilo que é feito e aquilo que não é; "*un fait est fait*", como disse Gaston Bachelard – mas muito trabalho conceitual se faz necessário para provar a sabedoria oculta dessa etimologia (ver capítulo 9). É fácil entender por que casas, carros, cestas e canecas são ao mesmo tempo *fabricados* e *reais*, mas isso de nada vale para revelar o mistério dos objetos científicos. O problema não é a mera circunstância de sua fabricação *e* realidade. Ao contrário, exatamente *porque* eles foram feitos artificialmente é que conquistam autonomia completa de qualquer espécie de produção, construção ou fabricação. Metáforas técnicas ou industriais não nos ajudarão a apreender esse fenômeno intrigante, que apoquentou a paciência dos estudos científicos por tantos anos. Como muitas vezes descobri ser o caso, a única solução perante questões filosóficas difíceis é mergulhar ainda mais fundo em alguns sítios empíricos para averiguar de que maneira os próprios cientistas se tiram de dificuldades. A solução de Pasteur, no artigo, é tão engenhosa que, se o tivéssemos acompanhado até o fim, os estudos científicos tomariam um rumo inteiramente diverso.

Pasteur sabe muito bem que existe uma lacuna em sua genealogia. Como poderá ele passar da matéria cinzenta, quase imperceptível, que às vezes aparece na parte superior do recipiente, à substância plena, semelhante ao vegetal, provida de necessidades nutricionais e gostos muito particulares? Como dará esse passo decisivo? Quem é responsável pela atribuição dessas ações, quem é responsável pelo aquinhoamento dessas propriedades? Não estará Pasteur dando à sua entidade um empurrãozinho? Sim, *ele* pratica a ação, ele tem preconceitos, ele preenche a lacuna entre fatos indeterminados e o que deve ser visível. Ele o "confessa" explicitamente no último parágrafo de seu artigo:

> Ao longo desta memória, tenho raciocinado *na base da hipótese* de que o novo fermento é organizado, ou seja, *é* um organismo vivo

e que sua ação química sobre o açúcar *corresponde* a seu desenvolvimento e organização. Se alguém ponderasse que com semelhantes conclusões estou indo *além daquilo que os fatos demonstram*, eu responderia que isso de fato é verdade no sentido de que a posição por mim assumida consiste num quadro de ideias [*un ordre d'idées*] que, em termos rigorosos, *não pode ser provado de maneira irrefutável*. Eis como vejo as coisas. Sempre que um químico estudar esses fenômenos misteriosos e tiver a boa sorte de dar um passo importante, sentir-se-á *inclinado* instintivamente a atribuir sua causa primária a um tipo de reação *consistente* com os resultados gerais de sua própria pesquisa. Tal é o curso *lógico* da mente humana em todas as questões polêmicas. (§22)

Pasteur não apenas desenvolve toda uma ontologia a fim de acompanhar a transformação de uma não entidade em entidade, conforme percebemos na última seção, como tem também uma epistemologia, aliás sofisticadíssima. À semelhança da maior parte dos cientistas franceses, ele é um construtivista do tipo racionalista – contra o positivismo de sua *bête noire*, Auguste Comte. Para Pasteur, os fatos precisam sempre ser enquadrados e gerados por uma teoria. A origem dessa inevitável "*ordre d'idées*" deve ser buscada nas lealdades disciplinares ("um químico"), elas próprias ligadas a um investimento passado ("*consistente* com os resultados gerais de sua própria pesquisa"). Pasteur enraíza essa inércia disciplinar tanto na cultura e na história pessoal ("sua própria pesquisa") quanto na natureza humana ("instinto", "o curso lógico da mente humana"). A seus próprios olhos, a confissão de tais preconceitos enfraquece-lhe as pretensões? Nem um pouco – e esse é o paradoxo aparente que temos de entender a todo custo. A frase seguinte, que já citei, introduz outra epistemologia assaz diferente, bem mais clássica, na qual os fatos hão de ser avaliados sem ambiguidade por observadores imparciais. No que resta do presente capítulo, tentarei compreender essa lacuna entre duas frases contraditórias que, curiosamente, não são tidas como tais.

> E penso, a esta altura da evolução de meu conhecimento do assunto, que *quem quer que julgue imparcialmente* os resultados deste trabalho e do que pretendo logo publicar *reconhecerá comigo* que a fermentação parece correlacionar-se com a vida e com a organização de glóbulos – não com sua morte e putrefação. (§22)

Ao passo que na frase anterior a essa o curso lógico da mente humana inviabilizava o "julgamento imparcial", especialmente em "questões polêmicas" que não podem ser "provadas de modo irrefutável", torna-se de súbito possível, para o mesmo Pasteur, convencer quem quer que julgue imparcialmente. *Duas epistemologias de modo algum relacionadas são justapostas* sem que nem de leve se insinue a possibilidade de haver aqui dificuldades. Em primeiro lugar, os fatos exigem uma teoria para fazerem-se visíveis e essa teoria se enraíza na história prévia do programa de pesquisa – é "dependente do caminho", como diriam os economistas –; mas, então, os fatos têm de ser julgados independentemente da história anterior. Outra vez é reiterado o mistério das duas acepções opostas da palavrinha "fato". Pasteur ignora a dificuldade ou nós somos incapazes de reconciliar, tão prontamente quanto ele, construtivismo com empirismo? De quem é a contradição: nossa ou de Pasteur?

A fim de entender como Pasteur, *sem dar mostras de estar sendo paradoxal*, consegue transitar de uma epistemologia para seu oposto polar, precisamos entender também o modo como distribui a atividade entre ele mesmo, o experimentador, e o pretenso fermento. Já vimos que um experimento é um ato realizado pelo cientista para que o não humano apareça por si mesmo. A artificialidade do laboratório não ameaça sua validade e verdade; sua imanência óbvia é, de fato, a fonte de sua transcendência absoluta. Como se chegou a esse milagre aparente? Graças a um dispositivo muito simples, que desafiou os observadores durante muito tempo e que Pasteur ilustra à maravilha. O experimento gera dois planos: no primeiro o narrador é ativo, no segundo a ação é delegada a outra personagem, não humana (ver Figura 4.1).

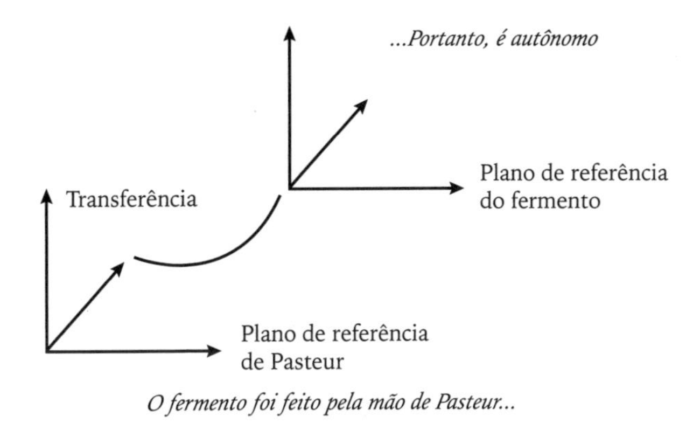

Figura 4.1 – A dificuldade em explicar um experimento provém da "transferência" que relaciona o plano de referência do cientista ao plano de referência do objeto. Apenas porque Pasteur trabalhou bem e com afinco em seu próprio plano é que foi permitido ao fermento viver autonomamente no plano dele. Essa conexão capital não deve ser rompida.

O experimento *desloca** a ação de um quadro de referência para outro. Quem é, nesse experimento, a força ativa? Tanto Pasteur *quanto* sua levedura. Mais precisamente, Pasteur age *para que* a levedura aja sozinha. Compreendemos por que foi difícil para Pasteur escolher entre uma epistemologia construtivista e uma epistemologia realista. Pasteur cria um cenário no qual não precisará criar coisa alguma. Ele desenvolve gestos, frascos e protocolos para que a entidade, uma vez transferida, torne-se independente e autônoma. Segundo se enfatize um ou outro desses dois aspectos contraditórios, o mesmo texto será construtivista ou realista. Estarei eu, Pasteur, criando essa entidade por projetar nela meus preconceitos ou sendo criado e forçado a agir assim em virtude das propriedades da *entidade*? Estarei eu, o analista de Pasteur, explicando o encerramento da controvérsia ao apelar para seus interesses humanos, culturais e históricos ou serei obrigado a acrescentar ao balanço o papel ativo dos não humanos que ele tanto moldou? Essas perguntas não são problemas filosóficos confinados às páginas dos periódicos de filosofia da ciência ou piedosos cenotáfios das guerras na ciência:

são as próprias questões repisadas pelos artigos científicos e graças às quais eles afundam ou sobrenadam.

A cenografia experimental, nos artigos de Pasteur, é extremamente variada porque acompanha todas as sutilezas da ontologia mutável desenvolvida no texto. No mesmo artigo, alguns experimentos são camuflados e obscurecidos, ao passo que outros recebem o foco da atenção e têm licença para sofrer mudanças. A princípio, a prática da ciência é mencionada em relatos muito estilizados de experimentos que são logo postos de lado. Em outro caso, a ação humana é reintroduzida numa descrição, à moda de receituário, do procedimento que conduz à fermentação do ácido láctico. Mas, a esta altura, já não há "problema com os experimentos", segundo a expressão de Shapin e Schaffer (Shapin; Schaffer, 1985). A fermentação do ácido láctico é um procedimento muito bem conhecido que Pasteur recebe intacto. Diz ele: "O ácido láctico foi descoberto por Sheele em 1780 no soro de leite. Seu método de extraí-lo do soro é ainda o melhor" (§4); em seguida, inclui a receita. Firmemente ligado à prática, mas completamente relegado a segundo plano, esse procedimento experimental define a linha básica – fermentação láctica – a partir da qual o fermento do primeiro plano será forçado a aparecer. Sem uma receita estabilizada da fermentação láctica, nenhum levedo começaria a "dar as caras". Num único artigo científico o autor atravessou diversas filosofias do experimento, com instantes relativistas e construtivistas precedidos pela negação brutal do papel dos instrumentos e das intervenções humanas, e seguidos por declarações positivistas.

A cenografia de Pasteur, por exemplo, altera-se completamente nos parágrafos centrais 7 e 8, onde se apresenta o experimento principal. A atividade humana está de novo sob a luz dos refletores, juntamente com os problemas que traz consigo:

> *Extraio* a parte solúvel do levedo de cerveja *tratando* o fermento por algum tempo com quinze a vinte vezes seu peso em água, à temperatura de ebulição. O líquido, uma solução complexa de

material albuminoso e mineral, *é cuidadosamente filtrado*. Cerca de cinquenta a cem gramas de açúcar são em seguida *dissolvidos* em cada litro, um pouco de giz é *acrescentado*, e *borrifado* um pouco do material cinzento, que acabo de mencionar, oriundo de uma boa fermentação comum; depois, *aumenta-se* a temperatura para 30 ou 35 graus centígrados. É *bom* também *introduzir* uma corrente de ácido carbônico para expelir o ar do frasco, que se *aplica* por meio de um tubo de saída curvo, imerso em água. Já no dia seguinte, manifesta-se uma vívida e regular fermentação... Numa palavra, temos diante dos olhos uma fermentação láctica nitidamente caracterizada, *com todos os acidentes e complicações usuais* desse fenômeno, cujas manifestações exteriores são bem conhecidas dos químicos. (§8)

No exato momento em que a entidade se encontra em seu *status* ontológico mais frágil (ver a primeira seção deste capítulo), vacilante entre nuvens de dados sensoriais caóticos, o químico experimental está *em plena atividade*, extraindo, tratando, filtrando, dissolvendo, acrescentando, polvilhando, aumentando a temperatura, introduzindo ácido carbônico, aplicando tubos etc. Mas então, desviando a atenção do leitor e deslocando o ator autônomo, Pasteur afirma que "temos diante dos olhos uma fermentação láctica nitidamente caracterizada". O diretor sai de cena e o leitor, mesclando seus olhos aos do encenador, *vê* uma fermentação que toma corpo no centro do palco *independentemente* de todo trabalho ou construção.

Quem pratica a ação nesse novo meio de cultura? *Pasteur*, pois que ele polvilha, ferve, filtra e observa. *O fermento do ácido láctico*, pois que cresce depressa, devora seu alimento, ganha forças ("muito pouco desse fermento é necessário para transformar uma considerável quantidade de açúcar") e entra em competição com outros seres similares, que crescem como plantas no mesmo pedaço de terra. Se ignorarmos o trabalho de Pasteur, cairemos no poço do realismo ingênuo do qual 25 anos de estudos científicos se esforçaram para nos tirar. Mas que acontecerá se ignorarmos a atividade autônoma, automática e delegada do ácido láctico? Cairemos em outro poço, tão sem fundo quanto o primeiro, do construtivismo social, repudiando o papel dos não humanos em quem todas as pessoas que estudamos concentram sua atenção e por quem Pasteur gastou meses de trabalho desenhando essa cenografia.

Não podemos sequer pretender que, em ambos os casos, somente o autor, o autor humano, é quem faz o trabalho ao escrever o artigo, pois o que se acha em causa no texto é exatamente a inversão de autoria e autoridade: *Pasteur autoriza o fermento a autorizá-lo a falar em nome dele*. Quem é o autor do processo todo e quem é a autoridade no texto são questões em aberto, já que personagens e autores trocam credibilidades. Como vimos na seção anterior, se os colegas de Academia não acreditarem em Pasteur, ele será constituído no único autor de uma obra de *ficção*. Se o cenário inteiro resistir ao escrutínio da Academia, o próprio texto acabará sendo autorizado pelo fermento, de cuja verdadeira conduta se poderá dizer então que *subscreve* a totalidade do escrito.

De que modo encararemos a cenografia artificial do experimento que pretendia deixar o ácido láctico desenvolver-se sozinho, por seus próprios recursos, num meio puro de cultura? Por que é tão complicado reconhecer que um experimento constitui justamente o espaço onde essa contradição é encenada e resolvida? Pasteur não está, aqui, atormentado pela falsa consciência, removendo os indícios de seu próprio trabalho à medida que avança. Não temos de escolher entre dois relatos de trabalho científico, uma vez que ele insere explicitamente ambas as exigências contraditórias no parágrafo final do artigo. "Sim", diz ele, "ultrapassei em muito os fatos e tinha de fazê-lo, mas todo observador imparcial reconhecerá que o ácido láctico é constituído de organismos vivos e não de elementos químicos mortos." Reconhecer a própria atividade não enfraquece, aos olhos de Pasteur, sua declaração de independência do fermento, assim como a percepção das cordinhas nas mãos do titeriteiro não arrefece a credibilidade da história interpretada "livremente" pelas marionetes no outro plano de referência. Enquanto não compreendemos por que aquilo que nos parece uma contradição não o é para Pasteur, nada conseguimos aprender das pessoas que estudamos – nós apenas impomos nossas categorias filosóficas e metáforas conceituais a seu trabalho.

Em busca de uma figura de retórica: articulação e proposição

Será possível empregar essas categorias e figuras de retórica (ainda que isso signifique reconfigurá-las) não para turvar o trabalho dos cientistas, mas para torná-lo ao mesmo tempo visível e apto a produzir resultados independentes dele próprio? Os estudos científicos têm lutado tanto com essa questão que é lícito perguntar: para que insistir nela? Seria bem mais fácil, concordo, aceitar o antigo acordo e acatar os resultados da filosofia da linguagem, sem tentar misturar o mundo com o que dizemos dele, tentativa que parece nos arrastar para incontáveis dificuldades metafísicas. Por que não regressar ao senso comum filosófico e simplesmente distinguir questões epistemológicas de questões ontológicas? Por que não limitar a história a pessoas e sociedade, deixando a natureza completamente imune a ela? Os estudos científicos, para serem compreendidos, exigem realmente tanto esforço filosófico (bricolagem conceitual seria um nome mais apropriado)? Por que não permanecer tranquilos num meio confortável e dizer, por exemplo, que nosso conhecimento é a *resultante* de duas forças contraditórias – para utilizar o paralelogramo de forças que todos aprendemos na escola primária e sua versão por David Bloor, ensinada em "Science Studies 101" (Bloor, 1991 [1976])? Todos ficariam felizes. Teríamos o poder de sociedades, tendências, paradigmas e sentimentos humanos numa das mãos e, na outra, os poderes da natureza e da realidade, sendo o conhecimento apenas a diagonal resultante. Isso não resolveria todas as dificuldades (ver Figura 4.2)?

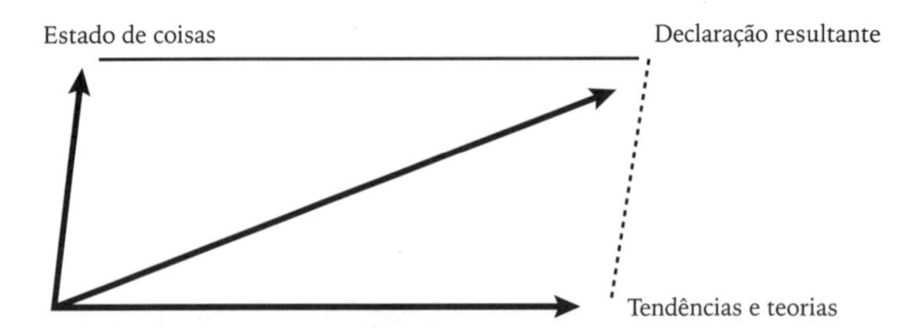

Figura 4.2 – Uma solução clássica ao problema do experimento é considerá-lo a resultante de duas forças, uma que representa a contribuição do mundo empírico e outra que representa a contribuição de um dado sistema de crenças.

Infelizmente, não se pode mais comer as cebolas do Egito que os hebreus achavam, em retrospecto, muito saborosas. O porto seguro do arranjo moderno é a nostalgia, uma forma de exotismo (ver capítulo 9); nada, realmente, funcionou nesse impossível arranjo artificial de posições contraditórias. Somente porque estamos acostumados ao que deixamos para trás e não ao que temos pela frente é que consideramos o antigo acordo mais condizente com o senso comum. Quão irracional esse compromisso racional realmente é!

Segundo a física do paralelogramo, se nenhuma força emanar do eixo que chamo de "tendências e teorias", teremos um acesso direto, primordial e irrestrito a um estado de coisas. Acreditariam nisso, por um momento, os cientistas experimentais? Não Pasteur, absolutamente, pois ele sabe o trabalho que tem para tornar visível um estado de coisas e não ignora que esse trabalho é que empresta referência exata ao artigo por ele apresentado a seus colegas de Academia. Mas a posição contrária, que os guerreiros da ciência imputam aos estudos científicos, revela-se ainda mais implausível. Se não houvesse nenhuma pressão por parte do eixo que chamo de "estado de coisas", nossas assertivas sobre o mundo seriam constituídas unicamente pelo *antigo* repertório de mitos, teorias, paradigmas e tendências armazenadas pela sociedade. Poderiam os cientistas de laboratório acreditar nisso por um momento – ou, no caso, um estudioso de ciência? Pasteur não, de forma alguma.

Onde, no repertório e nos preconceitos sociais do século XIX, uma pessoa encontraria algo com que construir, conjurar e sacudir um bichinho como o ácido láctico dos frascos de Pasteur? Nenhuma imaginação é fértil o bastante para essa peça de ficção. Seguramente, um cabo de guerra entre forças contrárias não funcionará. Não, não, o acordo moderno funciona enquanto não pensamos muito sobre ele e aplicamo-lo sem refletir, transitando entre posições absolutamente contraditórias. Somente uma razão política de peso – ver capítulos 7 e 8 – pode explicar por que afixamos a etiqueta de senso comum a uma definição tão pouco realista do que significa falar com veracidade sobre um estado de coisas. Podemos nos sentir constrangidos por abandonar velhos hábitos de pensamento, mas ninguém dirá que estamos trocando posições razoáveis por pretensões extravagantes. Quando muito, apesar dos ataques furiosos dos guerreiros da ciência, estaremos passando lentamente do absurdo para o bom senso.

A dificuldade em entender a solução de Pasteur deve-se ao fato de ele empregar as duas assertivas, "o fermento foi fabricado em meu laboratório" e "o fermento independe de minha fabricação", como *sinônimas*. Mais exatamente, é como se ele dissesse que, *em virtude* de seu cuidadoso e hábil desempenho no laboratório, o fermento é *portanto* autônomo, real e independente de qualquer trabalho que ele tenha executado. Por que achamos tão difícil aceitar essa solução como senso comum e por que nos sentimos obrigados a impedir Pasteur de perpetrar um dos dois crimes analíticos – esquecer o que realizou para poder dizer que o fermento está "lá fora" ou abandonar lá fora as noções de não humanos, para conseguir chamar a nossa atenção para seu trabalho? A metáfora do paralelogramo de forças deixa muito a desejar quando tenta esclarecer o que acontece num experimento. Que outras figuras de retórica contribuiriam para uma compreensão melhor da curiosa visão de Pasteur a respeito do que poderíamos chamar de "realismo construtivista"?

Comecemos pela metáfora da *encenação*, que utilizei na seção anterior. Pasteur, como diretor, traz certos aspectos do experimento para o primeiro plano e subtrai outros à luz dos refletores. Essa metáfora apresenta a grande vantagem de chamar a atenção para os dois planos de referência ao mesmo tempo, em vez de empurrá-los em direções opostas. Embora o trabalho do encenador – ou do titeriteiro – vise claramente a seu próprio desaparecimento, desviando a atenção do que acontece atrás do palco para o que acontece em cena, sem dúvida ele é indispensável para o espetáculo. Muito do prazer da plateia provém, com efeito, da presença vacilante desse outro plano, ao mesmo tempo constantemente sentido e agradavelmente olvidado. Entretanto, junto com o prazer, manifesta-se a debilidade principal dessa figura de retórica. A metáfora, tirada do mundo da arte, tem a consequência infeliz de *estetizar* a obra da ciência e enfraquecer sua pretensão à verdade. Embora se possa admitir que uma das consequências principais dos estudos científicos tenha sido tornar as ciências agradáveis (Jones; Galison, 1998), nós não estamos à cata de prazer e sim de uma verdade independente de nossos atos.

Comparar ciência e arte é, decerto, menos prejudicial que compreender a ciência pelo recurso à noção de fetichismo*, que estudaremos no capítulo 9. Quando os cientistas são descritos como fetichistas, são ao mesmo tempo acusados de esquecer por completo a obra que acabam de realizar e de ceder à autonomia aparente do produto de suas próprias mãos. Os artistas, pelo menos, podem fruir a qualidade do trabalho ainda que ele se esfume; mas nada redime os crédulos esquecidos de terem sido eles mesmos a causa única das assertivas que acreditam originadas de algo exterior. Certamente, essa figura de retórica justifica bem o desaparecimento forçado de quaisquer indícios de labuta, mas ai!, coloca os trabalhadores numa posição perversa: os cientistas são vistos ou como hábeis manipuladores de fenômenos de ventriloquismo, ou como mágicos ingênuos, surpresos por seus próprios passes de mágica. Ainda não estamos à altura de resolver essa dificuldade, que surge das definições fundamentais de ação e criação utilizadas pelos modernistas – isso terá de esperar até o momento em que introduzirmos a estranha noção de fatiche*. Podemos fazer melhor e escapar da arte e do faz de conta?

Por que mostro Pasteur a "olhar" para o fermento do ácido láctico? Por que recorro a metáforas ópticas da *visão*? Eis a vantagem desse tipo de discurso: embora ele não capture de modo algum a atividade daquele que olha, ao menos enfatiza a independência e a autonomia da coisa olhada. A metáfora óptica costuma ser repetida à saciedade por quem afirma que os cientistas usam "lentes cromáticas" que "filtram" tudo o que veem, que eles têm "tendências", "distorcem" sua "visão" de um objeto, que cultivam "mundividências", "paradigmas", "representações" ou "categorias" por meio dos quais "interpretam" o mundo. Em presença de tais expressões, no entanto, as mediações só podem ser *negativas*, pois, em contraste com elas, o ideal da visão perfeita é o de um acesso irrestrito ao mundo, sob a luz clara da razão. Aqueles para quem, "infelizmente", não podemos ser "totalmente livres" das lentes coloridas das tendências e preconceitos perseguem o mesmo objetivo imaginário daqueles que ainda acreditam ser possível, desde que rompamos todos os laços com a sociedade, os pontos de vista e os sentimentos, ter acesso às coisas em si. "Se ao menos", dizem todos eles, "pudéssemos descartar todos esses recursos intermediários graças aos quais a ciência se rebaixa para trabalhar – instrumentos, laboratórios, instituições, controvérsias, artigos, coleções, teorias, dinheiro [os cinco circuitos que esbocei no capítulo 3] –, o olhar da ciência seria muito mais penetrante..." Se ao menos a ciência pudesse existir sem aquilo que os estudos científicos incansavelmente mostram ser seu princípio vital, quão mais acurada seria sua visão do mundo!

Mas isso não é tudo a que Pasteur alude quando, abruptamente, passa da inteira admissão de seus preconceitos para a certeza plena de que o fermento é uma criatura viva de direito próprio. A última coisa que ele deseja é ver seu trabalho anulado e tido por uma distorção inútil! De que maneira se transferirá da cátedra de Lille para um posto de maior prestígio em Paris se isso acontecer? Não, ele está bastante orgulhoso por ser o primeiro homem da história a criar artificialmente as condições que permitem ao fermento do ácido láctico manifestar-se, finalmente, como entidade específica. Longe de interpor filtros ao olhar não mediado, sucedeu como se *quanto mais filtros houvesse, mais seria claro o olhar,* uma contradição que as veneráveis metáforas ópticas não conseguem sustentar sem esfacelar-se.

Recorramos agora a uma metáfora industrial. Quando, por exemplo, um estudioso da indústria afirma que houve inúmeras transformações e mediações entre o petróleo entranhado nas camadas geológicas da Arábia Saudita e a gasolina que coloco no tanque de meu carro, no velho posto da cidadezinha de Jaligny, França, a pretensão à realidade por parte da gasolina de modo algum arrefece. Ao contrário, é obviamente *em virtude* de tantas transformações, transportes, refinos químicos etc. que somos capazes de fazer uso da realidade do petróleo, o qual, sem essas mediações, permaneceria para sempre inacessível, tão bem guardado quanto o tesouro de Ali Babá. A metáfora industrial é, pois, muitíssimo superior à metáfora óptica, como muitíssimo superior é a gasolina [*gas*] ao olhar [*gaze*], para fazer um abominável trocadilho: ela nos permite dar cada passo intermediário *positivamente* e condiz bem com a noção de referência circulante, um circuito contínuo que nunca deve ser interrompido para não bloquear o fluxo de informação. Podemos rejeitar as transformações – e, nesse caso, a gasolina continuará a ser petróleo lá longe –, ou aceitá-las – mas, então, teremos gasolina e não petróleo!

Pasteur, contudo, não tem em mente esse processo semi-industrial. Não pretende dizer que o fermento do ácido láctico é uma espécie de *matéria-prima* a partir da qual, mediante algumas manipulações habilidosas, conseguirá refinar um argumento útil e vigoroso para convencer seus colegas; e que, se o fluxo de conexões não for interrompido, ele fornecerá a prova do que afirma. A inadequação da metáfora do olhar não significa que a metáfora da gasolina bastará, pois ela rui tão depressa quanto a outra em face da natureza bizarra do fenômeno que tenciono aclarar: quanto mais *Pasteur* trabalha, mais *independente* se torna a substância que ele manipula. Longe de ser uma matéria-prima da qual cada vez menos traços se conservam, o fermento começa como entidade vagamente visível e vai assumindo mais e mais competências e atributos até terminar como substância plena! Não pretendemos dizer simplesmente que o fermento é construído e real como todos os artefatos, porém que é mais *real* depois de ser transformado – como se, misteriosamente, houvesse mais petróleo na Arábia Saudita porque há mais gasolina no tanque de meu carro. Sem dúvida, a metáfora industrial da fabricação não consegue sustentar essa estranha relação.

As metáforas referentes a estradas, caminhos ou trilhas são um pouquinho melhores porque preservam o aspecto positivo das transformações intermediárias sem arranhar a autonomia do objeto. Se dizemos que o experimento de laboratório "abre caminho" à aparição do fermento, certamente não negamos a existência daquilo que no fim é alcançado. Se mostramos aos cientistas do solo (capítulo 2) que a linha de algodão expelida pelo Topofil Chaix "conduz" ao seu terreno de pesquisa, eles não acharão que isso seja a exposição de um "filtro" que "distorce" sua visão, pois sem aquele pequeno implemento se sentiriam absolutamente incapazes de tomar um caminho seguro em meio à floresta Amazônica. Graças à metáfora da trilha, todos os elementos que eram, por assim dizer, *verticais*, interpondo-se entre o olhar dos pesquisadores e seus objetos, tornam-se *horizontais*. Aquilo que a metáfora óptica nos obrigava a aceitar como véus sucessivos a esconder a coisa, a metáfora da trilha desdobra como outros tantos tapetes vermelhos sobre os quais os pesquisadores caminharão confortavelmente para chegar ao fenômeno. Parece, pois, que somos capazes de combinar a vantagem da metáfora industrial ("todos os intermediários são provas positivas da realidade de uma entidade") com a vantagem da metáfora do olhar ("os fenômenos são exteriores e não constituem matéria-prima para nossa refinaria conceitual").

Lamentavelmente, essa não é ainda a solução para o quebra-cabeça de Pasteur. A despeito do que a metáfora da "trilha" implica, os fenômenos não se encontram "lá fora", esperando a chegada de um pesquisador. O trabalho de Pasteur precisa tornar *visíveis* os fermentos do ácido láctico, assim como a inovação filosófica de Pasteur precisa tornar-se visível graças a *meu* trabalho, porquanto era tão invisível antes de minha intervenção quanto o fermento antes da dele! A metáfora óptica pode explicar o visível, mas não o *ato* de tornar visível alguma coisa. A metáfora industrial pode explicar por que uma coisa é "feita", mas não por que ela se torna, consequentemente, visível. A metáfora da trilha mostra-se boa para enfatizar o trabalho dos cientistas e seus movimentos; contudo, permanece tão inermemente clássica quanto a metáfora óptica ao descrever o que o objeto está fazendo, ou seja, absolutamente nada, exceto esperar que a luz incida sobre ele ou que a trilha iluminada pelos cientistas conduza à sua tenaz existência. A metáfora do palco é boa para salientar que existem dois planos concomitantes de referência, mas não consegue focalizá-los simultaneamente, exceto ao tornar o primeiro plano o plano de fundo que dá credibilidade à ficção em cena. Nós, porém, não queremos mais ficção nem mais crença; queremos mais realidade e mais conhecimento!

Metáfora	Benefícios	Fraquezas
Paralelogramo	Explica por que o conhecimento não é apenas natural nem apenas social	Não pode focalizar ambos os planos ao mesmo tempo porque eles são contraditórios
Teatro	Mostra os dois planos ao mesmo tempo	Estetiza e induz ainda mais à ficção
Fetiche	Explica por que o trabalho foi esquecido	Transforma o cientista em ludíbrio de sua própria consciência falsa
Óptica	Fixa a atenção na coisa independente	Nada diz do trabalho e considera todas as mediações como defeitos a serem eliminados
Industrial	Liga a realidade às transformações	Toma as coisas como matéria-prima, perdendo características ao longo do caminho
Trilha	Transforma toda mediação naquilo que torna possível o acesso às coisas	Não modifica a posição da coisa que não se sujeita a nenhum acontecimento
Articulação	Enfatiza a independência da coisa; revela os dois planos ao mesmo tempo; preserva o caráter do acontecimento histórico; liga a realidade à quantidade de trabalho	Não é registrada numa metáfora de senso comum; leva a dificuldades metafísicas falaciosas (ver capítulo 5)

Figura 4.3

As fraquezas e benefícios dessas metáforas são resumidos na Figura 4.3. Cada uma delas contribui para nossa compreensão da ciência, mas faz-nos ignorar aspectos importantes das dificuldades suscitadas pela dupla epistemologia de Pasteur. Pasteur se volta para um fenômeno inteiramente diverso, que deveria implicar pelo menos quatro especificações contraditórias – isto é, contraditórias se recorrermos à teoria modernista da ação (ver capítulo 9): (1) o fermento do ácido láctico é totalmente independente da construção humana; (2) não possui existência independente fora do trabalho executado por Pasteur; (3) esse trabalho não deve ser considerado negativamente, como outras tantas dúvidas sobre sua existência, mas positivamente, como aquilo que lhe permite existir; (4) por fim, o experimento é um evento e não a mera recombinação de uma lista fixa de ingredientes prévios.

Segundo essa recapitulação, a prática experimental seria indescritível. Não parece beneficiar-se, no debate público, de nenhuma figura pronta de retórica. A razão dessa impossibilidade surgirá mais tarde, no capítulo 7. Ela brota da estranha política pela qual os fatos se tornaram ao mesmo tempo completamente mudos e tão gárrulos que, como diz o ditado, "falam por si mesmos" – oferecendo assim a enorme vantagem política de calar a tagarelice humana com uma voz oriunda não se sabe de onde, que torna o discurso político para sempre vazio. Para fugir aos defeitos dessas metáforas, temos de renunciar à divisão entre um humano falante e um mundo calado. Enquanto tivermos palavras – ou olhar – de um lado e um mundo de outro, não haverá nenhuma figura de retórica capaz de atender simultaneamente às quatro especificações; daí o desprestígio dos estudos científicos na mente do povo.

Mas tudo pode ser diferente agora que, em lugar do imenso abismo vertical entre coisas e linguagem, temos inúmeras diferenças pequenas entre caminhos horizontais de referência – eles próprios considerados uma série de transformações progressivas e rastreáveis, conforme a lição do capítulo 2. Como é usual nos estudos científicos, o senso comum não ajuda em nada no começo e terei de recorrer a meus parcos recursos – como minhas anotações ilegíveis. O que tenho buscado desde o início do livro é uma alternativa ao modelo de assertivas que postulam um mundo "lá fora" e cuja linguagem tenta alcançar uma correspondência por sobre o abismo que os separa – como vemos no alto da Figura 4.4. Se minha solução parecer tosca, lembrem-se os leitores de que estou procurando redistribuir a capacidade de fala entre humanos e não humanos, e isso não é tarefa que enseje uma exposição clara! Lembrem-se também de que abandonamos, por exageradamente ilusória, a demarcação entre questões ontológicas e epistemológicas, que costuma engendrar muito do que passa por clareza analítica.

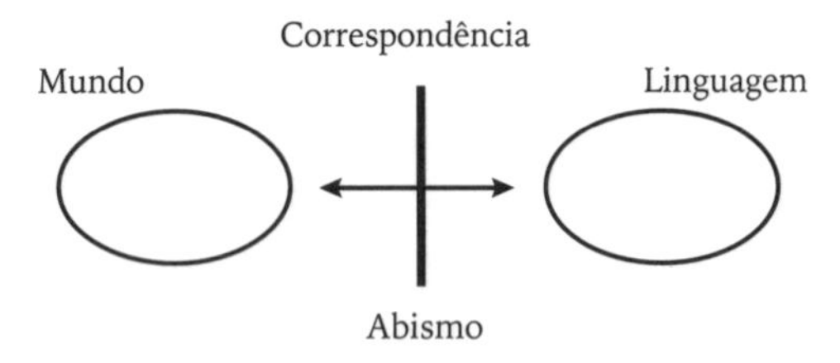

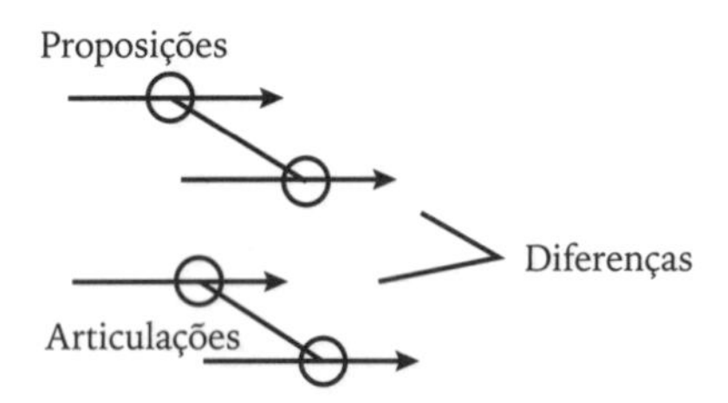

Figura 4.4 – No modelo canônico – ver Figura 2.20 –, obtém-se a referência fazendo que uma assertiva cruze o abismo entre palavras e mundo para realizar a perigosa tarefa de estabelecer correspondência. No entanto, se ignorando mundo e palavras considerarmos proposições diferentes entre si, obteremos outra relação em lugar da correspondência. O problema é saber se as proposições são articuladas entre si ou não.

Eu gostaria de implantar um modelo totalmente diferente para as relações entre humanos e não humanos, surrupiando um termo a Alfred North Whitehead, a noção de *proposições** (Whitehead,

1978 [1929]). Proposições não são assertivas, nem coisas, nem algo de intermediário entre ambas. São, em primeiro lugar, atuantes*. Pasteur, o fermento do ácido láctico e o laboratório são proposições. O que as distingue uma da outra não é um *único* abismo vertical entre mundos e o mundo, mas as *inúmeras* diferenças entre elas, sem que se saiba *de antemão* se tais diferenças são grandes ou pequenas, provisórias ou definitivas, redutíveis ou irredutíveis. É isso exatamente o que a palavra "pro-posições" sugere: elas não são posições, coisas, substâncias ou essências inerentes a uma natureza* constituída por objetos mudos em face de uma mente humana falante, porém *ocasiões* de fazer contato propiciadas a diferentes entidades. Essas ocasiões de interação permitem às entidades modificar suas definições no curso de um evento – aqui, um experimento.

A distinção capital entre os dois modelos é o papel desempenhado pela linguagem. No primeiro, a única maneira de uma assertiva ter referência é corresponder a um estado de coisas. Mas a expressão "fermento do ácido láctico" não lembra de modo algum o próprio fermento, assim como a palavra "cão" não late e a frase "o gato está no tapete" não ronrona. Entre a assertiva e o estado de coisas a que ela corresponde, sempre se insinua uma dúvida, pois deveria haver semelhança onde a semelhança é impossível.

A relação estabelecida entre as proposições não é a de uma correspondência por sobre o abismo, mas aquilo que chamarei de *articulação**. Pasteur, por exemplo, "articula" o fermento do ácido láctico em seu laboratório na cidade de Lille. Isso, é claro, significa uma situação totalmente diferente para a linguagem. Em vez de constituir um privilégio da mente humana cercada de coisas mudas, a articulação se torna uma propriedade bastante comum das proposições, da qual diversos tipos de entidades podem participar.

Embora utilizado em linguística, o termo articulação de forma alguma se limita à linguagem e pode ser aplicado não apenas a palavras como também a gestos, artigos, cenários, instrumentos, localidades, testes. Por exemplo, meu amigo René Boulet, na Figura 2.12, estava articulando o torrão que inseria no cubo de papelão de seu "pedocomparador". Se Pasteur pode falar com veracidade sobre o fermento, não é porque diz em palavras a *mesma coisa* que o fermento é – tarefa impossível, pois o vocábulo "fermento" não fermenta. Se Pasteur, graças à sua cuidadosa manipulação, fala com veracidade sobre o fermento é porque articula relações completamente diversas para o fermento. Ele *propõe*, por exemplo, que o consideremos uma entidade viva e específica em vez de um subproduto inútil de um processo puramente químico. Em termos do que se deveria exigir de uma assertiva correspondente, isso é sem dúvida uma falácia, uma mentira ou, pelo menos, um preconceito. E é exatamente o que Pasteur declara: "Estou indo *além* daquilo que os fatos demonstram... a posição por mim assumida consiste num quadro de ideias que *não pode* ser provado de maneira irrefutável".

Ir além dos fatos e tomar posição são coisas péssimas para uma assertiva, já que todo traço de trabalho e ação humana obscurece o objetivo de atingir o mundo exterior. São, porém, excelentes coisas quando o alvo consiste em articular de modo ainda mais preciso as duas proposições do fermento do ácido láctico e do laboratório de Pasteur. Ao passo que as assertivas visam a uma correspondência que jamais alcançarão, as proposições recorrem à articulação de diferenças que tornam os novos fenômenos visíveis nas características que os distinguem. As assertivas, na melhor das hipóteses, podem aspirar a uma repetição estéril (A é A); a articulação, todavia, conta com a predicação* por outras entidades (A é B, C etc.). Dizer que "fermentação do ácido láctico", a expressão, é *como* fermentação do ácido láctico, a coisa, não nos leva muito longe. Mas dizer que a fermentação do ácido láctico pode ser *tratada como* um organismo vivo tão específico quanto o levedo de cerveja abre uma era inteiramente nova na relação entre ciência, indústria, fermentos e sociedade no século XIX.

As proposições não têm os limites físicos dos objetos. São eventos surpreendentes nas histórias de outras entidades. Quanto mais articulação houver, melhor. Os termos que empreguei na segunda seção deste capítulo, o nome de ações* obtidas por meio de testes* durante o evento* do experimento, assumem agora significados diferentes. Tudo isso são maneiras de dizer que, graças aos artifícios do laboratório, o fermento do ácido láctico se torna articulado. Já não é mais mudo, desconhecido, indefinido, mas algo que está sendo constituído por muitos outros itens, muitos outros artigos – inclusive memórias apresentadas à Academia! –, muitas outras reações a outras tantas situações. Há, pura e simplesmente, mais e mais coisas a dizer a respeito – e o que é dito por mais e mais pessoas ganha em credibilidade. O campo da bioquímica torna-se, em toda a acepção do termo, "mais articulado" – e o mesmo acontece aos bioquímicos. Realmente, graças ao fermento de Pasteur, eles passam a existir *como* bioquímicos, em vez de ter de escolher entre biologia e química como nos tempos de Liebig. Assim, podemos atender às quatro especificações registradas acima sem cair em contradição. Quanto mais Pasteur trabalha, mais o fermento do ácido láctico se torna independente, pois está agora bem mais articulado graças ao cenário artificial do laboratório, uma proposição que de modo algum lembra o fermento. O fermento do ácido láctico existe agora como entidade distinta *porque* se articula entre inúmeras outras, em muitos cenários ativos e artificiais.

Examinaremos minuciosamente essa formulação abstrata na primeira seção do próximo capítulo. O que precisamos assinalar aqui é que, na prática, nós *jamais* proferimos assertivas utilizando unicamente os recursos da linguagem para *depois* confirmar se existe uma coisa correspondente que validará ou invalidará o que dissemos. Ninguém, nem mesmo os filósofos da linguagem, primeiro declarou que "o gato está no tapete" e depois voltou ao gato proverbial para averiguar se realmente ele estava estirado no proverbial tapete. Nosso envolvimento com as coisas das quais falamos é ao mesmo tempo muito *mais íntimo* e muito *menos direto* que o do quadro tradicional: somos autorizados a dizer coisas novas e originais quando penetramos em cenários bem articulados como os bons laboratórios. A articulação entre proposições vai mais fundo que a fala. Nós falamos *porque* as proposições do mundo são, elas próprias, articuladas e não o contrário. Mais precisamente, *somos autorizados a falar de modo interessante por aquilo que permitimos falar de modo interessante* (Despret, 1996). A noção de proposições articuladas estabelece entre conhecedor e coisa conhecida relações inteiramente diversas das que existem na visão tradicional, mas captura com muito maior exatidão o farto repertório da prática científica.

5
A HISTORICIDADE DAS COISAS
POR ONDE ANDAVAM OS MICRÓBIOS ANTES DE PASTEUR?

"Então", dirá a pessoa de bom senso, num tom ligeiramente exasperado, "os fermentos existiam antes de Pasteur fazê-los?". Não há como fugir à resposta: "Não, não existiam antes de Pasteur surgir" – resposta óbvia, natural e mesmo, como mostraremos, de muito bom senso! Vimos no capítulo 4 que Pasteur deparou com uma substância vaga, nebulosa e cinzenta pousada humildemente nas paredes de seus frascos e transformou-a no fermento esplêndido, bem definido e articulado a voltear magnificentemente pelos salões da Academia. Que o relógio tenha badalado doze vezes desde a década de 1850 e seu cocheiro ainda não tenha voltado a ser rato em nada muda a circunstância de, antes da aparição do Príncipe Encantado, essa Cinderela ser pouco mais que um subproduto invisível de um processo químico inanimado. Sem dúvida, meus contos de fadas são tão inúteis quanto os dos guerreiros da ciência, para quem o fermento era uma parte da realidade "lá fora" que Pasteur "descobriu" graças à sua percuciente observação. Não, temos não só de repensar o que Pasteur e seus micróbios andavam fazendo antes e depois do experimento como remodelar os conceitos que o arranjo moderno nos transmitiu para estudarmos tais eventos. A dificuldade filosófica, suscitada pela pronta resposta que dei à pergunta acima, não reside, porém, na *historicidade* dos fermentos e sim na palavrinha "fazer".

Se por "historicidade" entendermos apenas que nossa "representação" contemporânea dos microrganismos data de meados do século XIX, não haverá problema. Teremos simplesmente voltado à linha divisória entre questões epistemológicas e ontológicas que decidíramos abandonar. A fim de eliminar essa linha, asseguramos historicidade aos microrganismos e não apenas aos humanos que os descobriram. Isso pressupõe que sejamos capazes de dizer que não apenas os micróbios para nós humanos, como também os micróbios para si mesmos mudaram desde os anos 1850. Seu encontro com Pasteur mudou-os igualmente. Pasteur, digamos, "aconteceu" para eles.

Se, de outra perspectiva, entendermos por "historicidade" unicamente o fato de os fermentos "evoluírem no tempo", como os episódios infames do vírus da gripe ou o HIV, também não haveria dificuldade. Como a de todas as espécies vivas – ou, no caso, o *Big Bang* –, a historicidade de um fermento se enraizaria firmemente na natureza. Em vez de estáticos, os fenômenos seriam definidos como dinâmicos. Esse tipo de historicidade*, no entanto, não inclui a história da ciência e dos cientistas. É apenas outra maneira de pintar a natureza, como movimento e não como natureza morta. Novamente, a linha divisória entre o que pertence à história humana e o que pertence à história natural não seria cruzada. A epistemologia e a ontologia permaneceriam separadas, não importa quão agitado ou caótico se mostrasse o mundo de cada lado do abismo.

O que tenciono fazer neste capítulo, no meio de um livro sobre a realidade dos estudos científicos, é reformatar a questão da historicidade utilizando as noções de proposição e articulação que, de modo muito abstrato, defini no final do último capítulo como as únicas figuras de retórica aptas a atender a todas as especificações arroladas para a Figura 4.3. O que era impraticável e absurdo no conto de fadas do sujeito-objeto torna-se, se não fácil, pelo menos *concebível* com o par humano-não humano. Na primeira seção, farei um levantamento do novo vocabulário de que precisamos para nos desembaraçar da categoria modernista – recorrendo ainda ao mesmo exemplo do capítulo 4, com o risco de ministrar ao leitor uma dose excessiva de fermento do ácido láctico. Em seguida, a fim de testar a utilidade desse vocabulário, passarei a outro exemplo canônico da vida de Pasteur, o debate com Pouchet sobre a geração espontânea – descendo assim dos fermentos para os micróbios.

As substâncias não têm história, mas as proposições têm

Vou submeter uma curta série de conceitos a um duplo teste de torção, como fazem os engenheiros para verificar a resistência de seus materiais. Será esse, por assim dizer, meu teste laboratorial. Temos agora duas listas de instrumentos: objeto, sujeito, lacuna e correspondência, de um lado; humanos, não humanos, diferença, proposição e articulação, de outro. Que transformações sofrerá a noção de história quando for instalada nesses dois cenários diferentes? O que se tornará exequível ou inexequível quando a tensão passar de um grupo de conceitos para o outro?

Sem a noção de articulação, era impossível responder "não" à pergunta "Os fermentos (ou os micróbios) existiam antes de Pasteur?", pois assim incidiríamos numa espécie de idealismo. A dicotomia sujeito-objeto distribuía atividade e passividade de tal maneira que o que fosse tomado por um seria perdido pelo outro. Se Pasteur faz os micróbios – isto é, inventa-os –, então os micróbios são passivos. Se os micróbios "conduzem o raciocínio de Pasteur", então Pasteur é o observador passivo da atividade deles. Nós, porém, começamos a entender que o par humano-não humano não envolve um cabo de guerra entre duas forças opostas. Ao contrário, quanto mais atividade houver por causa de uma, mais atividade haverá por causa de outra. Quanto mais Pasteur azafamar-se em seu laboratório, mais autônomo se tornará seu fermento. O idealismo representou um esforço impossível para devolver a atividade aos humanos *sem* desmantelar o pacto de Yalta, que a transformara num jogo zerado – e sem redefinir a própria noção de ação, como veremos no capítulo 9. Em suas variadas formas – inclusive, é claro, o construtivismo social –, o realismo ostentou uma excelente virtude polêmica perante aqueles que atribuíam independência excessiva ao mundo empírico. Mas só até aí a polêmica se revela engraçada. Se paramos de tratar a atividade como um artigo raro, que apenas uma equipe pode possuir, deixa de ser engraçado contemplar pessoas tentando privar-se umas às outras daquilo que todos os jogadores deveriam ter em abundância.

A dicotomia sujeito-objeto apresentava outra desvantagem. Não apenas era um jogo zerado como havia, necessariamente, *apenas duas* espécies ontológicas: natureza e mente (ou sociedade). Isso tornava qualquer relato de obra científica absolutamente implausível. Como poderíamos dizer que, na história dos fermentos (capítulo 4), na história da reação atômica em cadeia (capítulo 3) ou na história da fronteira floresta-savana (capítulo 2) existem somente dois tipos de atores, natureza e sujeitos – e que, além disso, tudo o que um ator não faz o segundo deve assumir? O meio de cultura de Pasteur, por exemplo: para que lado vai ele? E o pedocomparador de René Boulet? E os cálculos da seção transversal de Halban? Pertencem à subjetividade, à objetividade ou a ambas? A nenhuma delas, sem dúvida; no entanto, cada uma dessas pequenas mediações é indispensável para o surgimento do ator independente que constitui, não obstante, o resultado da obra dos cientistas.

A grande vantagem das proposições é que elas não precisam ser ordenadas em *apenas duas esferas*. Das proposições se pode dizer, sem nenhuma dificuldade, que são *muitas*. Desdobram-se e não lhes é necessário ordenar-se numa dualidade. Graças ao novo quadro que tento pintar, o tradicional cabo de guerra é desmantelado duas vezes: não há vencedores ou perdedores, mas também não há duas equipes. Assim, se digo que Pasteur inventa um meio de cultura que torna o fermento visível, posso atribuir atividade aos *três* elementos durante o trajeto todo. Se acrescentar o laboratório de Lille terei *quatro* atores; se disser que a Academia mostrou-se convencida, terei *cinco* e assim por diante, sem me sentir preocupado e aterrado à ideia de que posso fugir dos atores ou misturar as duas reservas – e somente as duas – da qual eles têm de sair.

Certamente, a dicotomia sujeito-objeto apresenta uma grande vantagem: dá sentido claro ao valor de verdade de uma assertiva. Diz-se que uma assertiva faz referência se, e somente se, houver um estado de coisas que lhe corresponda. Entretanto, como vimos nos três últimos capítulos, essa vantagem decisiva transformou-se num pesadelo quando a prática científica começou a ser estudada em pormenor. A despeito dos milhares de livros que os filósofos da linguagem foram despejando no abismo entre linguagem e mundo, esse abismo não parece ter sido atulhado. O mistério da referência entre as duas – e somente as duas – esferas da linguagem e do mundo continua tão impenetrável quanto antes, exceto pelo fato de agora dispormos de uma versão incrivelmente sofisticada do que acontece num dos polos – linguagem, mente, cérebro e até sociedade – e de uma versão absolutamente empobrecida do que acontece no outro – ou seja, *nada*.

Com as proposições, ninguém precisa ser tão avaro e a sofisticação pode ser dividida igualmente entre todos os que contribuem para o ato de referência. Não tendo de preencher uma imensa e radical lacuna entre duas esferas, mas apenas transitar por inúmeras lacunas menores entre entidades ativas ligeiramente diferentes, a referência já não é uma correspondência na base do tudo ou nada. Como vimos à saciedade, a palavra referência* aplica-se à *estabilidade* de um movimento ao longo de inúmeras mediações e implementos diferentes. Quando dizemos que Pasteur fala com veracidade sobre um estado de coisas real, não mais lhe pedimos que salte das palavras para o mundo. Dizemos algo como "o trânsito na direção do centro da cidade está lento esta manhã", que ouvimos no rádio antes de enfrentar o engarrafamento. "Refere-se a algo que está lá" indica a segurança, a fluidez, a rastreabilidade e a estabilidade de uma série transversal de intermediários alinhados, não uma correspondência impossível entre dois domínios verticais bastante distanciados um do outro. Naturalmente, isso não vai muito longe e terei de mostrar mais tarde como recapturar, a custo menor, a diferença normativa entre verdade e falsidade por meio da distinção entre proposições bem articuladas e desarticuladas.

Seja como for, a frase "Os fermentos existiam antes de Pasteur fazê-los" significa duas coisas inteiramente diversas, quando é capturada entre os dois polos da dicotomia sujeito-objeto e quando é inserida na série de humanos e não humanos articulados. Chegamos agora ao *x* da questão. É aqui que descobriremos se nosso teste de torção se sustenta ou se esfacela.

Na teoria da correspondência da verdade, os fermentos estão no mundo exterior ou não; no primeiro caso, *sempre* estiveram lá e no segundo, *nunca*. Não podem aparecer e desaparecer como os sinais luminosos de um farol. As assertivas de Pasteur, ao contrário, correspondem ou não a um estado de coisas, e podem aparecer e desaparecer segundo os caprichos da história, o peso das pressuposições ou as dificuldades da tarefa. *Se utilizamos a dicotomia sujeito-objeto, então os dois – e apenas os dois – protagonistas não podem partilhar igualmente a história*. A assertiva de Pasteur talvez tenha uma história – ocorreu em 1858 e não antes –, mas o mesmo não se pode dizer do fermento, pois ele sempre esteve ou nunca esteve "lá fora". Uma vez que apenas funcionam como alvo fixo da correspondência, os objetos não têm meios de aparecer e desaparecer, isto é, de variar.

Eis a razão para o laivo de exasperação na pergunta de senso comum proposta no início deste capítulo. A tensão entre objeto sem história e assertivas com história é tão grande que, quando eu digo "Os fermentos certamente não existiam antes de 1858", estou tentando realizar uma tarefa tão impossível quanto manter o HMS *Britannia* amarrado ao cais depois que seus motores foram ligados. Não haverá sentido na expressão "história da ciência" se, de alguma forma, não afrouxarmos a tensão entre esses dois polos, de vez que só nos resta uma história de cientistas enquanto o mundo lá fora permanece inacessível à outra história – mesmo que se possa dizer ainda que a natureza é dotada de dinamismo, o que representa outro tipo totalmente diverso de historicidade.

Felizmente, graças à noção de referência circulante, não há nada mais simples do que afrouxar a tensão entre aquilo que tem e aquilo que não tem história. Se a corda que segura o HMS *Britannia* se romper, é porque o cais permaneceu fixo. Mas de onde virá essa fixidez? Unicamente do acordo que ancora o objeto de referência como uma das extremidades frente à assertiva postada do outro lado do abismo. No entanto, a frase "Os fermentos existem" não qualifica *um dos polos* – o cais – *e sim a série toda* de transformações que constituem a referência. Como eu disse, a exatidão de referência indica a fluidez e a estabilidade de uma série transversal, não a ponte entre dois pontos estáveis ou a corda entre um ponto fixo e outro que se desloca. De que modo a referência circulante nos ajuda a definir a historicidade das coisas? É muito simples: *toda mudança* na série de transformações que compõe a referência *fará uma diferença* e as diferenças são tudo o que exigimos, de começo, para pôr em movimento uma historicidade vívida – tão vívida quanto a fermentação do ácido láctico!

Embora isso soe um tanto abstrato, é de muito mais bom senso que o modelo que vem substituir. Um fermento de ácido láctico, crescido numa cultura no laboratório de Pasteur em Lille, no ano de 1858, não é a mesma coisa que um resíduo de fermentação alcoólica no laboratório de Liebig em Munique, no ano de 1852. Por que não a *mesma* coisa? Porque não é feito dos mesmos artigos, dos mesmos membros, dos mesmos atores, dos mesmos implementos, das mesmas proposições. As duas sentenças não se repetem uma à outra. Elas articulam algo diferente. A própria coisa, porém, onde está? *Aqui*, na lista mais longa ou mais curta dos elementos que a constituem. Pasteur não é Liebig. Lille não é Munique. O ano de 1852 não é o ano de 1858. Aparecer num meio de cultura não é o mesmo que ser o resíduo de um processo químico etc. O motivo de essa resposta parecer engraçada a princípio é que nós ainda imaginamos a coisa como algo que se situa na extremidade, esperando lá fora para servir de base à referência. Todavia, se a referência é aquilo que circula pela série inteira, toda mudança em *qualquer* elemento da série provocará outra na referência. Será coisa bem diversa estar em Lille e em Munique, ser cultivado com levedo ou sem levedo, ser visto ao microscópio ou através de óculos, e por aí além.

Se meu ato de afrouxar a tensão parecer uma distorção monstruosa do senso comum, será porque queremos ter uma substância* *além* de atributos. Essa é uma exigência perfeitamente razoável, já que sempre partimos dos desempenhos* para a atribuição de uma competência*. No entanto, como vimos no capítulo 4, a relação entre substância e atributos não possui a genealogia que a dicotomia sujeito-objeto nos forçou a imaginar: primeiro uma substância exterior, fora da história, e depois fenômenos observados por uma mente. O que Pasteur deixou claro para nós – o que deixei claro no trânsito de Pasteur por entre múltiplas ontologias – é que nós passamos lentamente de uma série de atributos para uma substância. O fermento começou como atributos e *terminou como substância*, isto é, uma coisa claramente delimitada, com nome, com renitência, o que era mais que a soma de suas partes. A palavra "substância" não designa aquilo "que está por baixo", inacessível à história, mas aquilo que arregimenta uma multiplicidade de agentes num todo estável e coerente. A substância lembra mais um fio que mantém juntas as pérolas de um colar do que o alicerce sempre igual, não importa o que seja edificado sobre ele. Assim como a referência exata qualifica um tipo de circulação suave e fácil, a substância é o nome que designa a *estabilidade* de um conjunto.

Tal estabilidade, no entanto, não precisa ser permanente. E a melhor prova disso foi dada quando, nos anos 1880, a enzimologia prevaleceu, para grande surpresa de Pasteur. Os fermentos, como organismos vivos contra a teoria química de Liebig, tornaram-se outra vez agentes químicos que podiam ser fabricados até mesmo por síntese. Diferentemente articulados, eles se fizeram diferentes, embora continuassem mantidos juntos por uma substância, uma *nova* substância: pertenciam agora ao edifício sólido da enzimologia, depois de terem pertencido durante várias décadas, sob outra forma, ao sólido edifício da bioquímica emergente.

Como veremos, o melhor termo para designar uma substância é "instituição"*. Não faria sentido empregá-lo antes, pois ele provém obviamente do vocabulário da ordem social e não poderia significar nada mais que a imposição arbitrária de uma forma à matéria. Contudo, no novo acordo que estou esboçando, já não somos prisioneiros da origem viciosa de semelhantes conceitos. Se a história pode ser conferida a fermentos, pode ser conferida também a instituições. Dizer que Pasteur aprendeu, por intermédio de uma série de gestos de rotina, a produzir à vontade fermentação láctica viva muito diferente das outras fermentações – cerveja e álcool – não pode ser considerado um enfraquecimento da pretensão do fermento à realidade. Significa, ao contrário, que estamos falando agora a respeito do fermento como de *fatos concretos**. O estado de coisas, que a filosofia da linguagem tentou inutilmente alcançar por sobre a estreita ponte da correspondência, está em toda parte, sólido e duradouro na própria estabilidade das instituições. Aqui, aliás, chegamos bem mais perto do senso comum: dizer que os fermentos começaram a ser firmemente institucionalizados em Lille no ano de 1858 não pode, decerto, funcionar senão como truísmo. E dizer que *eles* – o conjunto todo – eram diferentes no laboratório de Liebig em Munique, uma década antes, e que tais tipos de diferença constituem o que entendemos por história não deve, obviamente, ser usado como munição para as guerras de ciência.

Portanto, fizemos alguns progressos. A resposta negativa à pergunta que abriu o capítulo parece agora mais razoável. As associações de entidades possuem uma história quando pelo menos um dos artigos que a constituem se altera. Infelizmente, nada resolvemos enquanto não qualificamos de maneira correta o *tipo de historicidade* que no momento distribuímos, com extrema equanimidade, entre todas as associações que constituem uma substância. A história, por si só, não assegura que alguma coisa interessante aconteça. Superar a linha divisória modernista não é o mesmo que garantir a ocorrência de eventos*. Se atribuímos um significado racional à pergunta "Os fermentos existiam antes de Pasteur?", ainda não nos livramos da categoria modernista. Seu ímpeto não é apenas mantido pela polêmica linha divisória entre sujeito e objeto como também é reforçado pela noção de causalidade. Se a história não tem outro significado a não ser concretizar uma potencialidade* – isto é, efetivar o que já existia na causa –, então, independentemente da sarabanda de associações que ocorrerem, nada, ou pelo menos nenhuma coisa nova, acontecerá jamais, porquanto o efeito *já* estava oculto na causa como potencial. Os estudos científicos não só deveriam abster-se de utilizar a sociedade para explicar a natureza, e vice-versa, como abster-se de utilizar a causalidade para explicar seja lá o que for. A causalidade vem *depois* dos eventos, não *antes*, conforme tentarei deixar claro na última seção deste capítulo.

No esquema sujeito-objeto, a ambivalência, a ambiguidade, a incerteza e a plasticidade inquietavam apenas os humanos que abriam caminho rumo a fenômenos em si mesmos garantidos. Mas a ambivalência, a ambiguidade, a incerteza e a plasticidade acompanham igualmente criaturas às quais o laboratório oferece a possibilidade de existência, uma oportunidade histórica. Se Pasteur hesita, temos de dizer que a fermentação *também* hesita. Os objetos não hesitam nem tremem. As proposições, sim. A fermentação experimentou outras vidas antes de 1858, em outros lugares, mas sua nova *concrescência**, para empregar mais um termo de Whitehead, é uma vida única, datada e localizada, oferecida por Pasteur – ele próprio transformado por sua segunda descoberta – e por seu laboratório. Em parte alguma do universo – que não é obviamente natureza* – encontramos uma causa, um movimento compulsório que nos permita recapitular um evento a fim de explicar sua emergência. Não fosse assim, ninguém se veria diante de um evento*, de uma diferença, mas apenas da singela ativação de um potencial já existente. O tempo de nada serviria e a história seria vã. A descoberta-invenção-construção do fermento láctico exige que cada um dos artigos de sua associação receba o *status* de mediação*, isto é, de ocorrência que não seja nem uma causa completa nem uma completa consequência, nem inteiramente um meio nem inteiramente um fim. Como sempre ocorre em filosofia, nós eliminamos algumas dificuldades artificiais apenas para deparar com outras mais enganosas. Mas estas, pelo menos, são mais frescas e realistas – e podem ser tratadas empiricamente.

Um invólucro espaçotemporal para as proposições

Se eu quiser trazer a pergunta "Onde estavam os fermentos antes de Pasteur?" para a esfera do senso comum, terei de mostrar que o vocabulário por mim esboçado explica melhor a história das coisas quando estas são encaradas exatamente como quaisquer outros eventos históricos, não como um leito estável sobre o qual a história social se desenrola e que só pode ser justificado pelo apelo a causas já presentes. Para tanto, recorrerei aos debates entre Louis Pasteur e Félix Archimède Pouchet sobre a existência da geração espontânea. Esses debates são tão conhecidos que vêm a calhar para meu pequeno experimento em historiografia comparada (Farley, 1972, 1974; Geison, 1995; Moreau, 1992; sobre Pouchet, ver Cantor, 1991). O teste é bastante simples: o aparecimento e o desaparecimento da geração espontânea são aclarados com mais nitidez pelo modelo dualista ou pelo modelo das proposições articuladas? Qual dessas duas abordagens funciona melhor em nosso teste de torção?

Primeiro, porém, vejamos alguns pormenores desse caso, que se arrastou por quatro anos depois do que estudamos no capítulo 4. A geração espontânea representava um fenômeno dos mais importantes numa Europa sem refrigeradores e outros recursos para preservar alimentos, fenômeno que qualquer um pode reproduzir facilmente em sua cozinha e que se tornou indiscutível depois da disseminação do microscópio. Ao contrário, a negação de sua existência por Pasteur existia unicamente nos estreitos confins de seu laboratório da rua de Ulm, em Paris, e apenas enquanto ele pudesse impedir, no experimento do "pescoço de cisne [tubo em S]", a entrada em seus frascos de cultura daquilo que chamava de "germes transportados pelo ar". Quando Pouchet tentou reproduzir esses experimentos em Ruão, o novo material de cultura e as novas habilidades inventadas por Pasteur revelaram-se frágeis demais para viajar de Paris à Normandia, de sorte que Pouchet detectou a ocorrência de geração espontânea em seus frascos fervidos tão facilmente quanto antes.

A dificuldade encontrada por Pouchet em reproduzir os experimentos de Pasteur foi vista como prova contra as pretensões deste último e, portanto, como prova da existência do conhecidíssimo fenômeno universal da geração espontânea. O êxito de Pasteur em *retirar* o fenômeno comum de Pouchet do espaço-tempo requeria uma *extensão* gradual e meticulosa da prática laboratorial a cada terreno e a cada reivindicação de seu adversário. "Finalmente", a totalidade da bacteriologia emergente, da agroindústria e da medicina, fiada nesse novo conjunto de práticas, erradicou a geração espontânea, transformando-a em algo que, posto que houvesse sido uma ocorrência comum durante séculos, representava agora a crença num fenômeno que "nunca" existira "em lugar nenhum" do mundo. Essa erradicação, no entanto, pressupunha a redação de manuais, o alinhavo de narrativas históricas, a fundação de inúmeras instituições, das universidades ao Museu Pasteur, e mesmo uma extensão de cada um dos cinco circuitos do sistema circulatório da ciência (discutido no capítulo 3). Muito trabalho tinha de ser feito para manter a pretensão de Pouchet como crença* num fenômeno inexistente.

E de fato muito trabalho precisou ser feito. Ainda hoje, se o leitor reproduzir o experimento de Pasteur de maneira defeituosa por não passar, como eu, de um experimentador medíocre, não associando suas habilidades e cultura material à disciplina rigorosa da assepsia e da cultura de germes aprendida nos laboratórios de microbiologia, o mesmo fenômeno que amparou as pretensões de Pouchet reaparecerá. Os adeptos de Pasteur chamarão isso, obviamente, de "contaminação" – e se eu escrever um artigo corroborando a posição de Pouchet e revivendo sua tradição com base em minhas próprias observações, ninguém o publicará. Entretanto, se o corpo coletivo de precauções, a padronização e a disciplina aprendidas nos laboratórios pasteurianos tivessem de ser *interrompidos*, não apenas por mim, o mau experimentador, mas por toda uma geração de técnicos habilidosos, então a decisão sobre quem perdeu e quem ganhou tornar-se-ia novamente incerta. Uma sociedade que já não soubesse cultivar micróbios e controlar contaminações se veria em apuros para dirimir a causa dos dois adversários de 1864. Não há na história nenhum ponto em que uma espécie de força inercial possa assumir o trabalho duro dos cientistas e transmiti-lo à eternidade. Essa é outra extensão, agora para a história, da referência circulante que começamos a acompanhar no capítulo 2. Para os cientistas, não há Dia de Descanso!

O que me interessa aqui não é a acuidade desse relato e sim a *homologia* entre a narrativa da disseminação das habilidades microbiológicas e aquela que teria descrito, digamos, a ascensão do Partido Radical, na obscuridade sob Napoleão III, para a proeminência durante a Terceira República, ou a aplicação de motores diesel aos submarinos. A queda de Napoleão III não significa que o Segundo Império jamais existiu, nem o aparecimento dos motores diesel significa que eles irão durar para sempre. Assim também a lenta expulsão da geração espontânea de Pouchet por Pasteur não significa que ela *nunca* foi parte da natureza. Mesmo em nossos dias ainda podemos encontrar alguns bonapartistas, embora sua chance de alcançar a presidência seja nula; da mesma forma, topo às vezes com adeptos da geração espontânea que defendem a postura de Pouchet associando-a, por exemplo, à prebiótica, que é o estudo das eras prístinas da vida, e querem reescrever a história sem jamais conseguir publicar seus ensaios "revisionistas".

Tanto os bonapartistas quanto os defensores da geração espontânea foram levados à parede, mas sua simples presença constitui um indicador interessante de que o "finalmente" graças ao qual os filósofos da ciência puderam, no primeiro modelo, livrar para sempre o mundo das entidades que se haviam revelado errôneas é excessivamente brutal. E não apenas brutal: ele ignora também a quantidade de trabalho que ainda precisa ser feita, todos os dias, para ativar a versão "definitiva" da história. Afinal de contas, o Partido Radical desapareceu, como desapareceu a Terceira República em junho de 1940, por falta de investimentos suficientes na cultura democrática que, como a microbiologia, tinha de ser ensinada, praticada, preservada, entranhada. Sempre é perigoso imaginar que, em algum momento da história, a *inércia* basta para preservar a realidade de fenômenos que só com muita dificuldade foram produzidos. Quando um fenômeno existe "em definitivo", isso não quer dizer que existirá eternamente ou *independentemente* de toda prática e disciplina, mas que foi inserido numa instituição de massa muito dispendiosa, que tem de ser monitorada e protegida com o máximo cuidado.

Assim, na metafísica da história que desejo pôr no lugar da tradicional, deveríamos ser capazes de falar serenamente sobre *existência relativa**. Talvez esse não seja o tipo de existência que os guerreiros da ciência desejam para um objeto da natureza*, mas é o tipo de existência que os estudos científicos gostariam que as proposições usufruíssem. Existência relativa significa que acompanhamos as entidades sem as comprimir, enquadrar, espremer e seccionar com as quatro expressões adverbiais "nunca", "em parte alguma", "sempre" e "em toda parte". Se utilizarmos tais expressões, a geração espontânea de Pouchet *jamais* terá existido em *lugar nenhum* do mundo; terá sido mera ilusão o tempo todo; não se lhe concede ter feito parte da população de entidades que constituem o espaço e o tempo. Os fermentos de Pasteur transportados pelo ar, no entanto, estiveram *sempre* ali e *em toda parte*, sendo membros *bona fide* da população de entidades que constituem o espaço e o tempo.

Certamente, nesse tipo de esquema, os historiadores podem contar-nos algumas coisas divertidas sobre os motivos que induziam Pouchet e seus adeptos a acreditar erroneamente na existência da geração espontânea e sobre os motivos pelos quais Pasteur perambulou durante anos antes de encontrar a resposta certa; mas o rastreamento desses ziguezagues não nos daria nenhuma informação essencial a respeito das entidades em apreço. Embora forneça informação sobre a subjetividade e os passos dos agentes *humanos*, a história, nesse tipo de interpretação, não se aplica a não humanos. Ao solicitar que uma entidade exista – ou, mais exatamente, que tenha existido – em parte alguma e nunca, ou sempre e em toda parte, o velho acordo limita a historicidade aos sujeitos e despoja dela os não humanos. Porém, existindo de alguma forma, possuindo um pouco de realidade, ocupando espaço e tempo definidos, e contando com antecessores e sucessores, esses são os meios típicos de delimitar aquilo que chamarei de *invólucro* espaçotemporal* das proposições.

Mas por que parece tão difícil dividir a história igualmente entre todos os atores e traçar à volta deles o invólucro de existência relativa sem adicionar ou subtrair alguma coisa? Porque a história da ciência, como a história propriamente dita, está enredada num problema moral que precisamos atacar primeiro – antes de nos havermos, nos capítulos 7 e 8, com o problema político que está em jogo e é ainda mais grave. Se purgarmos nossos relatos das quatro expressões adverbiais absolutas, os historiadores, moralistas e epistemólogos recearão que fiquemos para sempre incapacitados de qualificar a verdade ou a falsidade das assertivas.

Que fazem o Fafner do nunca em parte alguma e o Fasolt do sempre em toda parte – ou, mais precisamente, que rosnam ameaçadoramente esses dois gigantes encarregados de proteger o tesouro na saga dos Nibelungos? Que os estudos científicos perfilharam um relativismo singelo ao clamar que todos os argumentos são históricos, contingentes, localizados e temporais, não podendo por isso ser diferenciados. Nenhum deles é capaz, mesmo se lhe for concedido muito tempo, de levar os outros à não existência. Sem sua ajuda, gabam-se os gigantes, somente um mar indiferenciado de reivindicações igualmente válidas surgirá, engolfando ao mesmo tempo democracia, senso comum, decência, moralidade e natureza. A única maneira de escapar ao relativismo é, segundo eles, *retirar* da história e da localização todo fato que se revelou correto e *armazená-lo* na segurança de uma natureza* não histórica, onde sempre esteve e já não pode ser alcançado por nenhuma espécie de revisão. A *demarcação** entre o que tem e o que não tem história representa, para eles, a chave da virtude. Por isso, a historicidade é assegurada apenas aos humanos, partidos radicais e imperadores, enquanto a natureza vai sendo periodicamente escoimada de todos os fenômenos não existentes. Segundo essa visão demarcacionista, a história não passa de um meio provisório, para os humanos, de ter acesso à natureza não histórica: trata-se de um intermediário conveniente, de um mal necessário que, entretanto, não deverá ser, na opinião dos dois guardas do tesouro, um *modo sustentado de existência para os fatos*.

Essas reivindicações, embora feitas com muita frequência, são ao mesmo tempo inexatas e perigosas. Perigosas porque, como eu disse, esquecem-se de *pagar o preço* da manutenção das instituições necessárias para que os fatos continuem a existir e confiam, antes, na inércia gratuita da a-historicidade. Mas, o que é mais importante, elas são também *inexatas*. Não há nada mais fácil que diferenciar, em pormenor, as pretensões de Pasteur e Pouchet. Essa diferenciação, contrária às reivindicações de nossos rebarbativos guardas, é ainda mais eficiente quando renunciamos ao jactancioso e vazio privilégio que eles querem que os não humanos tenham sobre os acontecimentos humanos. Para os estudos científicos, *a demarcação é inimiga da diferenciação**. Os dois gigantes comportam-se como os aristocratas franceses do século XVIII, para quem a sociedade civil desmoronaria caso não mais fosse suportada por seus nobres espinhaços e passasse à responsabilidade dos ombros humildes dos plebeus. Como se sabe, a sociedade civil é mais bem conduzida pelos ombros numerosos dos cidadãos do que pelos contorcionismos à Atlas daqueles pilares da ordem cosmológica e social. Parece que a mesma demonstração pode ser levada a cabo para diferenciar os invólucros espaçotemporais exibidos pelos estudos científicos quando redistribuem a atividade e a historicidade entre todas as entidades envolvidas. Os historiadores comuns parecem fazer um trabalho muito melhor do que os epistemólogos eminentes ao preservar as diferenças locais cruciais.

Façamos, por exemplo, o mapa dos destinos das pretensões de Pouchet e Pasteur, a fim de mostrar quão nitidamente podem eles ser discernidos desde que não estejam demarcados. Embora a tecnologia, como tal, não entre aqui em questão – entrará no próximo capítulo –, pode ser útil fornecer um modelo rudimentar das proposições e articulações que se valem das ferramentas desenvolvidas para o acompanhamento de projetos* tecnológicos. Já que não existe nenhuma dificuldade metafísica importante em conceder aos motores a diesel e aos sistemas de metrô uma existência apenas relativa, a história da tecnologia é bem mais "solta" do que a da ciência, até onde a existência relativa esteja em jogo. Os historiadores dos sistemas técnicos sabem que podem ter seu bolo (realidade) e comê-lo (história).

Na Figura 5.1, a existência não é uma propriedade do tipo tudo ou nada, mas uma propriedade relativa concebida como a *exploração* de um espaço bidimensional feito de associação e substituição, E e OU. Uma entidade ganha em realidade quando é associada a muitas outras, vistas como suas colaboradoras. Perde em realidade quando, ao contrário, tem de dispersar associados e colaboradores (humanos e não humanos). Assim, essa figura não inclui uma etapa final onde os historiadores sejam superados, com a entidade *entregue à eternidade por inércia, a-historicidade e naturalidade* – embora fenômenos bastante conhecidos como registro, socialização, institucionalização, padronização e treinamento pudessem explicar os meios inconsúteis e corriqueiros graças aos quais eles seriam preservados e perpetuados. Como já vimos, estados de coisas tornam-se fatos e, em seguida, possibilidades. Na base da Figura 5.1, a realidade dos germes transportados pelo ar, de Pasteur, é obtida por meio de um número ainda maior de elementos aos quais está associada – máquinas, gestos, manuais, instituições, taxonomias, teorias etc. Os mesmos termos podem ser aplicados às pretensões de Pouchet que, na versão $n + 2$, tempo $t + 2$, são mais frágeis porque perderam quase toda a sua realidade. A diferença, tão importante para nossos dois gigantes, entre a realidade ampliada de Pasteur e a realidade contraída de Pouchet pode ser agora adequadamente visualizada. Essa diferença é *tão grande* quanto a relação entre o segmento curto à esquerda e o segmento longo à direita. *Não* é uma demarcação *absoluta* entre o que nunca e o que sempre existiu, pois ambos são relativamente reais e relativamente existentes, isto é, subsistentes. Jamais dizemos "existe" ou "não existe" e sim "esta é a história coletiva implícita na expressão geração espontânea ou germes transportados pelo ar".

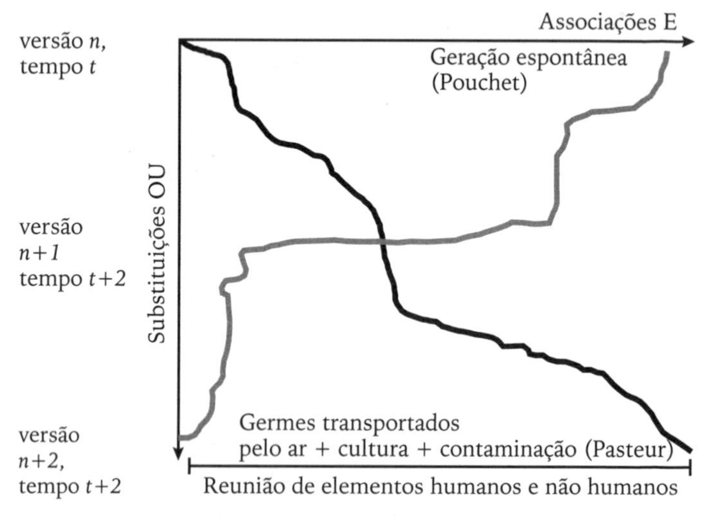

Figura 5.1 – A existência relativa pode ser mapeada de acordo com duas dimensões: associação (E), isto é, quantos elementos se juntam em dado momento, e substituição (OU), isto é, quantos elementos de uma associação precisam ser modificados para permitir que outros elementos ingressem no projeto. O resultado é uma curva na qual toda modificação nas associações é "paga" por um movimento na outra dimensão. A geração espontânea de Pouchet torna-se cada vez menos real e o método de cultura de Pasteur torna-se cada vez mais real após sofrer inúmeras transformações.

Exposição A

Suponhamos que uma entidade seja definida por um perfil associativo de outras entidades chamadas atores. Suponhamos também que esses atores sejam tirados de uma lista que os dispõe, por exemplo, em ordem alfabética. Em seguida, que cada associação, chamada programa, seja neutralizada por antiprogramas*, que desmantelam ou ignoram a associação em apreço.

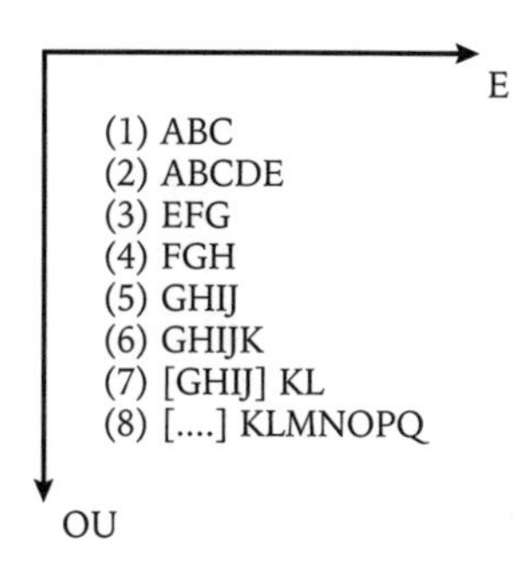

Figura A.1

Finalmente, digamos que cada elemento, a fim de passar do antiprograma para o programa, exija alguns elementos para abandonar o programa e outros, com os quais já esteve duradouramente associado, para acompanhá-lo (Latour; Mauguin et al., 1992).

Temos agora de definir duas dimensões que se cruzam: a associação* (semelhante ao sintagma* linguístico) e a substituição (ou paradigma* para os linguistas). A fim de simplificar, podemos considerar isso a dimensão E, que será nosso eixo horizontal, e a dimensão OU, que será nosso eixo vertical. Qualquer inovação será traçada tanto por sua posição nos eixos E-OU quanto por comparação com o registro das posições E e OU que sucessivamente a definiram. Se substituirmos, por convenção, todos os diferentes atores por diferentes letras, poderemos traçar o caminho tomado por uma entidade, de acordo com uma progressão semelhante à da Figura A.1.

A dimensão vertical corresponde à exploração de substituições, enquanto a horizontal corresponde ao número de atores que se ligaram à inovação (convencionalmente, lemos esses diagramas de cima para baixo).

Toda narrativa histórica pode, pois, ser codificada assim: do ponto de vista de X, entre a versão (1), em tempo (1), e a versão (2), em tempo (2), o programa ABC se transforma em ABCDE.

Quanto à dinâmica da narrativa, pode ser codificada assim:

A fim de trazer F para o programa, ABCD precisa sair e G precisa entrar, o que propicia a versão (3) em tempo (3): EFG.

Depois de muitas dessas versões, considera-se que os elementos unidos "existem": podem ser registrados juntos e receber uma identidade, ou seja, uma etiqueta, como é o caso do sintagma [GHIJ] depois da versão (7), chamado instituição*. Os elementos que foram dissociados após as múltiplas versões perderam a existência.

Para definir uma entidade não se busca uma essência nem uma correspondência com um estado de coisas, mas a lista de todos os sintagmas ou associações do elemento. Essa definição não essencialista permitirá um amplo leque de variações, assim como uma palavra é definida pela lista de seus empregos: "ar", quando associada a "Ruão" e "geração espontânea", é diferente do que quando associada a "rua de Ulm", "experimento do 'pescoço de cisne'" e "germes"; significará "transporte de força vital" num caso e "transporte de oxigênio e transporte de germes pela poeira" em outro. Mas também o imperador será diferente quando associado por Pouchet a "apoio ideológico da geração espontânea para preservar o poder criativo de Deus" e por Pasteur a "ajuda financeira dos laboratórios sem envolvimento dos temas da ciência". Qual é a essência do ar? Todas essas associações. Quem é o imperador? Todas essas associações.

Para fazer um juízo sobre a existência ou não existência relativa de uma associação, por exemplo "o atual imperador da França é careca", comparamos essa versão com outras e "calculamos" a estabilidade da associação em outros sintagmas: "Napoleão III, imperador da França, tem bigode", "o presidente da França é careca", "os cabeleireiros não têm uma panaceia para a calvície", "os filósofos linguistas gostam de empregar a frase 'o atual rei de França é careca'". A extensão das associações e a estabilidade das conexões ao longo de diversas substituições e mudanças de ponto de vista explicam suficientemente o que entendemos por *existência* e realidade.

À primeira vista, essa abertura da realidade a qualquer entidade parece desafiar o bom senso, porquanto as Montanhas de Ouro, o flogístico, os unicórnios, os reis calvos de França, as quimeras, a geração espontânea, os buracos negros, os gatos no tapete e outros cisnes negros ou corvos brancos ocuparão o mesmo espaço-tempo que Hamlet, Popeye e Ramsés II. Essa equanimidade parece sem dúvida excessivamente democrática para evitar os perigos do relativismo; tal crítica, no entanto, esquece que nossa definição de existência e realidade é extraída não de uma correspondência direta entre uma assertiva isolada e um estado de coisas, mas de uma assinatura única elaborada por associações e substituições através do espaço conceitual.

Como os estudos científicos tantas vezes demonstraram, a *história coletiva* é que nos permite avaliar a existência relativa de um fenômeno; não há um tribunal superior *acima* do coletivo e *além* do alcance da história, embora não raro a filosofia se prestasse a inventar semelhante tribunal (ver capítulo 7). Esse diagrama sucinto das narrativas pretende unicamente chamar nossa atenção para uma alternativa que não renuncia aos objetivos morais da diferenciação: cada existência relativa possui apenas um invólucro típico.

A segunda dimensão é aquela que captura a historicidade. A história da ciência não documenta a viagem, *ao longo do* tempo, de uma *substância* preexistente. Tal movimento implicaria aceitar muito do que os gigantes exigem. Os estudos científicos documentam as modificações dos ingredientes que compõem uma articulação de entidades. A geração espontânea de Pouchet, por exemplo, é no começo constituída de vários elementos: experiência de senso comum, antidarwinismo, republicanismo, teologia protestante, história natural, habilidade em observar o desenvolvimento do ovo, uma teoria geológica das criações múltiplas, o equipamento do museu de história natural de Ruão etc. Ao enfrentar a oposição de Pasteur, Pouchet altera muitos desses elementos. Cada alteração, substituição ou translação significa um movimento para cima ou para baixo da dimensão vertical da Figura 5.1. Para associar elementos num todo durável e assim ganhar existência, ele precisa modificar a lista que constitui seu fenômeno. Entretanto, os novos elementos não irão necessariamente adaptar-se aos antigos, caso em que haveria um movimento descendente na figura – por causa da substituição – e poderia registrar-se um desvio para a esquerda devido à falta de associações entre os elementos recém-"recrutados".

Por exemplo, Pouchet tem de aprender boa parte da prática laboratorial de seu adversário a fim de atender às exigências da comissão nomeada pela Academia de Ciência para dirimir a disputa. Se não o conseguir, perderá o apoio da Academia em Paris e terá de confiar mais e mais nos cientistas republicanos da província. Suas associações podem ser ampliadas – haja vista que ele goza de certo prestígio junto à imprensa popular antibonapartista –, mas não mais contará com o esperado apoio da Academia. Ao compromisso entre associações e substituições chamo de *exploração do coletivo*. Toda entidade é uma exploração desse tipo – uma série de eventos, um experimento, uma proposição do que tem a ver com o quê, de quem tem a ver com quem, de quem tem a ver com o quê, do que tem a ver com quem. Se Pouchet aceitar os experimentos de seu adversário, mas perder a Academia e conquistar a imprensa popular de oposição, sua entidade – a geração espontânea – será uma entidade *diferente*. Ela não é uma substância que atravessa, imutável, o século XIX; é uma série de associações, um sintagma constituído por compromissos variáveis, um paradigma* – no sentido linguístico, não kuhniano do termo – que explora aquilo que o coletivo oitocentista pode suportar.

Para desalento de Pouchet, parecia não haver meio de ele manter, trabalhando em Ruão, todos os seus atores unidos numa única rede coerente: protestantismo, republicanismo, a Academia, frascos de fervura, ovos aparecendo *de novo*, seu talento como historiador natural, sua teoria da criação catastrófica. Mais exatamente, se ele quiser preservar o conjunto terá de mudar de público e conceder à sua associação um tempo-espaço completamente diferente. Começará então uma batalha feroz contra a ciência oficial, o catolicismo, a intolerância e a hegemonia da química sobre a história natural. Não nos esqueçamos de que Pouchet não está fazendo ciência periférica, mas *sendo empurrado para a periferia*. Na época, é Pouchet quem parece capaz de controlar o que é científico insistindo em que os "grandes problemas" da geração espontânea deveriam ser abordados somente pela geologia e a história do mundo, não pelos frascos de Pasteur ou por preocupações de somenos.

Pasteur também explora o coletivo do século XIX, mas a sua é uma associação de elementos que, no começo, diferem amplamente dos de Pouchet. Ele mal começa a combater a teoria química da fermentação, de Liebig, como vimos no capítulo 4. Esse novo sintagma* inclui inúmeros elementos: uma modificação do vitalismo contra a química, um reemprego de habilidades cristalográficas como semeadura e cultivo de entidades, uma posição, em Lille, com muitas conexões com a agricultura baseadas na fermentação, um laboratório novo em folha, alguns experimentos para extrair vida de material inerte, uma viagem tortuosa para chegar a Paris e à Academia etc. Se os fermentos que Pasteur está aprendendo a cultivar em diferentes meios, cada qual com sua especificidade – um para a fermentação alcoólica, outro para a fermentação láctica, outro ainda para a fermentação butírica –, puderem também aparecer espontaneamente, como alega Pouchet, isso constituirá então o fim da associação das entidades que Pasteur já reuniu. Liebig estará certo ao dizer que Pasteur retrograda ao vitalismo; culturas num meio puro se revelarão impossíveis devido à contaminação incontrolável; e a própria contaminação terá de ser reformatada para tornar-se a gênese das novas formas de vida observáveis ao microscópio; a agricultura não mais se interessará pela prática laboratorial, tão fortuita quanto a dela mesma, e assim por diante.

Nessa breve descrição, não trato Pasteur diferentemente de Pouchet, como se o primeiro estivesse lutando com fenômenos reais não contaminados e o segundo, com mitos e fantasias. Ambos fizeram o melhor que puderam para manter unidos tantos elementos quantos conseguissem e assim obter realidade. Entretanto, não eram os *mesmos* elementos. Os microrganismos anti-Liebig e anti-Pouchet autorizarão Pasteur a sustentar a causa da fermentação viva e a especificidade dos fermentos, permitindo-lhe controlá-los e cultivá-los dentro dos limites altamente disciplinados e artificiais do laboratório, e colocando-o prontamente em contato com a Academia de Ciência e a agroindústria. Também Pasteur explora, negocia, tenta descobrir o que tem a ver com o quê, quem tem a ver com quem, o que tem a ver com quem e quem tem a ver com o quê.

Não há outra maneira de obter realidade. Mas as associações que ele escolhe e as substituições que ele investiga geram um conjunto socionatural diferente, com cada um de seus movimentos modificando a definição das entidades associadas: o ar e o imperador, o uso do equipamento de laboratório e a interpretação de conservas (isto é, alimentos conservados), a taxonomia dos micróbios e os projetos agroindustriais.

A instituição da substância

Mostrei que podemos esboçar os movimentos de Pasteur e Pouchet de forma simétrica, recuperando tantas diferenças entre eles quantas quisermos sem utilizar a demarcação entre fato e ficção. Também ofereci um mapa rudimentar a fim de substituir juízos sobre existência ou não existência pela comparação dos invólucros espaçotemporais obtidos do registro de associações e substituições, sintagmas e paradigmas. Que ganhamos nós com semelhante movimento? Por que deveríamos preferir a explicação dos estudos científicos sobre a existência relativa de todas as entidades à noção de uma substância eterna? Por que o acréscimo do estranho pressuposto da historicidade das coisas à historicidade das pessoas iria simplificar as narrativas de ambas?

A primeira vantagem é que não precisamos considerar certas entidades – por exemplo, fermentos, germes ou ovos aflorando à existência – como coisas radicalmente diferentes de um *contexto* de colegas, imperadores, dinheiro, instrumentos, habilidades manuais etc. A dúvida acerca da distinção entre contexto e conteúdo, que discutimos no final do capítulo 3, tem agora a metafísica de sua ambição. Todo conjunto que compõe uma versão na Figura A.1 é uma lista de associações heterogêneas que inclui elementos humanos e não humanos. Existem inúmeras dificuldades filosóficas nessa maneira de raciocinar, mas, como vimos no caso de Joliot, ela apresenta a grande vantagem de não exigir de nós a estabilização nem da lista que constitui a natureza nem da lista que constitui a sociedade. Trata-se de uma vantagem decisiva, que compensa os defeitos possíveis, pois, como veremos mais tarde, natureza* e sociedade* são os artefatos de um mecanismo político inteiramente diverso, que nada tem a ver com a descrição exata da prática científica. Quanto menos familiares forem, para a dicotomia sujeito-objeto, os termos que empregarmos para descrever associações humanas e não humanas, melhor.

Assim como não são obrigados a imaginar uma natureza única sobre a qual Pasteur e Pouchet teceriam diferentes "interpretações", os historiadores também não precisam imaginar um século XIX único, que imprimiria sua marca nos atores históricos. O que está em jogo em cada um dos dois conjuntos é o que Deus, o imperador, a matéria, os ovos, os recipientes, os colegas etc. podem fazer. Todo elemento tem de ser definido por suas associações e constitui um evento criado por ocasião de cada uma dessas associações. Isso é verdadeiro para o fermento do ácido láctico, tanto quanto para a cidade de Ruão, o imperador, o laboratório da rua de Ulm, Deus e a posição, a psicologia e as pressuposições de Pasteur e Pouchet. Os fermentos transportados pelo ar são profundamente modificados pelo laboratório da rua de Ulm, mas o mesmo ocorre a Pasteur, que se torna o vencedor de Pouchet, e *ao ar*, que fica agora diferenciado, graças ao célebre experimento do "pescoço de cisne", em meio que transporta oxigênio e meio que carrega poeira e germes.

A segunda vantagem, conforme indiquei, é que não precisamos tratar os dois invólucros de maneira assimétrica, considerando que Pouchet tateia no escuro à cata de entidades não existentes, ao passo que Pasteur se aproxima aos poucos de uma entidade que brinca de esconde-esconde enquanto os historiadores acompanham a busca com advertências do tipo "Você está frio", "Está esquentando", "Agora está pegando fogo!". Veremos, no capítulo 9, de que modo essa simetria poderá ajudar-nos a superar a noção impossível de crença. A diferença entre Pouchet e Pasteur não é que o primeiro acredita e o segundo sabe: tanto um quanto o outro estão associando e substituindo elementos, poucos dos quais são similares, e testando as exigências contraditórias de cada entidade. As associações reunidas por ambos os protagonistas são similares apenas porque cada uma tece um invólucro espaçotemporal que permanece local e temporalmente situado, e empiricamente observável. A demarcação pode ser reaplicada com toda a segurança às pequenas diferenças entre as entidades às quais Pasteur e Pouchet se associam, mas não à grande diferença entre crentes e sabedores.

Em terceiro lugar, a similaridade não implica que Pasteur e Pouchet estejam urdindo as *mesmas* redes e partilhando a *mesma* história. Os elementos das duas associações quase que não apresentam interseção – afora o cenário experimental desenhado por Pasteur e assumido por Pouchet antes de ele fugir das pesadas exigências da comissão da Academia. Acompanhar ambas as redes em pormenor nos levaria a definições completamente disparatadas do coletivo do século XIX. Isso significa que a incomensurabilidade das duas posições – incomensurabilidade que parece tão importante para emitir um juízo ao mesmo tempo moral e epistemológico – é, em si mesma, o *produto* da lenta diferenciação dos dois conjuntos. Sim, no final das contas – final local e provisório –, as posições de Pasteur e Pouchet se tornaram incomensuráveis. Não há dificuldade em reconhecer as diferenças entre as duas redes depois que se aceita sua similaridade básica. O invólucro espaçotemporal da geração espontânea tem limites tão precisos quanto os dos germes transportados pelo ar, que contaminam as culturas microbianas. O abismo entre as pretensões que nossos dois gigantes nos obrigaram a admitir sob pena de castigo está de fato ali, mas com um bônus adicional: *a linha de demarcação definitiva onde a história parava e a ontologia natural a substituía desapareceu*. Como veremos nos capítulos finais deste livro, a implementação da linha de demarcação pode agora ser analisada pela primeira vez, independentemente dos problemas suscitados pela descrição de um evento. Em suma, libertamos a diferenciação de seu sequestro por um debate moral e político que nada tinha a ver com ela.

Essa vantagem é importante porque nos permite continuar qualificando, situando e historicizando até mesmo a *extensão* de uma realidade "final". Quando dizemos que Pasteur derrotou Pouchet e que desde então os germes transportados pelo ar estão "em toda parte", esse "em toda parte" pode ser documentado empiricamente. Vista da perspectiva da Academia de Ciência, a geração espontânea desapareceu em 1864, graças ao trabalho de Pasteur. Mas partidários da geração espontânea ainda continuaram a existir por muito tempo, convictos de que haviam derrubado a "ditadura" química de Pasteur (chamavam-na assim) forçando-a a refugiar-se na frágil fortaleza da "ciência oficial". Julgavam ter dominado o campo, embora Pasteur e seus colegas pensassem o mesmo. Agora podemos comparar os dois "campos ampliados" sem estabelecer uma diferença entre "paradigmas" incompatíveis e intraduzíveis – aqui, no sentido kuhniano –, que iria afastar para sempre Pasteur de Pouchet. Republicanos, provincianos e historiadores naturais que têm acesso à imprensa antibonapartista popular preservam a extensão da geração espontânea. Dezenas de laboratórios de microbiologia *expulsam* a existência da geração espontânea da natureza e reformatam o fenômeno do qual ela era constituída mediante as práticas gêmeas do meio puro de cultura e da proteção contra a contaminação. Esses dois paradigmas não são incompatíveis. Quem os *fez* assim foi a série de associações e substituições de cada um dos dois conjuntos de protagonistas. Eles simplesmente foram tendo cada vez menos elementos em comum.

Talvez achemos esse raciocínio difícil porque supomos que os micróbios devam ter *mais* substância que a série de suas manifestações históricas. Talvez estejamos prontos a admitir que o conjunto de desempenhos permanece sempre no interior das redes e que eles são delineados por um invólucro espaçotemporal preciso; mas não conseguimos suprimir a sensação de que a substância viaja com menos coações que os desempenhos. Ela parece ostentar vida própria e, como a Virgem Maria no dogma da Imaculada Conceição, ter existido desde sempre, mesmo antes da queda de Eva, esperando no Céu para ser implantada no ventre de Ana quando chegasse a hora. Há, com efeito, um *suplemento* na noção de substância, mas ele é mais bem esclarecido, conforme sugeri na primeira seção deste capítulo, pela noção de instituição*.

Esse remanejamento da noção de substância é importante porque toca num ponto muito mal explicado pela história da ciência: de que modo os fenômenos *continuam a existir* sem uma lei de inércia? Por que não podemos dizer que Pasteur estava certo e Pouchet errado? Bem, podemos dizer isso, mas desde que explicitemos com toda a clareza e precisão os mecanismos institucionais que *ainda operam* para conservar a assimetria entre as duas posturas. A solução para esse problema é formular a pergunta da seguinte maneira: em que mundo estamos vivendo agora, no mundo de Pasteur ou no mundo de Pouchet? Não sei quanto ao leitor, mas eu estou vivendo dentro da rede pasteuriana sempre que tomo iogurte pasteurizado, leite pasteurizado ou antibióticos. Em outras palavras, para justificar até mesmo uma vitória duradoura não precisamos atribuir extra-historicidade a um programa de pesquisa como se de repente, num dado ponto, ele *não* mais precisasse de manutenção. Aquilo que foi um evento deve continuar a sê-lo. Basta-nos prosseguir historicizando e localizando a rede, para descobrir quem e o que irá formar seus descendentes.

Nesse sentido, participo da vitória "final" de Pasteur sobre Pouchet, da mesma forma que participo da vitória "final" dos modos republicanos sobre os modos autocráticos de governo votando no próximo pleito presidencial, em vez de me abster ou não tirar o título de eleitor. Declarar que semelhante vitória não exige nenhum outro trabalho, nenhuma outra ação e nenhuma outra instituição seria insensato. Posso dizer simplesmente que herdei os micróbios de Pasteur, que sou descendente desse evento – o qual, por seu turno, depende daquilo que eu fizer dele hoje (Stengers, 1993). Afirmar que o "sempre e em toda parte" de tais eventos cobre por inteiro o campo espaçotemporal seria, na melhor das hipóteses, um exagero. Afastemo-nos das redes atuais e definições completamente diferentes do iogurte, do leite e das formas de governo aparecerão, mas desta feita não espontaneamente... O escândalo não consiste no fato de os estudos científicos pregarem o relativismo, mas de, nas guerras de ciência, aqueles para quem o esforço de preservar as instituições da verdade pode ser interrompido *sem* riscos de passarem por modelos de moralidade. Mais tarde compreenderemos de que maneira eles realizaram esse truque e conseguiram virar as mesas da moralidade em cima de nós.

O enigma da causação retroativa

Ainda há, bem o sei, inúmeras pontas soltas nesse uso generalizado das noções de evento e proposição em lugar de expressões como "descoberta", "invenção", "fabricação" ou "construção". Uma delas é a própria noção de construção (tirada da prática técnica), que irá, por assim dizer, desconstruir-se no próximo capítulo. Outra, a pronta resposta que dei no início deste capítulo à pergunta "Os micróbios existiam antes de Pasteur?". Sustentei que minha resposta, "Claro que não", era ditada pelo senso comum. Não posso encerrar o capítulo sem demonstrar por que penso assim.

Que significa dizer que havia micróbios "antes" de Pasteur? Contrariamente à primeira impressão, não existe nenhum mistério metafísico nesse muito tempo "antes" de Pasteur, mas apenas uma ilusão de óptica bastante simples que desaparece quando o trabalho de ampliar a existência *no tempo* é documentada tão empiricamente quanto sua ampliação *no espaço*. Minha solução, em outras palavras, é historicizar mais e não menos. Logo que estabilizou sua teoria dos germes transportados pelo ar, Pasteur reinterpretou as práticas antigas a uma nova luz, afirmando que o que saía errado na fermentação da cerveja, por exemplo, era a contaminação fortuita dos tonéis por outros fermentos:

> Sempre que um líquido albuminoso de composição adequada contém uma substância como o açúcar, capaz de sofrer diversas

> transformações químicas conforme a natureza deste ou daquele fermento, os germes desses fermentos *tendem* todos a propagar-se ao mesmo tempo. Em geral, desenvolvem-se simultaneamente, a menos que um dos fermentos *invada* o meio mais depressa que os outros. *É exatamente a última circunstância que determina o emprego desse método de disseminar um organismo* já formado e pronto para se reproduzir. (§16)

Agora é possível, para Pasteur, atinar retrospectivamente com o que a agricultura e a indústria andavam fazendo sem saber. A diferença entre passado e presente é que Pasteur dominou a cultura de organismos em vez de se deixar manipular por fenômenos invisíveis. Disseminar germes num meio de cultura é a rearticulação, por Pasteur, daquilo que outros antes dele – sem saber do que se tratava – chamaram de doença, invasão ou acidente. A arte da fermentação do ácido láctico torna-se uma ciência de laboratório. No laboratório, as condições podem ser controladas à vontade. Quer dizer, Pasteur *reinterpretou* as práticas antigas da fermentação como uma busca, nas trevas, de entidades contra as quais podemos agora nos proteger.

Como chegamos a essa visão retrospectiva do passado? O que Pasteur fez foi produzir em 1864 uma nova versão dos anos 1863, 1862 e 1861, que agora incluía um novo elemento: "micróbios combatidos inconscientemente por práticas falhas e casuais". Essa retroprodução da história constitui um traço bastante familiar aos historiadores, sobretudo os historiadores da história (Novick, 1988). Não há nada mais fácil de entender do que a maneira como os cristãos, após o século I, reformataram todo o Velho Testamento a fim de confirmar uma longa e oculta preparação para o nascimento de Cristo; ou a maneira como as nações europeias tiveram de reinterpretar a história da cultura alemã após a Segunda Guerra Mundial. Foi exatamente o que ocorreu a Pasteur. Ele *retroadaptou* o passado com sua própria microbiologia: o ano de 1864, elaborado *depois* de 1864, não tinha os mesmos componentes, texturas e associações produzidos pelo ano de 1864 *em 1864*. Tento simplificar esse ponto ao máximo na Figura 5.2.

Se essa gigantesca obra de retroadaptação – que inclui narrativa, redação de manuais, fabricação de instrumentos, treinamento físico e criação de lealdades e genealogias profissionais – for ignorada, então a pergunta "Os micróbios existiam antes de Pasteur?" assumirá um aspecto paralisante, capaz de obnubilar a mente por um minuto ou dois. Depois desse lapso de tempo, porém, a pergunta se torna empiricamente respondível: Pasteur também procurou *ampliar* sua produção local para outros tempos e lugares, fazendo dos micróbios o *substrato* das ações involuntárias de outras pessoas. Agora compreendemos melhor a curiosa etimologia da palavra "substância", que nos vem apoquentando nestes dois capítulos sobre Pasteur. Substância não significa existência de um "substrato" durável e a-histórico *por baixo* dos atributos, mas possibilidade, graças à sedimentação do tempo, de transformar uma entidade nova naquilo que *subjaz a outras entidades*. Sim, existem substâncias que sempre estiveram por aí, mas sob a condição de serem o substrato de atividades, tanto no passado quanto no espaço. Portanto, temos agora dois significados práticos da palavra substância*: a instituição* que mantém unido um amplo conjunto de estruturas, como já vimos, e o trabalho de *retroadaptar*, que considera um evento mais recente como aquilo que "subjaz" a um mais antigo.

O "sempre e em toda parte" pode ser alcançado, mas a um alto custo, e sua extensão localizada e temporal permanece inteiramente à mostra. Talvez demoremos a manipular sem esforço todas essas datas (e datas de datas), mas não há inconsistência lógica em falar sobre a extensão, no tempo, de redes científicas, como não há discrepâncias em acompanhar sua extensão no espaço. É até possível dizer que as dificuldades em lidar com esses paradoxos aparentes são minúsculas em comparação com a mais insignificante das apresentadas pela física relativista. Se a ciência não houvesse sido sequestrada para fins inteiramente diversos, não teríamos nenhum problema em descrever o surgimento e o desaparecimento de proposições que nunca deixaram de ter uma história.

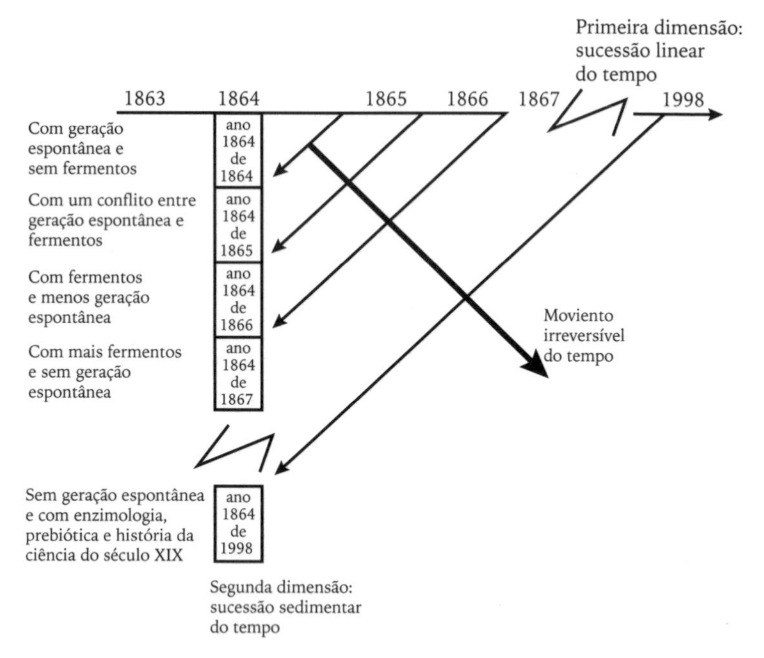

Figura 5.2 – A seta do tempo é a resultante de duas dimensões, não de uma: a primeira dimensão – sucessão linear do tempo – sempre se move para a frente (1865 vem *depois* de 1864); a segunda dimensão – sucessão sedimentar do tempo – move-se para trás (1865 ocorre *antes* de 1864). Quando fazemos a pergunta "Onde estava o fermento antes de 1865?", não atingimos o segmento superior da coluna que constitui o ano de 1864, mas apenas a linha transversal que assinala a contribuição do ano de 1865 para a elaboração do ano de 1864. Isso, porém, não implica idealismo ou causação retroativa, já que a seta do tempo sempre se move irreversivelmente para a frente.

Agora que lobrigamos a possibilidade de estudar a prática científica, estamos apetrechados para descobrir os motivos desse sequestro e mesmo o esconderijo do culpado. Antes, porém, temos ainda um longo desvio a percorrer, à maneira do mestre dos labirintos: Dédalo, o engenheiro. Sem começar a refundir parte da filosofia da tecnologia e parte do mito do progresso, não conseguiremos sacudir o fardo moral e político que o acordo modernista colocou de modo tão injusto sobre os ombros dos não humanos. Os não humanos nascem livres e estão por toda parte encadeados.

Exposição B

Um ano tem de ser definido ao longo de dois eixos e não de um. O primeiro eixo registra a dimensão linear do tempo, ou seja, a sucessão de anos. Nesse sentido, 1864 ocorre *antes* de 1865. Mas não é tudo o que se pode dizer a respeito do ano de 1864. Um ano não é apenas um algarismo numa série de números inteiros, é também uma coluna ao longo de um segundo eixo, que registra a sucessão sedimentar do tempo. Nessa segunda dimensão, há também uma porção do que aconteceu em 1864 produzida *depois* de 1864 e que se torna, retrospectivamente, parte do conjunto que gera, desde então, a soma do que aconteceu no ano de 1864.

No caso ilustrado pela Figura 5.2, o ano de 1865 é formado por tantos segmentos quantos anos decorreram a partir de então. Se 1864 "de 1864" contém a geração espontânea como fenômeno geralmente aceito, 1864 "de 1865" inclui ainda um intenso conflito a respeito dela. Esse conflito já não existe um ano mais tarde, depois que a comunidade científica aceitou em definitivo a teoria dos germes transportados pelo ar, de Pasteur. 1864 "de 1866" inclui, pois, uma crença residual na geração espontânea e um Pasteur triunfante.

Esse processo de sedimentação nunca acaba. Se avançarmos 130 anos, haverá ainda um ano 1864 "de 1998" ao qual foram acrescentados inúmeros traços – não apenas uma nova e farta historiografia da disputa entre Pasteur e Pouchet, mas talvez também uma revisão completa da polêmica que, ao fim, Pouchet venceu porque antecipou alguns resultados da prebiótica.

O que dá ares de profundidade à pergunta "Onde estavam os germes transportados pelo ar antes de 1864?" é uma confusão bastante simples entre a dimensão linear e a dimensão sedimentar do tempo. Se considerarmos apenas a primeira, a resposta será "em parte alguma", pois o primeiro segmento da coluna que constitui o ano de 1864 inteiro *não* inclui nenhum germe aerotransportado. A consequência, porém, não é uma forma absurda de idealismo, já que boa parte dos outros segmentos sedimentares de 1864 *inclui* esses germes. Portanto, é lícito afirmar sem contradição tanto que

"Os germes transportados pelo ar foram criados em 1864" quanto que "Eles sempre estiveram por aí" – isto é, na coluna vertical que recapitula todos os componentes do ano de 1864 produzidos desde então.

Nesse sentido, a pergunta "Por onde andavam os micróbios antes de Pasteur?" não levanta mais objeções fundamentais que esta outra, "Por onde andava Pasteur antes de 1822 (o ano de seu nascimento)?" – pergunta que, é claro, a ninguém ocorreria fazer.

Sustento, pois, que a única resposta fundada no bom senso é: "Depois de 1864, os germes transportados pelo ar estiveram por aí o tempo todo". Essa solução implica tratar a extensão no tempo de maneira tão rigorosa quanto a extensão no espaço. Para se estar em toda parte no espaço e eternamente no tempo, é preciso trabalhar, fazer conexões, aceitar retroadaptações.

Se as respostas a esses pretensos quebra-cabeças forem muito diretas, a pergunta já não será por que levar a sério semelhantes "mistérios", mas por que as pessoas os tomam por enigmas filosóficos profundos, que condenariam os estudos científicos ao absurdo.

6
Um coletivo de humanos e não humanos
No labirinto de Dédalo

Os gregos distinguiam o caminho reto da razão e do saber científico, *epistèmè*, da vereda tortuosa e esquiva do conhecimento técnico, *metis*. Agora que vimos quão indiretas, erráticas, mediadas, interconectadas e vascularizadas são as sendas percorridas pelos fatos científicos, poderemos descobrir uma genealogia diferente também para os artefatos técnicos. Isso é tanto mais necessário quanto boa parte dos estudos científicos recorre à noção de "construção", tomada do empreendimento técnico. Conforme veremos, no entanto, a filosofia da tecnologia não é mais prontamente útil para definir conexões humanas e não humanas do que o foi a epistemologia, e pela mesma razão: no acordo modernista, a teoria não consegue capturar a prática, por motivos que só se tornarão claros no capítulo 9. A ação técnica, portanto, nos impinge quebra-cabeças tão bizarros quanto os implícitos na articulação de fatos. Tendo percebido como a teoria clássica da objetividade deixa de fazer justiça à prática da ciência, examinaremos agora por que a noção de "eficiência técnica sobre a matéria" de forma alguma explica a sutileza dos engenheiros. Em seguida poderemos, finalmente, compreender esses não humanos que são, como venho postulando desde o início, atores cabais em nosso coletivo; compreenderemos, enfim, por que não vivemos numa sociedade que olha para um mundo natural exterior ou num mundo natural que inclui a sociedade como um de seus componentes. Agora que os não humanos já não se confundem com objetos, talvez seja possível imaginar um coletivo no qual os humanos estejam mesclados com eles.

No mito de Dédalo, todas as coisas se desviam da linha reta. Depois que ele escapou do labirinto, Minos valeu-se de um subterfúgio digno do próprio Dédalo para descobrir o esconderijo do artífice habilidoso e vingar-se. Publicou uma recompensa para aquele que conseguisse passar um fio pelas espirais de um caracol. Dédalo, refugiado na corte do rei Cócalo e sem saber que a oferta era uma armadilha, solucionou o problema reproduzindo o ardil de Ariadne: atou um fio a uma formiga e, fazendo-a penetrar na concha por uma abertura em sua parte superior, induziu-a a abrir caminho por aquele estreito labirinto. Triunfante, Dédalo reclamou a recompensa, mas o rei Minos, igualmente triunfante, exigiu a extradição de Dédalo para Creta. Cócalo abandonou Dédalo; mas o maroto, com a ajuda das filhas de Cócalo e fingindo acidente, conseguiu desviar a água em ebulição do sistema de tubulações, que instalara no palácio, para o banho de Minos. (O rei morreu, cozido como um ovo.) Só por um momento conseguiu Minos superar seu magistral engenheiro: Dédalo estava sempre uma rusga, uma maquinação à frente de seus rivais.

Dédado encarna o tipo de inteligência que Odisseu – chamado na *Ilíada* de *polymetis*, isto é, "fértil em artimanhas" – ilustra à perfeição (Détienne; Vernant, 1974). Quando penetramos na esfera dos engenheiros e artífices, nenhuma ação não mediada é possível. Um *daedalion*, palavra grega empregada para descrever o labirinto, é uma coisa curva, avessa à linha reta, engenhosa mas falsa, bonita mas forçada (Frontisi-Ducroux, 1975). Dédalo é um inventor de contrafações: estátuas que parecem vivas, robôs-soldados que patrulham Creta, uma antiga versão de engenharia genética que permite ao touro de Poseidon emprenhar Pasífae, que parirá o Minotauro. Para este ele construirá o labirinto – de onde, graças a outro conjunto de máquinas, conseguirá escapar, perdendo o filho Ícaro no caminho. Desdenhado, indispensável, criminoso, sempre em guerra com os três reis que se tornam poderosos graças a seus artifícios, Dédalo é o melhor epônimo para a técnica – e o conceito de *daedalion* é a melhor ferramenta para penetrarmos a evolução daquilo que venho chamando de coletivo* e que pretendo elucidar neste capítulo. Nosso caminho nos conduzirá não só através da filosofia como através daquilo que poderíamos chamar de *pragmatogonia**, isto é, uma "gênese das coisas" inteiramente mítica, à moda das cosmogonias do passado.

Humanos e não humanos entrelaçados

Para entender as técnicas – os meios técnicos – e seu lugar no coletivo, temos de ser tão erráticos quanto a formiga à qual Dédalo atou seu fio (ou como as minhocas que levavam a floresta para a savana, no capítulo 2). As linhas retas da filosofia de nada servem quando temos de explorar o labirinto tortuoso dos maquinismos e das maquinações, dos artefatos e dos *daedalia*. Para furar um buraco no alto da concha e nele inserir meu fio, preciso definir, em oposição a Heidegger, o que significa a mediação na esfera das técnicas. Para Heidegger, uma tecnologia jamais é um instrumento, uma simples ferramenta. Significará isso que as tecnologias medeiam a ação? Não, pois nós mesmos nos tornamos instrumentos para o fim único da instrumentalidade em si (Heidegger, 1977). O Homem – não há Mulher em Heidegger – é possuído pela tecnologia, sendo ilusão completa acreditar que a podemos possuir. Somos, ao contrário, enquadrados por esse *Gestell*, um dos meios pelos quais o Ser se desvela. A tecnologia é inferior à ciência e ao conhecimento puro? Não: para Heidegger, longe de servir como ciência aplicada, a tecnologia domina tudo, mesmo as ciências puramente teóricas. Racionalizando e acumulando natureza, a ciência é um joguete nas mãos da tecnologia, cujo fim único é racionalizar e acumular natureza sem finalidade. Nosso destino moderno – a tecnologia – parece a Heidegger coisa inteiramente diversa da *poesis*, o tipo de "feitura" que os antigos artífices sabiam executar. A tecnologia é singular, insuperável, onipresente, superior, um monstro nascido entre nós que já devorou suas parteiras involuntárias. Heidegger, porém, está enganado. Procurarei, mediante um exemplo simples e bastante conhecido, demonstrar a impossibilidade de discorrer sobre qualquer espécie de domínio em nossas relações com não humanos, *inclusive* seu suposto domínio sobre nós.

"Armas matam pessoas" é o *slogan* daqueles que procuram controlar a venda livre de armas de fogo. A isso replica a National Rifle Association com outro *slogan*: "Armas não matam pessoas; *pessoas* matam pessoas". O primeiro é materialista: a arma age em virtude de componentes *materiais* irredutíveis às qualidades sociais do atirador. Por causa da arma o cidadão ordeiro, bom camarada, torna-se perigoso. A NRA, por seu turno, oferece (o que é muito divertido, dadas as suas convicções políticas) uma versão *sociológica* que costuma ser associada à Esquerda: a arma não faz nada sozinha ou em consequência de seus componentes materiais. A arma é uma ferramenta, um meio, um veículo neutro à disposição da vontade humana. Se o atirador for um bom sujeito, a arma será usada com prudência e só matará quando necessário. Se, porém, for um velhaco ou um lunático, o assassinato que de qualquer maneira ocorreria será (simplesmente) executado com mais eficiência – sem *nenhuma alteração na arma em si*. O que a arma acrescenta ao disparo? Segundo a visão materialista, *tudo:* um cidadão inocente torna-se um criminoso por ter um revólver na mão. A arma capacita, sem dúvida, mas também instrui, dirige e até puxa o gatilho – e quem, empunhando um canivete, não teve alguma vez vontade de golpear alguém ou alguma coisa? Todo artefato tem seu *script*, seu potencial para agarrar os passantes e obrigá-los a desempenhar um papel em sua história. Em contrapartida, a versão sociológica da NRA transforma a arma num veículo *neutro* da vontade, que *nada acrescenta* à ação e faz as vezes de condutor passivo, por onde o bem e o mal podem fluir igualmente.

Caricaturei as duas posições, é claro, numa oposição absurdamente extrema. Nenhum materialista iria alegar que as armas matam sozinhas. O que os materialistas alegam, mais precisamente, é que o cidadão ordeiro fica *transformado* quando carrega armas. O bom sujeito que, desarmado, poderia simplesmente enfurecer-se pode assassinar caso deite mão a um revólver – como se o revólver tivesse o poder de metamorfosear o Dr. Jekyll no Sr. Hyde. Assim, os materialistas adiantam a tese intrigante de que nossas qualidades como sujeitos, nossas competências e nossas personalidades dependem daquilo que trazemos nas mãos. Revertendo o dogma do moralismo, os materialistas insistem em que somos o que temos – o que temos nas mãos, pelo menos.

Quanto à NRA, seus membros não podem verdadeiramente sustentar que a arma seja um objeto tão neutro a ponto de não participar do ato criminoso. Eles têm de reconhecer que a arma *acrescenta* alguma coisa, embora não à condição moral da pessoa que a empunha. Para a NRA, a condição moral da pessoa é uma essência platônica: nasce-se bom cidadão ou facínora, e ponto final. A visão da NRA é, pois, moralista – o que importa é o que somos, não o que temos. A única contribuição da arma consiste na aceleração do ato. Matar com punhos ou lâminas é apenas mais lento, mais sujo, mais nojento. Com uma arma, mata-se melhor, mas ela em nada modifica o objetivo da pessoa. Desse modo, os sociólogos da NRA apresentam a perturbadora sugestão de que podemos dominar técnicas, as quais nada mais são que escravos flexíveis e diligentes. Esse exemplo simples basta para mostrar que os artefatos não são mais fáceis de apreender que os fatos: precisamos de dois capítulos para atinar com a dupla epistemologia de Pasteur e vamos precisar de muito tempo para compreender, exatamente, o que as coisas nos levam a fazer.

O primeiro significado de mediação técnica: interferência

Quem ou o que é responsável pelo ato de matar? A arma nada mais é que um produto de tecnologia mediadora? A resposta a tais perguntas depende do significado da palavra mediação*. Um primeiro sentido (vou sugerir quatro) é o que chamarei de *programa de* *ação**, a série de objetivos, passos e intenções que um agente pode descrever numa história como a da arma e o atirador (ver Figura 6.1). Se o agente for humano, estiver enraivecido e ansiar por vingança, e se a consecução de seu objetivo for interrompida por um motivo qualquer (talvez ele não seja suficientemente forte), então o agente faz um *desvio* como o que vimos no capítulo 3, ao falar das operações de convencimento entre Joliot e Dautry: não se pode discorrer sobre técnicas, como não se pode discorrer sobre ciência, sem aludir aos *daedalia*. (Embora, em inglês, a palavra correspondente a "tecnologia" tenda a substituir a palavra correspondente a "técnica", vou utilizar com frequência as duas, reservando o termo impuro "tecnociência" para uma etapa muito específica de minha pragmatogonia mítica.) O Agente 1 corre para o Agente 2, um revólver. O Agente 1 alicia o revólver ou é por ele aliciado – não importa – e um terceiro agente surge da fusão dos outros dois.

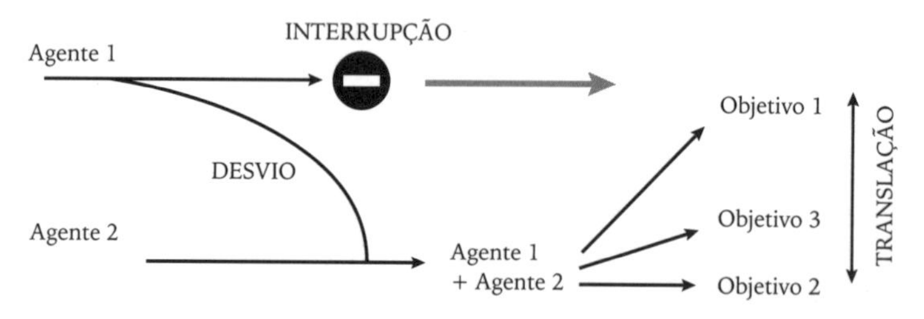

Figura 6.1 – Como na Figura 3.1, podemos descrever a relação entre dois agentes como uma translação de seus objetivos, o que resulta num objetivo compósito diferente dos dois originais.

A pergunta agora é: que objetivo perseguirá o novo agente compósito? Se ele voltar, após o desvio, ao Objetivo 1, a história da NRA prevalecerá. A arma é então uma ferramenta, um mero intermediário. Se o Agente 3 passar do Objetivo 1 para o Objetivo 2, a história materialista prevalecerá. A intenção do revólver, a vontade do revólver e o *script* do revólver superaram os do Agente 1; a ação humana é que já não passa de um intermediário. Observe-se que, na figura, não faz diferença se o Agente 1 e o Agente 2 trocam de lugar: o mito da Ferramenta Neutra, sob controle humano absoluto, e o mito do Destino Autônomo, que nenhum humano pode controlar, são simétricos. Entretanto, de um modo geral, há uma terceira possibilidade: a criação de um novo objetivo que não corresponda ao programa de ação de nenhum dos agentes. (Você só queria machucar, mas agora, com uma arma em punho, tem vontade de matar.) No capítulo 3, chamei essa incerteza quanto aos objetivos de translação*. Fique claro agora que translação não significa passagem de um vocabulário a outro, de uma palavra francesa a uma palavra inglesa (como se, por exemplo, as duas línguas existissem independentemente). Empreguei translação para indicar deslocamento, tendência, invenção, mediação, criação de um vínculo que não existia e que, até certo ponto, modifica os dois originais.

Assim, neste caso, quem é o *ator*: a arma ou o cidadão? *Outra criatura* (uma arma-cidadão ou um cidadão-arma). Se tentarmos compreender as técnicas presumindo que a capacidade psicológica dos humanos está fixada para sempre, não conseguiremos perceber como as técnicas são criadas ou, sequer, de que modo são usadas. Você, com um revólver na mão, é uma pessoa diferente. Como Pasteur nos mostrou no capítulo 4, essência é existência e existência é ação. Se eu definir você pelo que tem (um revólver) e pela série de associações à qual passa a pertencer quando usa o que tem (quando dispara o revólver), então você é modificado pelo revólver – em maior ou menor grau, dependendo do peso das outras associações que carrega.

Essa translação é totalmente simétrica. Você é diferente quando empunha uma arma; a arma é diferente quando empunhada por você. Você se torna outro sujeito porque segura a arma; a arma se torna outro objeto porque entrou numa relação com você. O revólver não é mais o revólver no armário, o revólver na gaveta ou o revólver no bolso e sim o revólver em sua mão, apontado para alguém que grita apavorado. O que é verdadeiro quanto ao sujeito, o atirador, é verdadeiro quanto ao objeto, o revólver empunhado. O bom cidadão torna-se um criminoso, o mau sujeito torna-se um sujeito pior, uma arma nova torna-se uma arma usada, a espingarda de caça torna-se um instrumento assassino. O duplo equívoco dos materialistas e dos sociólogos é começar pelas essências, as dos sujeitos ou as dos objetos. Como vimos no capítulo 5, esse ponto de partida inviabiliza nossa avaliação do papel mediador tanto das técnicas quanto das ciências. Se estudarmos a arma e o cidadão como proposições, no entanto, perceberemos que nem o sujeito nem o objeto (e seus objetivos) são fixos. Quando as proposições são articuladas, elas se juntam numa proposição nova. Tornam-se "alguém, alguma coisa" mais.

Agora é possível transferir nossa atenção para esse "alguém mais", o ator híbrido que compreende, por exemplo, arma e atirador. Precisamos aprender a atribuir – a redistribuir – ações a um número maior de agentes do que seria aceitável no relato materialista ou no relato sociológico. Os agentes são humanos ou (como a arma) não humanos e cada qual pode ter objetivos (ou funções, como os engenheiros gostam de dizer). Uma vez que a palavra "agente" é pouco comum no caso de não humanos, um termo melhor, já o vimos, é "atuante"*. Por que esse matiz tem tamanha importância? Porque, como em minha vinheta da arma e do atirador, posso substituir este último por "uma classe de desocupados", operando a translação do agente individual para um coletivo; ou falar em "motivos inconscientes", transladando-os para um agente subindividual. Eu poderia redescrever o revólver como "aquilo que o *lobby* das armas coloca nas mãos de crianças inocentes", transladando-o de objeto para instituição ou rede comercial; e, ainda, chamá-lo de "ação de um gatilho sobre um cartucho por intermédio de uma mola e um percussor", transladando-o para uma série mecânica de causas e consequências. Esses exemplos de simetria entre ator e atuante obrigam-nos a abandonar a dicotomia sujeito-objeto, que impede a compreensão de coletivos. Não são nem as pessoas nem as armas que matam. A responsabilidade pela ação deve ser dividida entre os vários atuantes. Eis o primeiro dos quatro significados de mediação.

O segundo significado de mediação técnica: composição

Poder-se-ia objetar que uma assimetria básica subsiste – mulheres fazem *chips* de computador, mas nenhum computador jamais fez mulheres. O senso comum, entretanto, não é aqui o guia mais seguro, como não o é nas ciências. A dificuldade que acabamos de enfrentar com o exemplo da arma permanece e a solução é a mesma: o primeiro motor de uma ação torna-se uma série nova, distribuída e encapsulada de práticas cuja soma pode ser obtida, mas apenas se respeitarmos o papel mediador de todos os atuantes mobilizados na série.

Para sermos convincentes nesse ponto devemos fazer uma pequena pesquisa sobre a maneira como falamos a respeito de ferramentas. Quando alguém conta uma história sobre a invenção, fabricação ou uso de uma ferramenta, no reino animal ou humano, no laboratório psicológico ou histórico e pré-histórico, a estrutura é a mesma (Beck, 1980). O agente tem um ou mais objetivos: súbito, o acesso a eles é interrompido por aquela brecha no caminho reto que distingue *metis* de *epistèmè*. O desvio, um *daedalion*, torna-se a opção (Figura 6.2). O agente, frustrado, vagueia a esmo numa busca insana e em seguida, por intuição, *heureka* ou tentativa e erro (existem várias psicologias para explicar esse momento), agarra outro agente – um porrete, um parceiro, uma corrente elétrica – e (assim prossegue a história) retorna à tarefa anterior, remove o obstáculo, alcança o objetivo. Sem dúvida, em muitas histórias de ferramentas há não apenas um, mas dois ou mais *subprogramas** encaixados uns nos outros. Um chimpanzé pode agarrar um porrete e, achando-o muito tosco, começar, após outra crise, outro subprograma, a aguçá-lo e inventar, no caminho, uma ferramenta composta. (Até onde pode prosseguir a multiplicação desses subprogramas, eis o que suscita interessantes questões em psicologia cognitiva e teoria da evolução.) Embora se possam imaginar muitos outros resultados – por exemplo, a perda do objetivo original no emaranhado de subprogramas –, suponhamos que a primeira tarefa tenha sido retomada.

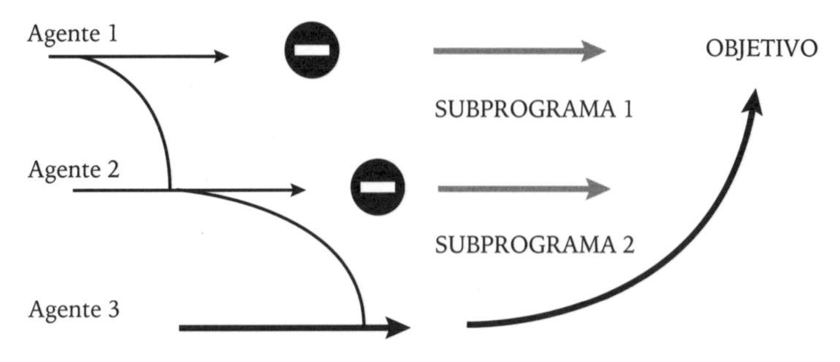

SEGUNDO SIGNIFICADO DE MEDIAÇÃO: COMPOSIÇÃO

Figura 6.2 – Quando o número de subprogramas aumenta, o objetivo composto – aqui, a linha curva fina – torna-se a realização comum de cada um dos agentes curvados pelo processo de translação sucessiva.

O que me interessa, aqui, é a *composição* da ação marcada pelas linhas que vão ficando mais longas a cada passo na Figura 6.2. Quem pratica a ação? O Agente 1 mais o Agente 2 mais o Agente 3. A ação é uma das propriedades das entidades associadas. O Agente 1 é autorizado, habilitado, capacitado pelos outros. O chimpanzé mais o porrete aguçado alcançam (no plural, não no singular) a banana. A atribuição, a um ator, do papel de primeiro motor de modo algum cancela a necessidade de uma composição de forças para explicar a ação. É por engano ou impropriedade que nossas manchetes proclamam: "Homem voa" ou "Mulher vai ao espaço". Voar é uma propriedade de toda a associação de entidades, que inclui aeroportos e aviões, rampas de lançamento e balcões de venda de passagens. O B-52s não voa, a Força Aérea Americana voa. A ação não é uma propriedade de humanos, *mas de uma associação de atuantes* – e eis o segundo significado de mediação técnica. Papéis "atoriais" provisórios podem ser atribuídos a atuantes unicamente porque estes se acham em processo de permutar competências, oferecendo um ao outro novas possibilidades, novos objetivos, novas funções. Portanto, a simetria prevalece tanto no caso da fabricação quanto no caso do uso.

Contudo, o que vem a ser simetria? Aquilo que se conserva ao longo de transformações. Na simetria entre humanos e não humanos, mantenho constante a série de competências e propriedades que os agentes podem permutar sobrepondo-se um ao outro. Desejo situar-me no palco *antes* que possamos delinear claramente sujeitos e objetos, objetivos e funções, forma e matéria, antes que a troca de propriedades e competências seja observável e interpretável. Sujeitos humanos plenos e objetos respeitáveis, situados no mundo exterior, não irão constituir meu ponto de partida; irão constituir meu ponto de chegada. Isso não apenas corresponde à noção de articulação*, que examinei no capítulo 5, como corrobora inúmeros mitos consagrados, os quais nos ensinam que fomos feitos por nossas ferramentas. A expressão *Homo faber* ou, melhor ainda, *Homo faber fabricatus* descreve, para Hegel e André Leroi-Gourhan (Leroi-Gourhan, 1993) e para Marx e Bergson, um movimento dialético que termina por fazer, de nós, filhos e filhas de nossas próprias obras. No tocante a Heidegger, o mito aplicável é: "Enquanto representarmos a tecnologia como um instrumento, permaneceremos aferrados à vontade de dominá-la. Impingimos ao passado a essência da tecnologia" (Heidegger, 1977, p.32). Veremos mais adiante o que fazer da dialética e do *Gestell*; mas, se inventar mitos é a única maneira de fazer o trabalho, não hesitarei em construir um novo e, mesmo, em enriquecê-lo com mais alguns de meus diagramas.

O terceiro significado de mediação técnica: o entrelaçamento de tempo e espaço

Por que é tão difícil avaliar, com alguma precisão, o papel mediador das técnicas? Porque a ação que tentamos avaliar está sujeita ao *obscurecimento**, processo que torna a produção conjunta de atores e artefatos inteiramente opaca. O labirinto de Dédalo se oculta: poderemos escancará-lo e contar o que existe lá dentro?

Tomemos, por exemplo, um projetor de teto. Ele constitui um ponto numa sequência de ação (digamos, numa palestra), um intermediário* silencioso e mudo, plenamente aceito e completamente determinado por sua função. Suponhamos agora que o projetor se quebre. A crise nos lembra da existência do projetor. Enquanto os eletricistas se movimentam à volta dele, ajustando uma lente e substituindo uma lâmpada, damo-nos conta de que o projetor é constituído de diversas partes, cada qual com seu papel e função, cada qual com seu objetivo relativamente independente. Se, um momento antes, o projetor mal existia, agora até mesmo suas peças têm existência individual, sua própria "caixa-preta". Num instante, nosso "projetor" deixou de ser constituído de zero partes e passou a ostentar muitas. Quantos atuantes existem lá, realmente? A filosofia da tecnologia de que precisamos em nada ajuda a aritmética.

A crise prossegue. Os eletricistas entram numa sequência rotinizada de ações, trocando peças. Fica claro que suas ações são compostas de passos numa sequência que integra vários gestos humanos. Já não focalizamos um objeto e sim um grupo de pessoas reunidas *à volta* de um objeto. Ocorreu uma passagem de atuante a mediador.

As figuras 6.1 e 6.2 mostraram que os objetivos são redefinidos por associações com atuantes não humanos e que a ação é uma propriedade da associação inteira, não apenas dos atuantes chamados humanos. No entanto, como a Figura 6.3 mostrará, a situação é ainda mais complicada porque o *número* de atuantes varia a cada passo.

A composição dos objetos também varia: às vezes, parecem estáveis; outras, agitados como um grupo de humanos ao redor de um artefato que não funciona. Assim, o projetor pode equivaler a uma parte, a nada, a cem partes, a muitos humanos, a nenhum humano – e cada parte, por seu turno, pode equivaler a uma, a nenhuma, a muitas, a um objeto, a um grupo. Nos sete passos da Figura 6.3, toda ação pode conduzir à dispersão dos atuantes ou à sua integração num único todo pontualizado (um todo que, logo depois, equivalerá a nada). Precisamos explicar os sete passos.

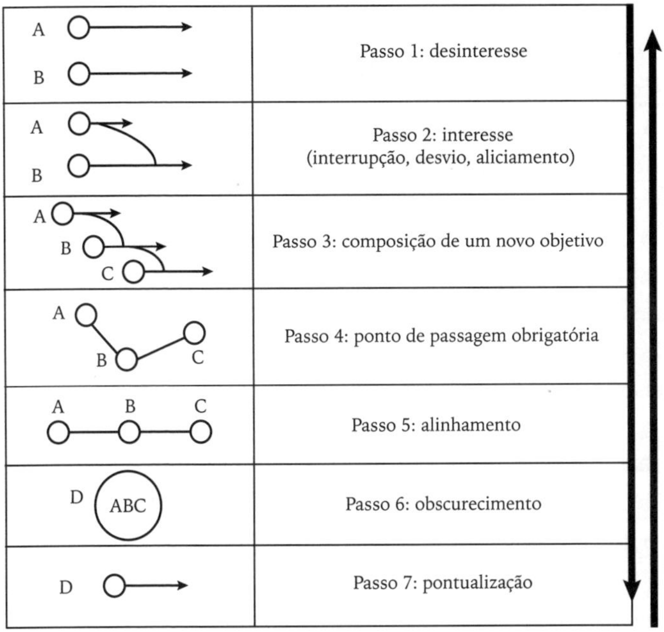

A B	Passo 1: desinteresse
A B	Passo 2: interesse (interrupção, desvio, aliciamento)
A B C	Passo 3: composição de um novo objetivo
A B C	Passo 4: ponto de passagem obrigatória
A B C	Passo 5: alinhamento
D ABC	Passo 6: obscurecimento
D	Passo 7: pontualização

Figura 6.3 – Qualquer conjunto de artefatos pode ser movido para cima ou para baixo nessa sucessão de passos, dependendo da crise que sofra. Aquilo que comumente consideramos um agente (passo 7) pode revelar-se composto de vários (passo 6) que talvez nem estejam alinhados (passo 4). A história das translações anteriores por que passaram pode tornar-se visível, até que se libertem novamente da influência dos outros (passo 1).

Olhe à volta do recinto onde você se debruça, intrigado, sobre a Figura 6.3. Considere quantas "caixas-pretas" existem por ali. Abra-as; examine seu conteúdo. Cada peça da caixa-preta é, em si mesma, uma caixa-preta cheia de peças. Se alguma peça se quebrasse, quantos humanos se materializariam imediatamente ao redor dela? Quanto *recuaríamos* no tempo e *avançaríamos* no espaço para retraçar nossos passos e acompanhar todas essas entidades silenciosas que contribuem pacificamente para que você leia este capítulo sentado à escrivaninha? Devolva todas essas entidades ao passo 1; lembre-se da época em que elas estavam desinteressadas e seguiam seu próprio caminho, sem serem curvadas, recrutadas, alistadas, mobilizadas, enredadas em outras. De que floresta deveremos extrair nossa madeira? Em que pedreira deixaremos as pedras jazerem sossegadamente?

A maioria dessas entidades agora permanece em silêncio, como se não existissem, invisíveis, transparentes, mudas, trazendo para a cena atual a força e a ação de quem atravessou milênios. Elas possuem um *status* ontológico peculiar; mas significará isso que não agem, que não medeiam ações? Poderemos dizer que, por nós as termos feito a todas – e por sinal, quem é esse "nós"? Não eu, certamente –, elas deverão ser consideradas escravos e ferramentas ou mera evidência de um *Gestell*? A profundidade de nossa ignorância das técnicas é insondável. Não conseguimos sequer contá-las ou afirmar que existem como objetos, como conjuntos ou como outras tantas sequências de ações proficientes. No entanto, ainda há filósofos que acreditam na existência de objetos abjetos... Se, outrora, os estudos científicos supunham que a fé na construção de artefatos ajudaria a explicar os fatos, nada mais surpreendente. Os não humanos refogem duas vezes das estruturas da objetividade: não são nem objetos conhecidos por um sujeito nem objetos manipulados por um senhor (e também não, é claro, senhores eles mesmos).

O quarto significado de mediação técnica: transposição da fronteira entre signos e coisas

O motivo dessa ignorância torna-se claro quando examinamos o quarto e mais importante significado de mediação. Até aqui, empreguei os termos "história" e "programa de ação", "objetivo" e "função", "translação" e "interesse", "humano" e "não humano" como se as técnicas fossem elementos estranhos e dependentes que amparam o mundo do discurso. As técnicas, porém, modificam a substância de nossa expressão e não apenas a sua forma. As técnicas têm significado, mas produzem significado graças a um tipo especial de articulação que, de novo, como a referência circulante do capítulo 2 e a ontologia variável do capítulo 4, atravessa a fronteira racional entre signos e coisas.

Eis um exemplo simples do que tenho em mente: o quebra-molas que obriga os motoristas a desacelerarem no câmpus (chamado em francês de "guarda dorminhoco"). O objetivo do motorista é transladado, em virtude do quebra-molas, de "diminua a velocidade para não atropelar os alunos" para "vá devagar para proteger a suspensão de seu carro". Os dois objetivos são bastante diversos e, aqui, reconhecemos o mesmo deslocamento que já presenciamos na história da arma. A primeira versão do motorista apela para a moralidade, o desinteresse esclarecido e a ponderação; a segunda, para o egoísmo puro e a ação reflexa. Pelo que sei, mais gente responde à segunda que à primeira: o egoísmo é um traço mais generalizado que o respeito à lei e à vida – pelo menos na França! O motorista altera seu comportamento em consequência do quebra-molas: regride da moralidade à força. Todavia, do ponto de vista de um observador, pouco importa o canal por onde se chega a um dado comportamento. Da janela, o reitor nota que os carros passam devagar, respeitando sua determinação, e isso lhe basta.

A transição de motoristas afoitos para motoristas disciplinados foi efetuada por outro desvio. Em vez de placas e semáforos, os engenheiros do câmpus usaram concreto e asfalto. Nesse contexto, a noção de desvio, de translação, deve ser modificada para absorver não apenas (como aconteceu nos exemplos anteriores) uma nova definição de objetivos e funções, mas também *uma alteração na própria substância expressiva*. O programa de ação dos engenheiros, "façam os motoristas desacelerar no câmpus", está agora articulado com o concreto. Qual a palavra certa para essa articulação? Eu poderia ter dito "objetificada", "reificada", "realizada", "materializada" ou "gravada" – mas esses termos implicam um agente humano todo-poderoso impondo sua vontade à matéria informe, ao passo que os não humanos também agem, deslocam objetivos e contribuem para sua definição. Como vemos, não é mais fácil encontrar o termo adequado para a atividade das técnicas do que para a eficácia dos fermentos do ácido láctico. Aprenderemos, no capítulo 9, que isso se dá porque elas são todas fatiches*. Por enquanto, vou propor mais um termo, *delegação* (ver Figura 6.4).

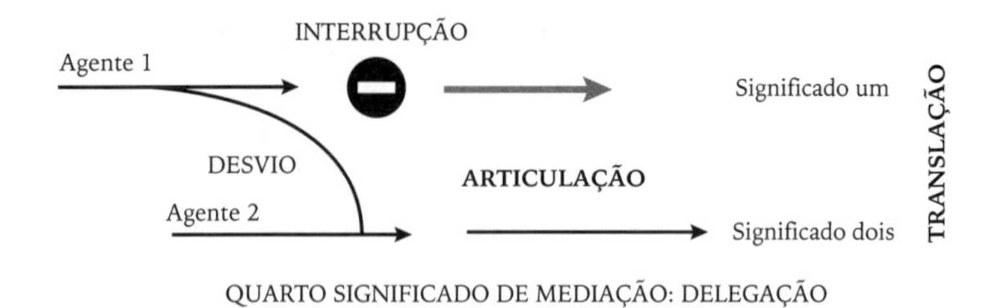

Figura 6.4 – Como na Figura 6.1, a introdução do segundo agente no caminho do primeiro implica um processo de translação: aqui, porém, a mudança de significado é muito maior, pois a própria natureza do "significado" foi alterada. A substância da expressão modificou-se ao longo do caminho.

No exemplo do quebra-molas, não apenas um significado se deslocou para outro como uma ação (a vigência da lei de limite de velocidade) se transladou para outro tipo de expressão. O programa dos engenheiros foi delegado ao concreto e, examinando essa passagem, renunciamos ao conforto relativo das metáforas linguísticas para penetrar em território desconhecido. Não abandonamos as relações humanas significativas e invadimos de súbito um mundo de relações humanas puramente materiais – embora essa possa ser a impressão dos motoristas, acostumados a lidar com signos maleáveis, mas agora confrontados com quebra-molas impassíveis. A transição não é de discurso a matéria, pois para os engenheiros o quebra-molas representa uma *articulação significativa* em uma gama de proposições onde sua liberdade de escolha não é maior que no caso dos sintagmas* e paradigmas* estudados no capítulo 5. O que eles podem fazer é explorar as associações e substituições que delineiam uma trajetória única através do coletivo. Assim, *permanecemos no significado, porém não mais no discurso*, embora não residamos entre meros objetos. Onde estamos?

Antes mesmo de começar a elaborar uma filosofia das técnicas, convém entender delegação como outro tipo de deslocamento* além daquele que utilizamos no capítulo 4 para apreender a obra laboratorial de Pasteur. Se eu digo a você "Imaginemo-nos na pele dos engenheiros do câmpus quando decidiram instalar os quebra-

-molas", não apenas o transporte para outro espaço e tempo como o transformo em outro ator (Eco, 1979). Desloco você da cena que ora ocupa. A finalidade do deslocamento espacial, temporal e "atorial", que está no cerne de toda ficção, é fazer o leitor viajar sem se mover (Greimas; Courtès, 1982). Você faz um desvio pelo escritório dos engenheiros, mas sem se levantar de sua poltrona. Empresta-me, por algum tempo, uma personagem que com a ajuda de sua imaginação e paciência visita comigo outro lugar, torna-se outro ator e depois volta a ser você mesmo em seu próprio mundo. Esse mecanismo se chama identificação, no qual o "enunciador" (eu) e o "enunciado" (você) investimos ambos no deslocamento dos delegados de nós mesmos para outros quadros de referência.

No caso do quebra-molas, o deslocamento é "atorial": o "guarda dorminhoco" não é um guarda de trânsito ou, pelo menos, não se parece com um guarda de trânsito. O deslocamento é também espacial: na rua do câmpus mora agora um novo atuante que desacelera automóveis (ou danifica-os). Finalmente, o deslocamento é temporal: o quebra-molas está ali dia e noite. Entretanto, o enunciador desse ato técnico desapareceu de cena – onde estão os engenheiros, onde está o guarda de trânsito? – enquanto alguém ou alguma coisa age confiantemente como legado, tomando o lugar do enunciador. Supõe-se que a copresença de enunciadores e enunciados seja necessária para possibilitar um ato de ficção, mas o que temos no momento é um engenheiro ausente, um quebra-molas sempre em seu lugar e um enunciado que se tornou usuário de um artefato.

Pode-se objetar que é espúria a comparação entre deslocamento ficcional e deslocamentos de delegação na atividade técnica: ser transportado em imaginação da França para o Brasil não é o mesmo que tomar um avião da França para o Brasil. Sem dúvida – mas onde está a diferença? Graças ao transporte imaginativo, você ocupa simultaneamente todos os quadros de referência, deslocando-se para dentro e para fora de todas as *personae* delegadas que o narrador oferece. Por meio da ficção, *ego, hic, nunc* podem ser deslocados e tornar-se outras *personae* em outros lugares, outros tempos. A bordo do avião, porém, não consigo ocupar concomitantemente mais que um quadro de referência (a menos, é claro, que me recoste e leia um romance que me leve, por exemplo, a Dublin num belo dia de junho de 1904). Estou sentado numa instituição-objeto que liga dois aeroportos por meio de uma linha aérea. O ato de transporte foi deslocado *para baixo** e não para fora – para baixo de aviões, motores e pilotos automáticos, instituições-objetos a que se delegou a tarefa de movimentar-se enquanto engenheiros e diretores estão ausentes (ou no máximo monitorando). A copresença de enunciadores e enunciados restringiu-se, juntamente com seus muitos quadros de referência, a um único ponto no tempo e espaço. Todos os quadros de referência dos engenheiros, controladores de tráfego e vendedores de passagens foram juntados num só: o do voo 1107 da Air France para São Paulo.

O objeto *representa* o ator e cria uma assimetria entre construtores ausentes e usuários ocasionais. Sem esse desvio, esse deslocamento para baixo, não compreenderíamos como um enunciador possa estar ausente: ou ele está aí, diríamos nós, ou não existe. No entanto, graças ao deslocamento para baixo, outra combinação de ausência e presença torna-se possível. No caso da delegação, não se trata, como na ficção, de eu estar aqui ou em outra parte, de ser eu mesmo ou outra pessoa, mas de uma ação muito antiga de um ator já desaparecido continuar ativa aqui, hoje e em relação a mim. Vivo no meio de *delegados* técnicos; misturo-me aos não humanos.

Toda a filosofia da técnica tem se preocupado com esse desvio. Pense na tecnologia como esforço *congelado*. Considere a própria natureza do investimento: um curso regular de ação é suspenso, um desvio por vários tipos de atuantes é iniciado e o retorno é um novo híbrido que transfere atos passados para o presente, permitindo a seus muitos investidores desaparecer sem deixarem de estar presentes. Semelhantes desvios subvertem a ordem do tempo e espaço – num minuto, posso mobilizar forças postas em movimento há centenas ou milhões de anos em plagas longínquas. As formas relativas dos atuantes e seu *status* ontológico podem ser inteiramente confundidos – as técnicas agem como *alteradores de formas*, moldando um guarda a partir de um barril de concreto úmido ou concedendo a um policial a permanência e a obstinação de uma pedra. A ordenação relativa de presença e ausência é redistribuída – a todo instante encontramos centenas e mesmo milhares de construtores ausentes, distanciados no tempo e no espaço, mas ainda assim simultaneamente ativos e presentes. Ao longo desses desvios, por fim, a ordem política é subvertida, pois confio em inúmeras ações delegadas que, por si próprias, me induzem a fazer coisas em lugar de outros que já não se encontram aqui e dos quais não posso sequer retraçar o curso da existência.

Não é fácil entender um desvio dessa espécie. A dificuldade, ademais, é agravada pela acusação de fetichismo* assacada por críticos da tecnologia, conforme veremos no capítulo 9. Somos nós, os construtores humanos (dizem eles), que você vê nas máquinas e implementos, fazendo nosso próprio trabalho duro sob disfarce. Deveríamos restaurar o esforço humano (exigem eles) que está por trás daqueles ídolos. Ouvimos essa história contada, com outras intenções, pela NRA: as armas não agem sozinhas, apenas os humanos fazem isso. Boa história... mas que chegou séculos atrasada. Os humanos já não agem *por si mesmos*. A delegação de ação a outros atuantes, que agora compartilham nossa existência humana, foi tão longe que um programa de antifetichismo só nos arrastaria para um mundo não humano, um fantasmagórico mundo perdido *anterior* à mediação dos artefatos. A erradicação da delegação pelos críticos antifetichistas tornaria o deslocamento *para baixo*, em direção aos artefatos técnicos, tão opaco quanto o deslocamento *para fora*, rumo aos fatos científicos (ver Figura 6.4).

No entanto, também não podemos volver ao materialismo. Nos artefatos e nas tecnologias, não encontramos a eficiência e a teimosia da matéria, que imprime cadeias de causa e efeito nos humanos maleáveis. Em última análise, o quebra-molas *não* é feito de matéria: está repleto de engenheiros, reitores e legisladores que misturam suas vontades e perfis históricos aos do cascalho, concreto, tinta e cálculos matemáticos. A mediação, a translação técnica que estou tentando compreender reside no ponto cego onde sociedade e matéria trocam propriedades. A história que conto não é a história do *Homo faber*, em que o ousado inovador desafia as imposições da ordem social para fazer contato com uma matéria tosca e inumana, mas pelo menos objetiva. Procuro aproximar-me da zona onde algumas características da pavimentação (mas não todas) se tornam policiais e algumas características dos policiais (mas não todas) se tornam quebra-molas. Mais atrás chamei essa zona de "articulação"* e isso não é, como espero que já tenha ficado claro, uma espécie de justo meio-termo ou dialética entre objetividade e subjetividade. O que tenciono encontrar é outro fio de Ariadne – outro Topofil Chaix – para surpreender o modo como Dédalo entrelaça, tece, urde, planeja e descobre soluções onde nenhuma era visível, sem se valer de nenhum expediente à mão, nas fendas e abismos das rotinas comuns, trocando propriedades entre materiais inertes, animais, simbólicos e concretos.

"Técnico" é um bom adjetivo; "técnica" é um vil substantivo

Percebemos agora que as técnicas não existem como tais e que nada há passível de ser definido, filosófica ou sociologicamente, como um objeto, um artefato ou um produto da tecnologia. Não existe, em tecnologia ou em ciência, nada capaz de servir de pano de fundo para a alma humana no cenário modernista. O substantivo "técnica" – e sua corruptela "tecnologia" – não precisam ser usados para separar os humanos dos múltiplos conjuntos com os quais eles combinam. Mas existe um *adjetivo*, "técnico", que podemos empregar adequadamente em muitas situações.

"Técnico" é aplicável, em primeiro lugar, a um subprograma ou série de subprogramas embutidos uns nos outros, como os discutidos mais atrás. Quando dizemos "esta é uma questão técnica", significa que precisamos nos *desviar* por um momento da tarefa principal e que, ao fim, iremos *retomar* nosso curso normal de ação – o único enfoque digno de atenção. Uma caixa-preta abre-se momentaneamente e logo nos vemos encerrados de novo, imperceptíveis na sequência principal da ação.

Em segundo lugar, "técnico" designa o papel *subordinado* de pessoas, habilidades ou objetos que ocupam a função secundária de estarem presentes e serem indispensáveis, posto que invisíveis. Indica, portanto, uma tarefa especializada, altamente circunscrita e claramente subordinada na hierarquia.

Em terceiro lugar, o adjetivo designa um solavanco, uma interrupção, um desarranjo no bom funcionamento dos subprogramas, como quando dizemos "Há um problema técnico que precisamos resolver primeiro". Aqui, talvez o desvio não nos reconduza à via principal, como no caso do primeiro significado, mas pode *ameaçar* o objetivo original completamente. "Técnico" não designa um mero desvio, mas um obstáculo, um bloqueio de estrada, o começo de um rodeio, de uma longa translação e até de todo um novo labirinto. O que podia ter sido um meio torna-se um fim, pelo menos por algum tempo, ou quem sabe um emaranhado no qual nos perderemos para sempre.

O quarto significado encerra a mesma incerteza quanto ao que seja um meio e quanto ao que seja um fim. "Habilidade técnica" e "pessoal técnico" aplicam-se àqueles que mostram proficiência, destreza e "jeito", como também à capacidade de se fazerem *indispensáveis*, de ocuparem posições privilegiadas, embora inferiores, que podem ser chamadas, como no jargão militar, pontos de passagem obrigatória. Assim, o pessoal técnico, os objetos e as habilidades são, ao mesmo tempo, inferiores (já que a tarefa principal será no fim retomada), indispensáveis (já que o objetivo é inalcançável sem eles) e, de certa maneira, caprichosos, misteriosos, incertos (já que dependem de uma destreza altamente especializada e circunscrita). Dédalo, o perverso, e Vulcano, o deus coxo, são excelentes exemplos desse significado do adjetivo "técnico". Ele apresenta também uma acepção útil que concorda, no linguajar comum, com os três primeiros tipos de mediação definidos acima: interferência, composição de objetivos e obscurecimento.

"Técnico" designa ainda um tipo muito específico de *delegação*, movimento, deslocamento para baixo que se entrecruza com entidades dotadas de propriedades, espaços, tempos e ontologias diferentes, as quais são levadas a partilhar o mesmo destino e a criar, assim, um novo atuante. Aqui, a forma nominal é frequentemente empregada, ao lado do adjetivo, em frases como "uma técnica de comunicação" ou "uma técnica para cozinhar ovos". Nesse caso, o substantivo não designa uma coisa e sim um *modus operandi*, uma cadeia de gestos e *know-how* que antecipa resultados.

Quando se está de frente para um objeto técnico, isso jamais é o começo, mas o *fim* de um arrastado processo de proliferação de mediadores, processo em que todos os subprogramas pertinentes, encaixados uns nos outros, encontram-se numa tarefa "simples". Em lugar do reino lendário onde sujeitos encontram objetos, pilhamo-nos o mais das vezes na esfera da *personne morale*, da "pessoa jurídica" [*body corporate*] ou "pessoa artificial". Três expressões extraordinárias! Como se a personalidade se tornasse moral por se tornar coletiva, ou coletiva por se tornar artificial, ou plural por duplicar a palavra saxã "*body*" com um sinônimo latino, "*corpus*"! *Body corporate* é aquilo que nós e nossos artefatos nos tornamos. Somos uma instituição-objeto.

O problema parece trivial quando considerado assimetricamente. "Sem dúvida", dirá alguém, "um produto de tecnologia deve ser apanhado e ativado por um sujeito humano, um agente intencional". Mas o problema que estou levantando é simétrico: o que é verdadeiro relativamente ao "objeto" o é ainda mais relativamente ao "sujeito". Em sentido algum se pode dizer que os humanos existem como humanos sem entrarem em contato com aquilo que os autoriza e capacita a existir (ou seja, agir). Um revólver abandonado é apenas uma porção de matéria, mas um atirador abandonado o que seria? Sim, um humano (o revólver é só um artefato entre muitos), mas não um soldado – e certamente não um dos americanos ordeiros da NRA. A ação intencional e a intencionalidade talvez não sejam propriedades de objetos; contudo, também não são propriedades de humanos. São propriedades de instituições, de aparatos, daquilo que Foucault chama de *dispositifs*. Somente pessoas jurídicas estão aptas a absorver a proliferação de mediadores, a regular sua expressão, a redistribuir habilidades, a forçar caixas a obscurecer-se e fechar-se. Objetos que existem simplesmente como objetos, apartados de uma vida coletiva, são desconhecidos, estão sepultados. Os artefatos técnicos acham-se tão distanciados do *status* da eficiência quanto os fatos científicos do nobre pedestal da objetividade. Os artefatos reais são sempre partes de instituições, hesitantes em sua condição mista de mediadores, a mobilizar terras e povos remotos, prontos a transformar-se em pessoas ou coisas, sem saber se são compostos de um ou de muitos, de uma caixa-preta equivalente a uma unidade ou de um labirinto que oculta multiplicidades (MacKenzie, 1990). Os Boeings 747 não voam, voam as linhas aéreas.

Pragmatogonia: haverá uma alternativa ao mito do progresso?

No acordo modernista, os objetos alojavam-se na natureza, e os sujeitos, na sociedade. Hoje, substituímos objetos e sujeitos por fatos científicos e artefatos técnicos, cujo destino e forma são de todo diferentes. Enquanto os objetos só podem arrostar os sujeitos – e vice-versa –, os não humanos podem entrelaçar-se com os humanos graças aos processos-chave da translação, articulação, delegação, deslocamento para fora e para baixo. Que nome daremos à casa onde estabeleceram residência? Não natureza*, decerto, porquanto sua existência é visceralmente polêmica, como veremos no próximo capítulo. Sociedade* também não, já que os cientistas sociais a transformaram num conto de fadas de relações sociais do qual todos os não humanos foram cuidadosamente enucleados (ver capítulo 3). No novo paradigma, substituímos a palavra contaminada "sociedade" pela noção de coletivo*, definida como um intercâmbio de propriedades humanas e não humanas no seio de uma corporação.

Vivemos em coletivos, não em sociedades

Ao abandonar o dualismo, nossa intenção não é atirar tudo na mesma panela e apagar os traços característicos das diversas partes que integram o coletivo. Ansiamos também pela clareza analítica, mas ao longo de linhas que não a traçada pelo polêmico cabo de guerra entre objetos e sujeitos. O jogo não consiste em estender a subjetividade às coisas, tratar humanos como objetos, tomar máquinas por atores sociais, e sim *evitar a todo custo o emprego* da distinção sujeito-objeto ao discorrer sobre o entrelaçamento de humanos e não humanos. O que o novo quadro procura capturar são os movimentos pelos quais um dado coletivo *estende* seu tecido social a *outras* entidades. É isso o que eu quis dizer até agora com a expressão provisória "Ciência e tecnologia são aquilo que *socializa* não humanos para que travem relações humanas". Improvisei a seguinte frase para substituir a expressão modernista: "Ciência e tecnologia permitem que a mente rompa com a sociedade para alcançar a natureza objetiva e impor ordem à matéria eficiente".

Eu gostaria de ter mais um diagrama onde pudéssemos traçar, não a maneira como os sujeitos humanos conseguem partir as amarras da vida social a fim de impor ordem à natureza ou restaurar as leis para manter a disciplina na sociedade, mas a maneira pela qual o coletivo de uma dada definição pode modificar sua construção articulando diferentes associações. Nesse diagrama impossível, precisaríamos acompanhar uma série de movimentos coerentes: primeiro, haveria translação*, os meios graças aos quais articulamos espécies variadas de matéria; depois (tomando uma imagem de empréstimo à genética), o que eu chamaria de "permutação", que consiste na troca de propriedades entre humanos e não humanos; em terceiro lugar, o "recrutamento", por meio do qual um não humano é seduzido, manipulado ou induzido ao coletivo; em quarto, como vimos no caso de Joliot e seus clientes militares, a mobilização de não humanos dentro do coletivo, que traz recursos frescos e inesperados, daí resultando novos e estranhos híbridos; e, finalmente, o deslocamento, a direção tomada pelo coletivo depois que sua forma, extensão e composição foram alteradas pelo recrutamento e a mobilização de novos agentes. Se dispuséssemos desse diagrama, ficaríamos livres do construtivismo social para sempre. Mas eu e meu Macintosh não conseguimos fazer nada melhor que a Figura 6.5!

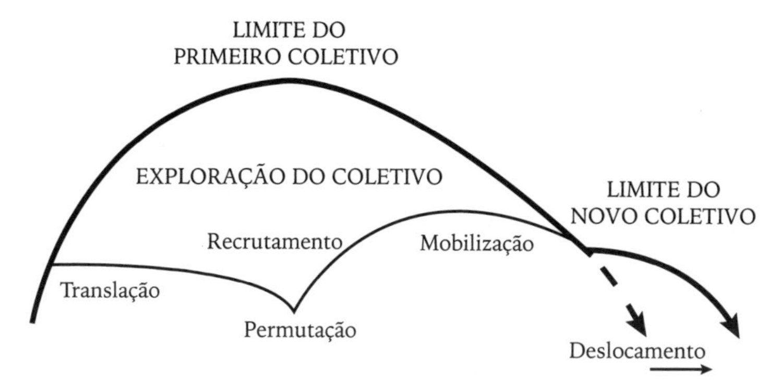

Figura 6.5 – Em vez de dizer que a ciência e a tecnologia rompem as barreiras estreitas de uma sociedade, dizemos que um coletivo está constantemente alterando seu limite por meio de um processo de exploração.

A única vantagem dessa figura é proporcionar uma base para a comparação de coletivos, comparação totalmente independente da demografia (de sua escala, por assim dizer). O que os estudos científicos fizeram nos últimos quinze anos foi subverter a distinção entre técnicas antigas (a *poesis* dos artesãos) e tecnologias modernas (de larga escala, inumanas, tirânicas). Tal distinção nunca foi mais que um preconceito. O leitor pode modificar o tamanho do semicírculo na Figura 6.5, mas não precisa modificar sua forma. Poderá também alterar o ângulo das tangentes, o alcance da translação, os tipos de recrutamento, o volume da mobilização, o impacto do deslocamento – mas *não* terá de opor os coletivos que tratam unicamente das relações sociais aos coletivos que lograram livrar-se delas a fim de haver-se com as leis da natureza. Contrariamente ao que faz os heideggerianos choramingar, há uma extraordinária *continuidade*, que os historiadores e filósofos da tecnologia tornaram cada vez mais legível, entre usinas nucleares, sistemas de mísseis teleguiados, desenho de *chips* de computador ou automação de metrôs e a velha mistura de sociedade, símbolos e matéria, que os etnógrafos e arqueólogos estudaram geração após geração nas culturas da Nova Guiné, Velha Inglaterra ou Borgonha quinhentista (Descola; Palsson, 1996). Ao contrário do que a distinção tradicional sustenta, a diferença entre um coletivo antigo ou "primitivo" e um coletivo moderno ou "avançado" *não* é o fato de o primeiro exibir uma rica mescla de cultura social e técnica, ao passo que o segundo só tem a mostrar uma tecnologia sem vínculos com a ordem social. A diferença consiste em que o último translada, permuta, recruta e mobiliza um número maior de elementos mais intimamente conectados, com um tecido social mais finamente urdido do que o primeiro. A relação entre a escala dos coletivos e o número de não humanos por eles alistados é crucial. Encontramos, sem dúvida, longas cadeias de ação nos coletivos "modernos", um número maior de não humanos (máquinas, autômatos, instrumentos) associados uns com os outros; entretanto, não se deve ignorar o *tamanho* dos mercados, o *número* das pessoas em suas órbitas, a *amplitude* da mobilização: sim, mais objetos, porém mais sujeitos também. Aqueles que tentaram distinguir essas duas espécies de coletivo, atribuindo "objetividade" e "eficiência" à tecnologia moderna e "humanidade" à *poesis* ultrapassada, enganaram-se redondamente. Objetos e sujeitos são construídos ao mesmo tempo e o número crescente de sujeitos está diretamente relacionado ao número de objetos lançados – infundidos – no coletivo. O adjetivo "moderno"* não indica uma *distância crescente* entre sociedade e tecnologia ou sua alienação, mas uma *intimidade* aprofundada, uma trama mais cerrada entre ambas.

Os etnógrafos descrevem as relações complexas implícitas em todo ato técnico das culturas tradicionais, o longo e mediado acesso à matéria que essas relações pressupõem, o intricado padrão de mitos e ritos necessários para produzir a mais simples enxó ou a mais simples panela, revelando que os humanos precisavam de toda uma variedade de virtudes sociais e costumes religiosos para interagir com os não humanos (Lemonnier, 1993). Mas teremos, mesmo hoje, acesso não mediado à matéria nua? Estarão faltando ritos, mitos e protocolos à nossa interação com a natureza (Descola; Palsson, 1996)? A vascularização da ciência diminuiu ou aumentou? O labirinto de Dédalo endireitou-se ou complicou-se?

Acreditar que nos modernizamos seria ignorar a maioria dos casos examinados pelos estudos científicos e tecnológicos. Quão mediado, complexo, cauteloso, amaneirado e mesmo barroco é o acesso à matéria de qualquer produto da tecnologia! Quantas ciências – o equivalente funcional dos mitos – são necessárias para preparar artefatos com vistas à socialização! Quantas pessoas, ofícios e instituições têm de contribuir para o recrutamento de um único não humano, como sucedeu com o fermento do ácido láctico no capítulo 4, a reação em cadeia no capítulo 3 ou as amostras de solo no capítulo 2! Quando os etnógrafos descrevem nossa biotecnologia, inteligência artificial, *microchips*, siderurgia etc., a fraternidade entre coletivos antigos e modernos torna-se imediatamente óbvia. No mínimo, aquilo que nos parece apenas simbólico nos velhos coletivos é tomado *literalmente* nos novos: os contextos que exigiam algumas dezenas de pessoas mobilizam agora milhares; onde os atalhos eram possíveis, cadeias de ação muito mais longas são necessárias. Costumes e protocolos em maior número, e mais intricados; mais mediações: muitas mais.

A consequência mais importante da superação do mito do *Homo faber* é que, quando intercambiamos propriedades com não humanos por meio de delegação técnica, estabelecemos uma transação complicada que pertence aos coletivos tanto "modernos" quanto tradicionais. Se se pode dizer assim, o coletivo moderno é aquele em que as relações de humanos e não humanos são tão estreitas, as transações, tão numerosas, as mediações, tão convolutas que não há sentido em perguntar qual artefato, corporação ou sujeito deva ser discriminado. A fim de explicar essa simetria entre humanos e não humanos, por um lado, e essa continuidade entre coletivos tradicionais e modernos, por outro, a teoria social precisa ser um tanto modificada.

É lugar-comum, na teoria crítica, afirmar que as técnicas são sociais porque foram "socialmente construídas" – sim, bem o sei, eu próprio recorri a esse termo no passado, mas isso foi há vinte anos e logo me retratei, pois queria dizer algo inteiramente diverso do que os sociólogos e seus adversários entendem por "social". O conceito de mediação social apresenta-se vazio quando os significados de "mediação" e "social" não são explicitados. Dizer que as relações sociais são "reificadas" na tecnologia, como quando, em vez de estar diante de um artefato, estamos na verdade diante de relações sociais, é repisar uma tautologia e das mais implausíveis, no caso. Se os artefatos nada mais são que relações sociais, então por que a sociedade precisaria levá-los em conta para inscrever-se em algo mais? Por que não se inscreveria *diretamente*, uma vez que os artefatos de nada valem? Porque (prosseguem os teóricos críticos), graças aos artefatos, a dominação e a exclusão se ocultam sob o disfarce de forças naturais e objetivas. A teoria crítica, desse modo, oferece uma tautologia – relações sociais nada mais são que relações sociais – à qual acrescenta uma teoria da conspiração: a sociedade se esconde por trás do fetiche das técnicas.

As técnicas, porém, não são fetiches*. São imprevisíveis, mediadores e não meios, meios e fins ao mesmo tempo: eis por que se esteiam no tecido social. A teoria crítica não consegue explicar os motivos pelos quais os artefatos penetram no fluxo de nossas relações e nós, incessantemente, recrutamos e socializamos não humanos. Não é para espelhar, congelar, cristalizar ou camuflar relações sociais, mas para refazer essas mesmas relações por intermédio de novas e inesperadas fontes de ação. A sociedade não é suficientemente estável para inscrever-se em seja lá o que for. Ao contrário, boa parte dos traços daquilo que entendemos por ordem social – escala, assimetria, durabilidade, poder, hierarquia, distribuição de papéis – sequer é passível de definição sem o recrutamento de não humanos socializados. Sim, *a sociedade é construída, mas não construída socialmente*. Os humanos, durante milênios, estenderam suas relações sociais a outros atuantes com os quais trocaram inúmeras propriedades, formando coletivos.

Uma narrativa "serva": a história mítica dos coletivos

Aqui, deveria seguir-se um pormenorizado estudo de caso das redes sociotécnicas. Entretanto, já foram feitos muitos desses estudos, que pela maioria não conseguiram consolidar sua nova teoria social, conforme as guerras de ciência deixaram dolorosamente claro para todos. Apesar dos esforços heroicos desses estudos, inúmeros autores foram o mais das vezes mal interpretados pelos leitores, para quem apenas catalogavam exemplos da "construção social" da tecnologia. Os leitores respondem pelas evidências neles amealhadas segundo o paradigma dualista que os próprios estudos frequentemente solapam. A obstinada devoção à "construção social" como recurso esclarecedor, tanto da parte de leitores descuidados quanto de autores "críticos", parece originar-se da dificuldade em esmiuçar os diversos significados do lema *sociotécnico*. O que tenciono fazer é, pois, separar uma a uma essas camadas semânticas e tentar construir uma genealogia de suas associações.

Além disso, tendo contestado o paradigma dualista durante anos, cheguei à conclusão de que ninguém está preparado para abandonar uma dicotomia arbitrária, porém útil, como a que existe entre sociedade e tecnologia, sem substituí-la por categorias que pelo menos pareçam proporcionar o mesmo poder discriminativo. Sem dúvida, jamais conseguirei fazer o trabalho político, com o par humano-não humano, que a dicotomia sujeito-objeto realizou, pois foi justamente para libertar a ciência da política que me meti nessa estranha aventura, conforme deixarei claro nos próximos capítulos. Entrementes, poderemos dispensar para sempre a frase "conjuntos sociotécnicos" sem ultrapassar o paradigma dualista que gostaríamos de deixar para trás. A fim de avançar, preciso convencer o leitor de que, independentemente da solução do problema do sequestro político da ciência, *existe uma alternativa ao mito do progresso*. No âmago das guerras na ciência jaz a acusação gravíssima de que quem mina a objetividade da ciência e a eficiência da tecnologia está tentando nos arrastar de volta a uma idade das trevas primitiva e bárbara – que, inacreditavelmente, os conceitos dos estudos científicos são de alguma forma "reacionários".

A despeito dessa longa e complicada história, o mito do progresso se baseia num mecanismo dos mais rudimentares (Figura 6.6). O que garante credibilidade à seta do tempo é o fato de a modernidade ter por fim escapado à confusão, criada no passado, entre o que os objetos realmente são em si mesmos e o que a subjetividade dos humanos acredita que sejam, projetando neles paixões, tendências e preconceitos. Aquilo que se poderia chamar de uma frente de modernização – como a Fronteira Oeste – distingue assim, com clareza, o passado confuso do futuro, que será cada vez mais luminoso porque distinguirá, com mais clareza ainda, a eficiência e objetividade das leis da natureza dos valores, direitos, exigências éticas, subjetividade e política da esfera humana. Com esse mapa em mãos, os guerreiros da ciência não têm dificuldade alguma para situar os estudos científicos: "Por estarem sempre insistindo em que objetividade e subjetividade [termos dos guerreiros da ciência para não humanos e humanos] encontram-se misturadas, os estudiosos da ciência conduzem-nos para uma única direção, o passado obscuro do qual precisamos nos arrancar graças a um movimento de conversão radical por cujo intermédio uma pré-modernidade bárbara torna-se uma modernidade civilizada".

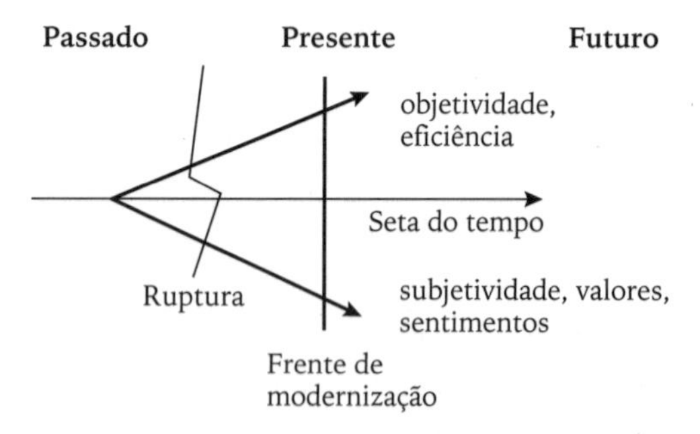

Figura 6.6 – O que impele a seta do tempo para diante, na narrativa modernista do progresso, é a certeza de que o passado diferirá do futuro porque aquilo que era confuso se tornará claro: objetividade e subjetividade já não se misturarão. A consequência dessa certeza é uma frente de modernização que nos permite distinguir recuos de avanços.

Todavia, num interessante caso de incomensurabilidade cartográfica, os estudos científicos recorrem a um mapa inteiramente diferente (Figura 6.7). A seta do tempo *continua lá*, tem ainda um ímpeto poderoso e talvez irresistível, porém um mecanismo muito diverso a faz pulsar. Em vez de esclarecer mais as relações entre objetividade e subjetividade, o tempo enreda, num grau maior de intimidade e numa escala mais ampla, humanos e não humanos. A sensação de tempo, a definição do rumo para o qual nos leva, do que deveríamos fazer, de qual guerra deveríamos participar, revela-se completamente diferente nos dois mapas, pois, naquele que utilizo (Figura 6.7), a confusão de humanos e não humanos constitui não apenas nosso passado como, também, nosso *futuro*. Se algo há tão certo quanto a morte e a cobrança de impostos, é que viveremos amanhã metidos em confusões de ciência, técnicas e sociedade *ainda mais estreitamente associadas* que as do passado – como o episódio da "vaca louca" bem demonstrou aos comedores de bifes europeus. A diferença entre os dois mapas é total porque aquilo que os guerreiros modernistas da ciência consideram um horror a ser evitado a todo custo – a mescla de objetividade e subjetividade – representa para nós, ao contrário, a marca de uma vida civilizada – exceto pelo fato de que o tempo irá misturar no futuro, mais que no passado, *não objetos e sujeitos, mas humanos e não humanos*, o que faz uma enorme diferença. Dessa diferença os guerreiros da ciência permanecem santamente ignaros, convictos de que pretendemos confundir objetividade e subjetividade.

A esta altura do livro, vejo-me numa situação embaraçosa. Preciso oferecer um quadro alternativo do mundo que não apele para nenhum dos recursos de senso comum; no final das contas, entretanto, o senso comum é justamente o que busco. O mito do progresso tem atrás de si séculos de institucionalização e só o que ajuda minha pragmatogoniazinha são meus pobres diagramas. Devo, porém, ir em frente, já que o mito do progresso é tão poderoso que encerra qualquer discussão.

Quero contar outra história. No caso de minha atual pragmatogonia*, isolei onze camadas distintas. Obviamente, não reclamo para essas definições ou para sua sequência nenhuma plausibilidade: desejo simplesmente mostrar que o despotismo da dicotomia entre objetos e sujeitos não é inevitável, pois podemos visualizar outro mito do qual ela esteja ausente. Se eu conseguir abrir algum espaço para a imaginação, talvez isso signifique que não estamos para sempre aferrados ao mito implausível do progresso.

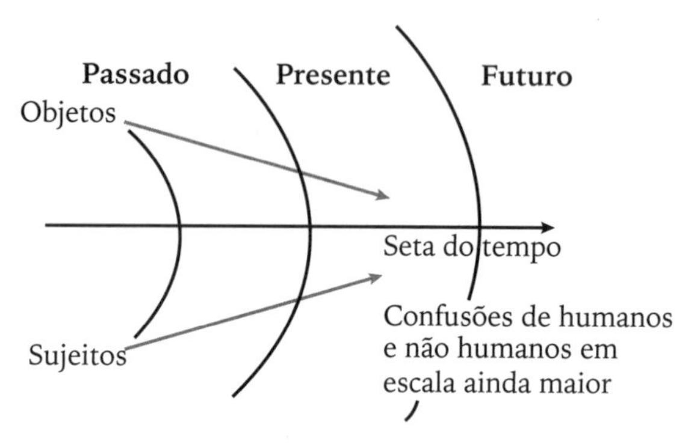

Figura 6.7 – Na narrativa "serva" alternativa, existe ainda uma seta do tempo, mas em registro diferente do da Figura 6.6: as duas linhas de objetos e sujeitos confundem-se mais no futuro do que no passado – daí a sensação de instabilidade. O que, ao contrário, aumenta mais é a escala crescente em que humanos e não humanos estão ligados.

Se eu pudesse pelo menos começar a recitar essa pragmatogonia – uso tal palavra para enfatizar seu caráter fantasioso –, teria encontrado uma alternativa ao mito do progresso, o mais formidável de todos os mitos modernistas, aquele que manteve meu amigo em suas garras quando este me perguntou, no capítulo 1, "Sabemos hoje mais do que antes?". Não, não sabemos – se, com essa expressão, entendemos que a cada dia nos afastamos mais da confusão entre fatos, por um lado, e sociedade, por outro. Contudo, sabemos muitíssimo mais caso queiramos dizer que nossos coletivos estão mergulhando mais profundamente, mais intimamente, em misturas de humanos e não humanos. Até que disponhamos de uma alternativa à noção de progresso, por provisória que seja, os guerreiros da ciência sempre conseguirão pespegar aos estudos científicos o estigma infame de "reacionários".

Pois eu vou elaborar essa alternativa recorrendo aos meios mais estapafúrdios. Pretendo aclarar as sucessivas permutações de propriedades entre humanos e não humanos. Cada uma dessas permutações resulta numa mudança radical na escala do coletivo, em sua composição e no grau de entrelaçamento de humanos e não humanos. Para contar minha história, abrirei a caixa de Pandora de trás para a frente, isto é, começando pelos tipos mais recentes de meandro, mapearei o labirinto até encontrar o meandro primitivo (mítico). Como veremos, o medo dos guerreiros da ciência não se justifica: não há aqui nenhuma regressão perigosa, uma vez que todos os antigos passos continuam conosco. Longe de constituir uma horrenda miscigenação entre objetos e sujeitos, eles são simplesmente as hibridizações que nos tornam humanos e não humanos.

Nível 11: ecologia política

Falar de uma permutação entre técnicas e política não indica, em minha pragmatogonia, crença na distinção entre uma esfera material e uma esfera social. Estou simplesmente eliminando do décimo primeiro nível aquilo que se encontrava inserido nas definições de sociedade e técnica. A décima primeira interpretação da permutação – a troca de propriedades – entre humanos e não humanos é a mais fácil de definir porque é a mais *literal*. Advogados, ativistas, ecologistas, empresários e filósofos políticos sugerem seriamente agora, no contexto de nossa crise ecológica, que se concedam a não humanos alguns direitos e mesmo uma condição jurídica. Não faz muito tempo, contemplar o céu significava refletir sobre a matéria ou a natureza. Hoje, vemo-nos em presença de uma confusão sociopolítica, pois o esgotamento da camada de ozônio provoca uma controvérsia científica, uma disputa política entre Norte e Sul, bem como importantes mudanças estratégicas na indústria. A representação política de não humanos parece atualmente não apenas plausível como necessária, embora fosse considerada há poucos anos ridícula ou indecente. Costumávamos zombar dos povos primitivos por acreditarem que uma desordem na sociedade, uma poluição, ameaçaria a ordem natural. Já não nos rimos com tanto gosto, pois deixamos de usar aerossóis com medo de que o céu desabe sobre nossas cabeças. Como os "primitivos", tememos a poluição causada por nossa negligência – o que significa, é claro, que nem "eles" nem "nós" fomos alguma vez primitivos.

Tal qual sucede a todas as permutações, todas as trocas, esta mistura elementos de ambos os lados, políticos e científicos ou técnicos, mas não num arranjo novo e aleatório. As tecnologias nos ensinaram a controlar vastos conjuntos de não humanos; nosso híbrido sociotécnico mais novo traz-nos o que costumávamos atribuir ao sistema político. O novo híbrido permanece não humano, mas não apenas perdeu seu caráter material e objetivo como adquiriu foros de cidadania. Ele tem, por exemplo, o direito de não ser escravizado. Esse primeiro nível de significação – o último a chegar, na sequência cronológica – é o da ecologia política ou, para empregar a expressão de Michel Serres, "contrato natural" (Serres, 1995). *Literalmente*, e não simbolicamente como antes, temos de administrar o planeta que habitamos. Vamos definir agora o que chamarei, no próximo capítulo, de política das coisas.

Nível 10: tecnociência

Se eu descer para o décimo nível, descobrirei que nossa atual definição de tecnologia é, em si mesma, devida à permutação entre uma definição anterior de sociedade e uma versão particular daquilo que um não humano pode ser. Exemplificando: há algum tempo, no Instituto Pasteur, um cientista se apresentou assim: "Olá, eu sou o coordenador do cromossomo 11 do fermento". O híbrido cuja mão apertei era, ao mesmo tempo, uma pessoa (dava a si mesmo o nome de "eu"), uma entidade jurídica ("o coordenador") e um fenômeno natural (o genoma, a sequência do DNA do fermento). O paradigma dualista não nos permitirá compreender esse híbrido. Coloque seu aspecto social de um lado e o DNA do fermento de outro, e você deixará escapar não apenas as palavras do interlocutor como também a oportunidade de perceber como um genoma se torna conhecido para uma organização e como uma organização se naturaliza numa sequência de DNA num disco rígido.

Aqui, encontramos novamente a permutação, mas de espécie diferente e que caminha para outro lado, embora possa também ser chamada sociotécnica. O cientista que entrevistei não pensava em atribuir direitos ou cidadania ao fermento. Para ele, o fermento era uma entidade estritamente material. Além disso, o laboratório industrial no qual trabalhava era um lugar onde modos atualizados de organização do trabalho procuravam traços inteiramente novos nos não humanos. O fermento vem sendo posto em funcionamento há milênios, como por exemplo na velha indústria cervejeira, mas agora trabalha para uma rede de trinta laboratórios europeus nos quais seu genoma é mapeado, humanizado e socializado como código, livro ou programa de ação compatíveis com nossas formas de codificar, computar e ler – sem conservar nada de sua qualidade material, a qualidade do estranho. Ele foi absorvido no coletivo. Por meio da tecnociência – definida para meus propósitos aqui como uma fusão de ciência, organização e indústria –, as formas de coordenação aprendidas graças às "redes de poder" (ver nível 9) estendem-se para as entidades inarticuladas. Os não humanos são dotados de fala, mesmo que primitiva, de inteligência, previdência, autocontrole e disciplina, de uma maneira tanto íntima quanto em larga escala. A sociabilidade é partilhada com não humanos de uma forma quase promíscua. Embora nesse modelo, que é o décimo significado de sociotécnico (ver Figura 6.8), não gozem de direitos, os autômatos são muito mais que entidades materiais: são organizações complexas.

Nível 9: redes de poder

As organizações tecnocientíficas, contudo, não são puramente sociais, já que elas próprias recapitulam, em minha história, nove permutações anteriores entre humanos e não humanos. Alfred Chandler e Thomas Hughes retraçaram a interpenetração de fatores técnicos e sociais naquilo que Chandler denomina "corporação global" (Chandler, 1977), e Hughes, "redes de poder" (Hughes,

1983). Também aqui se aplicaria a expressão "confusão sociotécnica", sendo possível substituir o paradigma dualista pela "trama inconsútil" dos fatores técnicos e sociais tão habilmente registrados por Hughes. Mas um dos objetivos de minha pequena genealogia é também identificar, na trama inconsútil, propriedades tomadas ao mundo social para socializar não humanos e propriedades tomadas aos não humanos para naturalizar e expandir a esfera social. Para cada nível de significação, tudo o que ocorre acontece como se estivéssemos apreendendo, em nossos contatos com um dos lados, propriedades ontológicas que são depois reencaminhadas para o outro, gerando efeitos novos e absolutamente imprevisíveis.

A extensão das redes de poder na indústria elétrica, nas telecomunicações e no transporte é inimaginável sem uma mobilização maciça de entidades materiais. O livro de Hughes é emblemático para os estudiosos da tecnologia porque mostra como uma invenção técnica (luz elétrica) levou ao estabelecimento (por Edison) de uma corporação em escala nunca vista, cujas dimensões se relacionavam diretamente às propriedades físicas das redes elétricas. Não é que Hughes se refira, de modo algum, a uma infraestrutura responsável por mudanças numa superestrutura; ao contrário, suas redes de poder são híbridos completos, embora de um tipo especial – elas emprestam suas qualidades não humanas ao que eram até então corporações frágeis, locais e dispersas. O controle de massas formidáveis de elétrons, clientes, centrais elétricas, subsidiárias, medidores e departamentos de expedição adquire, pois, o caráter formal e universal de leis científicas.

O nono nível de significação lembra o décimo primeiro, pois em ambos os casos a permutação passa, toscamente, de não humanos para corporações. (O que pode ser feito com elétrons [*electrons*] pode ser feito com eleitores [*electors*].) Mas a intimidade de humanos e não humanos é menos notória nas redes de poder que na ecologia política. Edison, Bell e Ford mobilizaram entidades que pareciam matéria, não sociais, ao passo que a ecologia política envolve o destino de não humanos já socializados, tão perto de nós que precisam ser protegidos pela determinação de seus direitos legais.

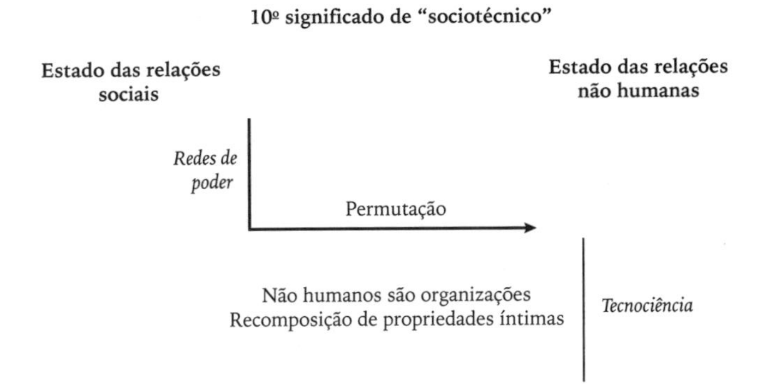

Figura 6.8 – Todo passo na pragmatogonia mítica pode ser descrito como uma permutação mediante a qual habilidades e propriedades aprendidas nas relações sociais tornam-se pertinentes para o estabelecimento de relações com não humanos. Por convenção, entende-se que o próximo passo é dado na direção oposta.

Nível 8: indústria

Os filósofos e sociólogos das técnicas tendem a imaginar que não existe dificuldade em definir as entidades materiais porque elas são objetivas, compostas simplesmente de forças, elementos e átomos. Só a esfera social, humana, é difícil de interpretar porque, pensamos sempre, seu caráter histórico e, como dizem eles, "simbólico" apresenta-se complexo. No entanto, sempre que falamos de matéria estamos realmente considerando, conforme tentarei demonstrar aqui, um *pacote* de antigas permutações entre elementos sociais e naturais, de sorte que aquilo que consideramos termos puros e primitivos não passam de termos misturados e tardios. Já vimos que a matéria varia grandemente de nível para nível – a matéria no nível que chamei de "ecologia política" difere da matéria nos níveis que chamei de "tecnologia" e "redes de poder". Longe de ser primitiva, imutável e a-histórica, a matéria tem também uma genealogia complexa e nos é transmitida por intermédio de uma longa e intricada pragmatogonia.

O feito extraordinário daquilo que chamarei de *indústria* consiste em estender à matéria outra propriedade que julgamos exclusivamente social, a capacidade de relacionamento com os semelhantes, os coespecíficos, por assim dizer. Os não humanos possuem essa capacidade quando se tornam parte de um conjunto de atuantes a que damos o nome de máquina: um autômato dotado de certa independência e submetido a leis regulares que podem ser medidas por instrumentos e procedimentos contábeis. Historicamente, a mudança se deu de ferramentas nas mãos de trabalhadores humanos para conjuntos de máquinas, onde ferramentas se relacionam com ferramentas criando um poderoso dispositivo de labuta e vínculos materiais nas fábricas que Marx descreveu como outros tantos círculos do Inferno. O paradoxo dessa etapa no relacionamento de humanos e não humanos é que ela foi chamada de "alienação" e desumanização, como se fosse essa a primeira vez que a fraqueza dos explorados se viu confrontada pela força objetiva todo-poderosa. Entretanto, correlacionar não humanos num conjunto de máquinas, governado por leis e operacionalizado por instrumentos, é conceder-lhes uma espécie de vida social.

Com efeito, o projeto modernista consiste na criação deste híbrido peculiar: um não humano fabricado que, sem nada ter do caráter da sociedade e da política, edifica o Estado com tanto mais eficiência quanto parece completamente alheio à humanidade. Essa famosa matéria informe, celebrada com enorme entusiasmo ao longo dos séculos XVIII e XIX, que o Homem – raramente a Mulher – deve moldar e afeiçoar com sua engenhosidade, não passa de uma das muitas maneiras de socializar não humanos. Estes têm sido socializados a tal ponto que agora dispõem da capacidade de criar seu próprio conjunto, um autômato apto a inspecionar e supervisionar, acionar ou reter outros autômatos como se gozasse de absoluta independência. De fato, porém, as propriedades da "megamáquina" (ver nível 7) foram estendidas aos não humanos.

Somente porque não empreendemos uma antropologia de nosso mundo moderno é que podemos menosprezar a estranha e híbrida qualidade da matéria, supondo-a capturada e implementada pela indústria. Tomamos a matéria por algo mecânico, esquecendo-nos de que o mecanismo constitui a metade da moderna definição de sociedade*. Uma sociedade de máquinas? Sim, o oitavo significado do adjetivo "sociotécnico", embora pareça designar uma indústria nada problemática, que domina a matéria por intermédio da maquinaria, continua a parecer-nos a mais esquisita confusão sociotécnica. A matéria não é uma criação dada e sim uma criação histórica recente.

Nível 7: a megamáquina

Mas de onde vem a indústria? Ela não é a descoberta nem dada nem súbita, pelo capitalismo, das leis objetivas da matéria. Temos de imaginar sua genealogia recorrendo a significados mais antigos e primitivos do termo sociotécnico. Lewis Mumford apresentou a tese intrigante de que a megamáquina – organização de vasto número de humanos por cadeias de comando, planejamento deliberado e procedimentos contáveis – representa uma mudança de escala que precisa ser realizada antes de as rodas e alavancas poderem ser desenvolvidas (Mumford, 1966). Em algum ponto da história as interações humanas passam a ser mediadas por um amplo, estratificado e externalizado organismo político que vigia, por meio de toda uma gama de "técnicas intelectuais" (escrita e contabilidade, basicamente), os inúmeros subprogramas de ação encaixados uns aos outros. Quando alguns desses subprogramas (mas não todos) são substituídos por não humanos, nascem as máquinas e as fábricas. Os não humanos, desse ponto de vista, ingressam numa organização já existente e assumem um papel ensaiado há séculos por obedientes servos humanos alistados na megamáquina imperial.

No sétimo nível, a massa de não humanos arregimentados nas cidades por uma ecologia internalizada (definirei logo adiante essa expressão) recebeu o encargo de construir o império. A hipótese de Mumford torna-se discutível, para dizer o mínimo, quando nosso contexto de discussão é a história da tecnologia; mas faz muito sentido no contexto de minha pragmatogonia. Antes que seja possível delegar ação a não humanos e correlacioná-los num autômato, cumpre encaixar uma série de subprogramas de ação uns nos outros, sem perdê-los de vista. O controle, diria Mumford, precede a expansão das técnicas materiais. Mais em consonância com a lógica de minha história, alguém poderia sustentar que, *quando aprendemos alguma coisa sobre o controle de humanos, transferimos esse conhecimento a não humanos, dotando-os de mais e mais propriedades organizacionais*. Os episódios pares que narrei até aqui seguem o seguinte padrão: a indústria repassa a não humanos o controle das pessoas proficientes na máquina imperial, assim como a tecnociência repassa a não humanos o controle em larga escala aprendido por intermédio de redes de poder. Nos níveis ímpares, ocorre o oposto: *o que se aprendeu de não humanos é retomado para reconfigurar pessoas*.

Nível 6: ecologia internalizada

No contexto do sétimo nível, a megamáquina parece uma forma acabada pura, composta inteiramente de relações sociais. Todavia, quando alcançamos o nível 6 e investigamos o que existe por trás da megamáquina, deparamos com a mais extraordinária extensão de relações sociais a não humanos: agricultura e domesticação de animais. A intensa socialização, reeducação e reconfiguração de plantas e animais – tão intensa que altera a forma, a função e até mesmo a estrutura genética – é o que chamo de "ecologia internalizada". Como no caso de nossos outros níveis pares, a domesticação não pode ser descrita em termos de um acesso súbito a uma esfera material objetiva, existente *além* dos estreitos limites do social. A fim de alistar animais, plantas e proteínas no novo coletivo, é necessário em primeiro lugar atribuir-lhes as características sociais necessárias à sua integração. Esse trânsito de características resulta numa paisagem, feita pela mão do homem para a sociedade (aldeias e cidades), que altera completamente o que antes se entendia por vida social e material. Ao descrever o sexto nível, devemos falar em vida urbana, impérios e organizações, porém não em sociedade ou técnicas – nem em representação simbólica e infraestrutura. Tão profundas são as mudanças ocorridas nesse nível que ultrapassamos os portões da história e penetramos no âmago da pré-história ou mitologia.

Nível 5: sociedade

O que é uma sociedade, esse ponto de partida de todas as explicações sociais, esse *a priori* de toda a ciência social? Se minha pragmatogonia for pelo menos um pouco sugestiva, a sociedade não pode integrar nosso vocabulário final, já que o próprio termo teve de ser fabricado – "socialmente construído", conforme a expressão equivocada. Mas, segundo a interpretação de Durkheim, uma sociedade é mesmo primitiva: ela precede a ação individual, dura mais que qualquer interação e domina nossas vidas. Nela nascemos, vivemos e morremos. É externalizada, reificada, mais real que nós próprios – portanto, a origem de toda religião, de todo rito sacro, que para Durkheim nada mais são que o regresso do transcendente, mercê de figuração e mito, às interações individuais.

No entanto, a própria sociedade é construída graças a essas interações cotidianas. Por mais avançada, diferenciada e disciplinada que a sociedade se torne, ainda repararemos o tecido social recorrendo aos nossos próprios métodos e conhecimentos imanentes. Durkheim pode estar certo, mas Harold Garfinkel também. Talvez a solução, em consonância com o princípio generativo de minha genealogia, seja procurar não humanos. (Esse princípio explícito é: procure não humanos quando o surgimento de um traço social for inexplicável; procure o estado das relações sociais quando um novo e inexplicável tipo de objeto entrar no coletivo.) O que Durkheim confundiu com o efeito de uma ordem social *sui generis* foi simplesmente o efeito de se trazer tantas técnicas para explicar nossas relações sociais. Foram das técnicas, isto é, da capacidade de encaixar diversos subprogramas uns nos outros, que aprendemos o significado de subsistir e expandir, aceitar um papel e renunciar a uma função. Devolvendo essa competência à definição de sociedade, ensinamos nós mesmos a reificá-la, a libertar a sociedade das interações movediças. Aprendemos também a delegar à sociedade a tarefa de nos redelegar papéis e funções. Em suma, a sociedade existe, *mas não é socialmente construída*. Os não humanos proliferam debaixo da teoria social.

Nível 4: técnicas

A esta altura de nossa genealogia especulativa, não convém mais falar de humanos anatomicamente modernos, mas apenas de pré-humanos sociais. Enfim, estamos em condição de definir "técnica", no sentido de um *modus operandi*, com alguma precisão. As técnicas, ensinam-nos os arqueólogos, são subprogramas articulados para ações que subsistem (no tempo) e se estendem (no espaço). As técnicas não implicam sociedade (esse híbrido tardio), mas uma organização semissocial que arregimenta não humanos de diferentes climas, lugares e materiais. Arco e flecha, lança, martelo, rede ou peça de vestuário são constituídos de partes e peças que exigem recombinação em sequência de tempo e espaço sem relação com seus cenários originais. As técnicas são aquilo que acontece a ferramentas e atuantes não humanos quando processados por uma organização que os extrai, recombina e socializa. Até as técnicas mais simples são sociotécnicas; até nesse nível primitivo de significado as formas de organização revelam-se inseparáveis dos gestos técnicos.

Nível 3: complicação social

Mas que forma de organização pode explicar essas recombinações? Lembremo-nos de que, nesta etapa, não existe sociedade, nenhuma estrutura abrangente, nenhum dispensador de papéis e funções; existem apenas interações entre pré-humanos. Shirley Strum e eu chamamos esse terceiro nível de significado de *complicação social* (Strum; Latour, 1987). Aqui, interações complexas são assinaladas e acompanhadas por não humanos alistados para um propósito específico. Qual propósito? Os não humanos estabilizam as negociações sociais. Os não humanos são, ao mesmo tempo, flexíveis e duráveis; podem ser moldados rapidamente, mas depois disso duram mais que as interações que os fabricaram. As interações sociais mostram-se extremamente instáveis e transitórias. Ou melhor, são negociáveis mas transitórias ou, quando codificadas (por exemplo) na construção genética, muito persistentes mas difíceis de renegociar. O envolvimento de não humanos resolve a contradição entre durabilidade e negociabilidade. Torna-se possível acompanhar (ou "obscurecer") interações, recombinar tarefas altamente complexas, encaixar subprogramas uns nos outros. O que animais sociais complexos* não conseguiam realizar faz-se viável para pré-humanos – que utilizam ferramentas não para obter alimento, mas para fixar, sublinhar, materializar e vigiar a esfera social. Embora composta unicamente de interações, a esfera social torna-se visível e consegue, graças ao alistamento de não humanos – ferramentas – um certo grau de durabilidade.

Nível 2: a caixa de ferramentas básicas

As ferramentas em si, venham de onde vierem, só dão testemunho em nome de centenas de milhares de anos. Muitos arqueólogos supõem que a caixa de ferramentas básicas (como a chamo) e as técnicas estão diretamente relacionadas pela evolução das ferramentas simples para as ferramentas compostas. Entretanto, não há nenhuma rota *direta* da pedra lascada para a usina nuclear. E não há, além disso, nenhuma rota direta, como diversos teóricos sociais presumem, da complicação social para a sociedade, as megamáquinas e as redes. Finalmente, não há um conjunto de histórias paralelas, a história da infraestrutura e a história da superestrutura, mas apenas uma história sociotécnica (Latour; Lemonnier, 1994).

Mas então o que vem a ser uma ferramenta? A extensão de habilidades sociais a não humanos. Os símios maquiavélicos possuem poucas técnicas, mas conseguem excogitar ferramentas sociais (como Hans Kummer as chama; Kummer, 1993) graças a estratégias complexas de mútua manipulação e modificação. Se você atribuir aos pré-humanos de minha própria mitologia algum tipo de complexidade social, atribuir-lhes-á também a possibilidade de gerar ferramentas pela *transmissão* dessa competência a não humanos – tratando uma pedra, digamos, como um parceiro social, modificando-a e em seguida utilizando-a para trabalhar outra pedra.

As ferramentas pré-humanas, ao contrário dos implementos *ad hoc* de outros primatas, representam igualmente a extensão de uma habilidade ensaiada na esfera das interações sociais.

Nível 1: complexidade social

Chegamos finalmente ao nível dos primatas maquiavélicos, a derradeira circunvolução no labirinto de Dédalo. Aqui, eles criam interações sociais para reparar a ordem social em perpétua decadência. Manipulam-se uns aos outros a fim de sobreviver em grupos, ficando cada grupo de coespecíficos num estado de constante interferência recíproca (Strum, 1987). Chamamos esse estado, esse nível, de complexidade social. Deixo à vasta bibliografia primatológica a tarefa de mostrar que a presente etapa não está mais livre de contatos com ferramentas e técnicas do que qualquer uma das etapas posteriores (McGrew, 1992).

Uma recapitulação impossível, mas necessária

Sei muito bem que não deveria fazer isto. Mais que ninguém, devo perceber que é loucura tanto extrair as diferentes acepções de "sociotécnico" quanto recapitular todas elas num único diagrama, como se pudéssemos ler a história do mundo num relance. Todavia, sempre surpreende constatar quão poucas alternativas temos à cenografia grandiosa do progresso. Poderíamos contra-atacar com uma lúgubre história de decadência e ruína, como se a cada passo na extensão da ciência e da tecnologia nos afastássemos cada vez mais de nossa humanidade. Foi isso que Heidegger fez, e seu relato encerra o sombrio e vigoroso apelo de todos os contos de decadência. Poderemos também abster-nos de qualquer narrativa "mestra", a pretexto de que as coisas são sempre locais, históricas, contingentes, complexas, de múltiplas perspectivas, e de que é um crime encerrá-las todas num esquema pateticamente pobre. Mas esse golpe contra as narrativas "mestras" nunca é muito eficaz porque, no fundo de nossas mentes, não importa quão convictos estejamos da multiplicidade radical da existência, alguma coisa vai sub-repticiamente reunindo tudo num único feixe, que talvez seja ainda mais tosco que meus diagramas – inclusive a cenografia pós-moderna da multiplicidade e da perspectiva. Eis por que, contra o banimento das narrativas "mestras", viro à direita para desfiar uma narrativa "serva". Meu alvo não é ser razoável, respeitável ou sensível. É combater o modernismo descobrindo o esconderijo onde a ciência tem sido mantida desde seu sequestro para fins políticos dos quais não compartilho.

Se juntarmos sobre uma mesa os diversos níveis que descrevi brevemente – uma de minhas desculpas é a brevidade da investigação, que, no entanto, cobre milhões de anos! –, poderemos dar algum sentido a uma história em que, quanto mais avançamos, mais articulados se tornam os coletivos nos quais vivemos (ver Figura 6.9). Certamente, não estamos galgando um futuro feito de mais subjetividade e mais objetividade. Mas também não estamos descendo, expulsos para mais longe ainda do Éden da humanidade e da *poesis*.

Mesmo que a teoria especulativa por mim esboçada seja inteiramente falsa, ela entrevê, pelo menos, a possibilidade de imaginar uma alternativa genealógica ao paradigma dualista. Não estamos presos para sempre numa aborrecida alternância entre objetos ou matéria e sujeitos ou símbolos. Não estamos limitados a explicações do tipo "não apenas..., mas também". Meu pequeno conto cosmogônico revela a impossibilidade de termos um artefato que não incorpore relações sociais, bem como a impossibilidade de definir estruturas sociais sem explicitar o amplo papel nelas desempenhado por não humanos.

Em segundo lugar, e mais importante, a genealogia demonstra ser falso afirmar, como fazem tantos, que se abandonarmos a dicotomia entre sociedade e técnicas teremos de encarar uma trama inconsútil de fatores em que tudo está incluído em tudo. As propriedades de humanos e não humanos não podem ser intercambiadas ao acaso. Não apenas existe ordem na troca de propriedades como, em cada um dos onze níveis, o significado da palavra "sociotécnico" é esclarecido quando consideramos a própria troca: o que se aprendeu de não humanos e se transferiu para a esfera social e o que se ensaiou na esfera social e se reexportou para os não humanos. Também estes possuem uma história. Não são coerções ou objetos materiais. Sociotécnico 1 é diferente de sociotécnico 6, ou 7, ou 8, ou 11. Recorrendo a super-roteiros, conseguimos qualificar os significados de um termo até então inapelavelmente confuso. Em lugar da grande dicotomia vertical entre sociedade e técnicas, é concebível (de fato, está disponível agora) um leque de distinções horizontais entre significados muito diferentes dos híbridos sociotécnicos. Pode-se ter o bolo e comê-lo – ser monista e fazer distinções.

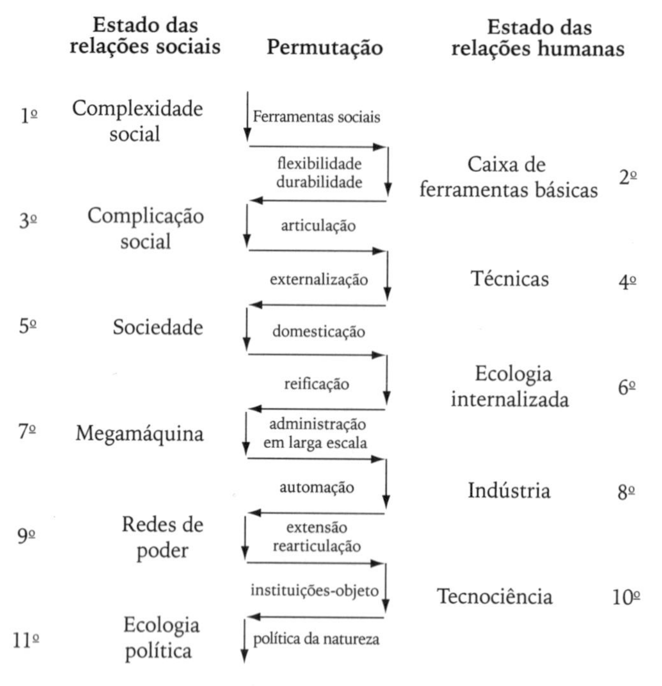

Figura 6.9 – Se forem somadas as permutações sucessivas, surgirá um padrão: as relações entre humanos são constituídas a partir de um conjunto prévio de relações que vinculavam não humanos entre si; essas novas habilidades e propriedades são depois reutilizadas para padronizar novos tipos de relações entre não humanos, e assim por diante; a cada etapa (mítica), a escala e o emaranhado aumentam. O principal traço desse mito é que, na etapa final, as definições que podemos elaborar de humanos e não humanos deverão recapitular todos os níveis anteriores da história. Quanto mais avançamos, menos puras se tornam as definições de humanos e não humanos.

Não quer dizer que o antigo dualismo, o velho paradigma, nada tenha a dizer por si mesmo. Nós, na verdade, nos revezamos entre estados de relações sociais e estados de relações não humanas, mas isso não é o mesmo que nos revezarmos entre humanidade e objetividade. O equívoco do paradigma dualista foi sua definição de humanidade. Até a forma dos humanos, nosso próprio corpo, é composta em grande medida de negociações e artefatos sociotécnicos. Conceber humanidade e tecnologia como polos opostos é, com efeito, descartar a humanidade: somos animais sociotécnicos e toda interação humana é sociotécnica. Jamais estamos limitados a vínculos sociais. Jamais nos defrontamos unicamente com objetos. Esse diagrama final recoloca a humanidade em seu devido lugar – na permutação, a coluna central, a articulação, a possibilidade de mediar mediadores.

Meu problema principal, no entanto, é que, em cada um dos onze episódios que examinei, um número crescente de humanos se mistura com um número crescente de não humanos, a ponto de, hoje em dia, o planeta inteiro estar votado à elaboração de políticas, leis e, para logo (creio eu), moralidade. A ilusão da modernidade foi acreditar que, quanto mais crescemos, mais se extremam a objetividade e a subjetividade, criando assim um futuro radicalmente diferente de nosso passado. Após a mudança de paradigma em nossa concepção de ciência e tecnologia, sabemos agora que isso nunca acontecerá e, na verdade, *nunca* aconteceu. Objetividade e subjetividade não são polos opostos, elas crescem juntas e crescem irreversivelmente. Espero que tenha, no mínimo, convencido o leitor de que, para enfrentar nosso desafio, não deveremos fazê-lo considerando os artefatos como coisas. Eles merecem algo melhor. Merecem ser alojados em nossa cultura intelectual como atores sociais de pleno direito. Os artefatos medeiam nossas ações? Não, os artefatos somos nós. O alvo de nossa filosofia, teoria social e moralidade cifra-se em inventar instituições políticas capazes de absorver essa grande história, esse vasto movimento em espiral, esse labirinto, esse fado.

O desagradável problema com que temos de nos haver é o de, infelizmente, *não* possuirmos uma definição de política apta a responder às especificações dessa história não moderna. Ao contrário, toda definição que temos de política provém do acordo modernista e da definição polêmica de ciência que achamos tão deficiente. Cada uma das ferramentas utilizadas nas guerras de ciência, inclusive a *própria distinção* entre ciência e política, foi entregue aos combatentes pelo partido que desejamos combater. Não admira que sempre percamos e sejamos acusados de politizar a ciência! A epistemologia não tornou opaca apenas a prática da ciência e da tecnologia: fê-lo também à prática da política. Como logo veremos, o medo do governo da massa, a proverbial cenografia do poder *versus* direito, é o que preserva a integridade do antigo acordo, é o que nos tornou modernos, é o que sequestrou a prática da ciência com mira no mais implausível dos projetos: a abolição da política.

7
A invenção das guerras na ciência
O acordo de Sócrates e Cálicles

"Se o Direito não prevalece, a Força toma o seu lugar". Quantas vezes não ouvimos esse grito de desespero? Nada mais natural do que clamar pelo Direito quando deparamos com os horrores que testemunhamos todos os dias. Mas esse grito também tem uma história que queremos examinar porque assim talvez possamos restabelecer uma distinção entre ciência e política e explicar por que o Estado foi inventado de um modo que veio a torná-lo impossível, impotente, ilegítimo, bastardo.

Quando digo que esse grito de guerra tem uma história, não estou pretendendo que ela se move num ritmo veloz. Pelo contrário, séculos e séculos podem transcorrer sem afetá-la um mínimo que seja. Seu ritmo assemelha-se ao do teorema de Fermat e ao das placas tectônicas das glaciações. Considere-se, por exemplo, a similitude entre o veemente discurso que Sócrates dirigiu ao sofista Cálicles no célebre diálogo *Górgias* e esta recente asserção de Steve Weinberg na *New York Review of Books*:

> Nossa civilização tem sido fortemente afetada pela descoberta de que a natureza é estritamente governada por leis impessoais [...] Precisamos confirmar e fortalecer a visão de um mundo racionalmente compreensível se quisermos proteger-nos contra as tendên-

cias irracionais que ainda assediam a humanidade. (8 de agosto de 1996, p.15)

E aqui está a famosa admonição de Sócrates: *geômetrias gar ameleis*!

> Os sábios, Cálicles, dizem que a cooperação, o amor, a ordem, a disciplina e a justiça unem o céu e a terra, os deuses e os homens. É por isso, meu amigo, que eles chamam o universo de ordem, e não de desordem e desregramento. Mas parece-me que apesar de toda a sua ciência você não atenta nisso, esquecendo-se de que a *igualdade geométrica* tem muito poder entre os deuses e os homens. Esse desprezo pela geometria levou-o a acreditar que se deve querer ter mais do que os outros. (507e-508a)

O que essas duas citações têm em comum, ao longo de um enorme intervalo de séculos, é o forte vínculo que ambas estabelecem entre o respeito pelas leis naturais impessoais, de um lado, e a luta contra a irracionalidade, a imoralidade e a desordem política, de outro. Em ambas as citações o destino da Razão e o destino da Política estão associados num único destino. Atacar a Razão é tornar a moralidade e a paz social impossíveis. Só a Razão nos protege contra a Força: Razão contra guerra civil. O princípio comum é que precisamos de algo "inumano" – para Weinberg, as leis naturais, que nenhum homem construiu; para Sócrates, a geometria, cujas demonstrações escapam à fantasia humana – se queremos ser capazes de lutar contra a "inumanidade". Resumindo: só a inumanidade irá subjugar a inumanidade. Só a Ciência, que não é feita pelo homem, irá proteger um Estado em constante risco de ser feito pela multidão. Sim, a Razão é a nossa muralha, nossa Grande Muralha da China, nossa Linha Maginot contra a perigosa e intemperante multidão.

Essa linha de raciocínio, que chamarei de "inumanidade contra inumanidade", foi atacada desde o seu princípio, a partir dos sofistas, contra quem Platão lança o seu assalto total, até o variegado grupo de pessoas acusadas de "pós-modernismo" (acusação, aliás, tão vaga quanto a maldição de ser "sofista"). Os pós-modernos do passado e do presente tentaram romper a conexão entre a descoberta das leis naturais do cosmo e a questão de tornar o Estado seguro para os seus cidadãos. Alguns afirmaram que o acréscimo de inumanidade à inumanidade só fez aumentar a miséria e a luta civil e que se deve iniciar uma luta leal contra a Ciência e a Razão para proteger a política contra a intrusão da ciência e da tecnologia. Outros, ainda, que são alvejados publicamente hoje em dia e com quem, pesa-me dizê-lo, eu sou frequentemente confundido, tentaram mostrar que a regra da multidão, a violência do Estado, está poluindo em toda parte a pureza da Ciência, que se torna cada dia mais humana, demasiado humana, e cada dia mais adulterada pela luta civil que ela supostamente abrandaria. Outros, como Nietzsche, aceitaram desavergonhadamente a posição de Cálicles e afirmaram, contra o Sócrates degenerado e moralista, que só a violência poderia submeter tanto a multidão como o seu séquito de sacerdotes e outros homens de *ressentimento*, entre os quais, lamento dizê-lo, ele incluía cientistas e cosmologistas como Weinberg.

Nenhuma dessas críticas, entretanto, discutiu *simultaneamente* a definição de Ciência *e* a definição do Estado que ela implica. A inumanidade é aceita em ambas ou pelo menos em uma delas. Somente a conexão entre as duas, ou a sua conveniência, foi discutida. Neste e no próximo capítulo quero retornar à fonte do que eu chamo de cenografia da luta da Razão contra a Força, para ver como ela foi encenada pela primeira vez. Quero, em outras palavras, tentar fazer a arqueologia do reflexo pavloviano que faz que qualquer palestra sobre estudos científicos provoque estas perguntas do público: "Então você quer que só a força decida em matéria de prova? Então você é a favor da regra da multidão contra a do entendimento racional? Não há mesmo outro caminho? É realmente impossível construir outros reflexos, outros recursos intelectuais?".

Para avançar um pouco mais nessa genealogia, nenhum texto é mais adequado do que o *Górgias*, especialmente na excelente tradução de Robin Waterfield (Oxford University Press, 1994), já que nunca a genealogia foi mais belamente estabelecida do que no acrimonioso debate entre Sócrates e Cálicles, que foi comentado por todos os sofistas posteriores da Grécia e, depois, de Roma, assim como, em nossos tempos, por pensadores tão diversos quanto Charles Perelman e Hannah Arendt. Não estou lendo o *Górgias* como se fosse um estudioso grego (não sou, como se tornará penosamente claro), mas como se ele tivesse sido publicado alguns meses atrás na *New York Review of Books* como uma contribuição para as devastadoras guerras na ciência. Já em 385 a.C. ele trata do mesmo quebra-cabeça que associa a academia e as nossas sociedades atuais.

Esse quebra-cabeça pode formular-se de maneira muito simples: os gregos inventaram em demasia! Inventaram a democracia e a demonstração matemática, ou, para usar os termos que Barbara Cassin comenta de forma tão excelente, *epideixis** e *apodeixis** (Cassin, 1995). Ainda estamos lutando, nos nossos "tempos de vaca louca", com esse mesmo dilema: como ter uma ciência *e* uma democracia ao mesmo tempo? O que eu chamo de acordo entre Sócrates e Cálicles tornou o Estado incapaz de engolir as duas invenções de uma só vez. Mais felizes do que os gregos, podemos ser capazes, se reescrevermos esse acordo, de tirar partido de ambos.

Para revisitar esse "cenário primordial" da Razão e da Força, receio que teremos de seguir o diálogo com alguma minudência. A estrutura da história é clara. Três sofistas se opõem sucessivamente a Sócrates e são derrotados um após outro: Górgias, meio cansado de uma palestra que acabou de fazer; Polo, um pouco moroso; e finalmente o mais áspero dos três, o famoso e não famoso Cálicles. No fim, Sócrates, tendo desencorajado a discussão, fala para si mesmo e faz um apelo final às sombras do além, as únicas capazes de entender a sua posição e de julgá-la – com boa razão, como veremos.

Em meu comentário, nem sempre seguirei a ordem cronológica do diálogo e me concentrarei principalmente em Cálicles. Quero ressaltar dois aspectos da discussão que, a meu ver, têm sido frequentemente subestimados. Um deles é que Sócrates e seu terceiro oponente, Cálicles, concordam em tudo. A invocação de Sócrates da razão contra as pessoas irracionais molda-se efetivamente na exigência de Cálicles de uma "partilha desigual de poder". O segundo aspecto é que ainda se pode reconhecer na fala dos quatro protagonistas o traço indistinto das *condições de felicidade** que são próprias da política e que tanto Cálicles quanto Sócrates (ao menos como personagens do espetáculo de marionetes de Platão) fizeram o possível para apagar. Esse será o foco do capítulo 8, no qual procurarei mostrar que o Estado poderia comportar-se de maneira muito diferente caso se tivesse outra definição da ciência e da democracia. Uma ciência finalmente livre de ser sequestrada pela política? Melhor ainda, uma forma de governo finalmente livre de ser deslegitimada pela ciência? Eis uma coisa que, qualquer um o admitiria, vale a pena tentar.

Sócrates e Cálicles *versus* o povo de Atenas

O ódio demótico

Estamos tão acostumados a opor Força e Razão e a procurar no *Górgias* suas melhores exemplificações que nos esquecemos de observar que Sócrates e Cálicles têm um inimigo comum: o povo de Atenas, a multidão reunida na ágora, falando sem parar, fazendo as leis a seu bel-prazer, agindo como crianças, como doentes. Sócrates acusa Górgias e depois Polo de serem escravos do povo, ou de serem, como Cálicles, incapazes de pronunciar outras palavras que não as que a multidão furiosa põe na sua boca. Mas Cálicles também, quando é a sua vez de falar, acusa Sócrates de ser escravizado pelo povo de Atenas e de esquecer aquilo que torna os senhores nobres superiores aos *hoi polloi*: "Você diz que o seu objetivo é a verdade, Sócrates, mas de fato você encaminha a discussão para esse tipo de ideias éticas – ideias que são suficientemente *não sofisticadas* para ter um *apelo popular* e que dependem por inteiro da convenção, e não da natureza" (482e).

Os dois protagonistas fazem quanto podem para não serem estigmatizados com esta acusação fatal: *assemelhar-se* ao povo, à gente comum, aos lacaios e serviçais de Atenas. Como veremos, eles não tardam a discordar quanto à melhor forma de quebrar a regra da maioria, mas a conveniência de quebrar a regra da multidão permanece fora de questão. Testemunhamos essa troca de ideias na qual um Cálicles condescendente e cansado parece perder o debate referente à *distância* que se deve tomar em relação ao *demos*:

> CÁLICLES: Não sei explicá-lo, Sócrates, por que me parece correto o que você disse. Porém comigo se dá como com quase toda a gente: você não consegue convencer-me *inteiramente*.
> SÓCRATES: O *amor demótico*, Cálicles, que você traz no coração, é que trabalha contra mim. (513c)

Evidentemente, o amor do povo não está sufocando Sócrates! Ele tem um modo de quebrar a regra da maioria que nenhum obstáculo consegue refrear. Como devemos chamar ao que resiste no *seu* coração senão "ódio demótico"? Se fizermos uma lista de todos os termos depreciativos com os quais as pessoas comuns são estigmatizadas por Cálicles e Sócrates, será difícil saber qual deles as despreza mais. É por serem poluídas por mulheres, crianças e escravos que as assembleias merecem esse desprezo? É por se comporem de pessoas que trabalham com as próprias mãos? Ou é porque mudam de opinião como bebês e querem ser mimadas e superalimentadas como crianças irresponsáveis? Tudo isso, sem dúvida, mas sua pior qualidade, para os nossos quatro protagonistas, é ainda mais elementar: o grande defeito constitutivo das pessoas é que há um número *excessivamente grande* delas. "A retórica, então", diz Sócrates em sua tranquila arrogância, "não está preocupada em educar as pessoas *reunidas* nos tribunais e nas demais assembleias sobre o certo e o errado; tudo o que ela quer é *persuadi-las* a compreender *assuntos tão importantes em tão pouco tempo*". (455a)

Sim, há um número excessivamente grande delas, as questões são por demais importantes [*megala pragmata*], o tempo é muito curto [*oligô chronô*]. Não são essas, todavia, as condições normais do Estado? Não foi para lidar com essas situações peculiares de número, urgência e prioridade que se inventaram as sutis habilidades da política? Sim, como veremos no capítulo 8, mas essa *não* é a postura que Sócrates e Cálicles adotam. Tomados de horror pelos números, pela urgência e pela prioridade, eles concordam em outra solução radical: quebrar a regra da maioria e escapar dela. É nessa junção que a luta entre a Razão e a Força está sendo inventada, a cenografia da *commedia dell'arte* que vai entreter tantas pessoas durante tanto tempo.

Devido à hábil encenação de Platão (tão hábil que perdura até hoje nos anfiteatros dos câmpus), temos de distinguir entre dois papéis desempenhados por Cálicles, para que não atribuamos aos sofistas a posição em que Sócrates está tentando acuá-los – posição que eles aceitam cortesmente porque Platão está manobrando todos os cordéis das marionetes do diálogo ao mesmo tempo. Acreditar no que Platão diz dos sofistas seria como reconstituir os estudos científicos a partir dos panfletos dos guerreiros da ciência! Assim, chamarei o Cálicles que representa um papel de realce para Sócrates de Cálicles *de palha*. Ao Cálicles que retém aspectos das condições precisas de felicidade inventadas pelos sofistas, ainda visíveis no diálogo, chamarei de Cálicles *positivo*, ou *histórico*, ou *antropológico*. Embora o Cálicles de palha seja um forte inimigo do *demos* e a perfeita contrapartida de Sócrates, o Cálicles antropológico nos permitirá restabelecer algumas das especificidades da maneira de dizer a verdade política.

A melhor forma de quebrar a regra da maioria

A solução de Cálicles é assaz conhecida. É a velha solução aristocrática, apresentada sob uma luz clara e ingênua pelo homem bruto e loiro nietzschiano, descendente de uma raça de senhores. Mas não nos deixemos levar pelo que está acontecendo no palco. Cálicles não é a favor da Força entendida como "mera força", mas de algo, ao contrário, que tornará a força fraca. Está procurando uma força mais forte que a força. Devemos seguir com alguma precisão os ardis que Cálicles emprega porque, apesar de suas sarcásticas observações, é sobre o mau rapaz que o bom rapaz, Sócrates, vai modelar a *sua* solução simiesca para o *mesmo* problema: para ambos, *além* das leis convencionais feitas pela e para a multidão, existe outra lei natural, reservada à elite, que torna as almas nobres incompreensíveis para o *demos*.

Numa antecipação visionária de certos aspectos da sociobiologia, Cálicles apela para a natureza que está acima da história feita pelo homem:

> Mas acho que precisamos apenas observar a *natureza* para encontrar provas de que é *justo* que os *melhores* tenham uma parte *maior* do que os piores, que os mais capazes a tenham mais do que os menos capazes. As provas disso são numerosas. Outras *criaturas* mostram, a exemplo das nações e comunidades humanas, que o *direito* foi determinado como segue: a pessoa *superior* há de *dominar* a pessoa inferior e ter mais do que ela [...]. Tais pessoas agem, sem dúvida, em conformidade com a essência natural [*kata phusin*] do direito, mas vou ainda mais longe e digo que elas agem em conformidade com as *leis naturais* [*kata nomon ge tès phuseôs*], embora elas presumivelmente *contradigam* as leis feitas pelos homens.

Como Sócrates e Cálicles percebem imediatamente, porém, essa não é uma definição suficiente da Força, por uma razão simples e paradoxal: o Cálicles que apela para a lei natural superior é, não obstante, fisicamente *mais fraco* que a multidão. "Provavelmente você não está pensando que duas pessoas são melhores do que uma, ou que os nossos escravos são *melhores* do que você só porque são *mais fortes*", diz Cálicles. "Estou dizendo que as pessoas *superiores* são *melhores*. Não lhe estou dizendo o tempo todo que 'melhor' e 'superior' são a mesma coisa, na minha opinião? Que mais você acha que estive dizendo? Essa lei consiste nas declarações feitas por uma *assembleia de escravos e outras formas variadas de escombros humanos* que podem ser completamente *desprezados*, quando mais não fosse pelo fato de que têm a *força física* à sua disposição." (489c)

Nesse ponto devemos ter todo o cuidado para não introduzir o argumento moral que virá depois, concentrando-nos apenas no modo pelo qual Cálicles se esquiva à regra da maioria. Seu apelo à lei natural irrepressível assemelha-se exatamente à "inumanidade subjugando a inumanidade" com que iniciei este capítulo. Desprovido de sua dimensão moral, que será acrescentada posteriormente ao diálogo no interesse da exposição, e não da lógica, o argumento de Cálicles torna-se um apelo conducente a uma força mais forte do que a força democrática das pessoas reunidas, uma força belamente definida por Sócrates quando ele resume a posição de Cálicles:

> SÓCRATES: Eis, portanto, a sua posição: uma *única* pessoa inteligente é quase *obrigada a ser superior a dez mil tolos*; o poder político deve ser dela e eles devem ser os seus súditos; e é apropriado para alguém investido de poder político ter *mais* do que os seus súditos. Ora, não estou reproduzindo a forma das palavras que você usou, mas tal é a implicação do que você está dizendo: um único indivíduo *superior* para *dez mil outros*.
> CÁLICLES: Foi isso mesmo o que eu disse. Pois decorre do direito natural que um indivíduo *melhor* (ou seja, mais talentoso) *governe* as pessoas inferiores e tenha *mais* que elas. (490a)

Assim, quando a Força entra em cena na pessoa do Cálicles nietzschiano, não são como os camisas-pardas abrindo caminho até os laboratórios – como nos pesadelos dos epistemólogos quando pensam nos estudos científicos –, mas como um elitista e perito quebrando a regra da multidão e impondo a Razão superior a todos os direitos de propriedade convencionais. Quando se invoca a Força no palco, não é como uma multidão contra a Razão, mas como *um* homem contra a multidão, contra miríades de tolos. Nietzsche deduziu habilmente a moral desse paradoxo em seu célebre conselho: "Sempre é preciso defender o forte contra o fraco". Nada mais elitista do que a Força apavorante.

O modelo empregado por Cálicles, naturalmente, é a nobreza, a educação aristocrática a que o próprio Platão, como tantas vezes já se observou, deve sua virtude. A nobreza confere uma qualidade distinta e um *status* nativo que torna os senhores diferentes dos *hoi polloi*. Mas Cálicles altera consideravelmente o modelo clássico ao complementar a educação com um apelo à lei que é superior à lei. As elites se definem não só por seu passado e seus ancestrais, mas também por sua conexão com essa lei natural que não depende da "construção social" levada a cabo por escravos. Estamos tão habituados a rir quando Cálicles cai em todas as armadilhas forjadas por Sócrates que deixamos de ver quão similares são os papéis que ambos atribuem a uma lei natural irrepressível e não criada pelo homem. "Que é que fazemos com os melhores e mais fortes dentre nós?", pergunta Cálicles.

> Nós os capturamos quando jovens, como fazemos com o leão, para moldá-los e *transformá-los em escravos* mediante encantamentos e fórmulas mágicas, e convencê-los de que devem contentar-se com a igualdade, pois nisso precisamente consistem o belo e o justo. Mas tenho certeza de que, se nascer um homem *em quem a natureza* é bastante *forte para abalar e desfazer todas essas limitações* e alcançar a liberdade, ele *pisará* em todos os nossos regulamentos, encantamentos, fórmulas e leis *não naturais* e, revoltando-se, se tornará dono de nós. E então o *direito natural* [*to tès phuseôs dikaion*] brilhará com seu maior fulgor. (483e-484b)

Esse tipo de afirmação fez muito pela reputação de Cálicles, e no entanto é a mesma ânsia irreprimível que nem mesmo a má educação pode extirpar e que "abalará" a irracionalidade e "brilhará com seu maior fulgor" quando Sócrates derrotar os *seus* dez mil tolos. Se tirarmos de Cálicles a capa da imoralidade, se o fizermos trocar nos bastidores as suas vestes de bruto pela roupa alva e virginal de Antígona, teremos de reconhecer que seu argumento possui a mesma beleza que a dela contra Creonte, sobre o qual tantos filósofos morais derramaram tantas lágrimas. Ambos dizem que a deformação pela "construção social" não pode impedir a lei natural de "brilhar com seu maior fulgor" no coração das pessoas naturalmente boas. Com o tempo, os corações nobres hão de triunfar sobre as convenções humanas. Desprezamos os Cálicles e louvamos os Sócrates e as Antígonas, mas isso equivale a ocultar o simples fato de que todos eles querem ficar sozinhos contra o povo. Queixamo-nos de que, sem o Direito, a guerra de todos contra todos irromperá, mas deixamos passar despercebida *essa* guerra de dois, Sócrates e Cálicles, contra todos os outros.

Com essa pequena advertência em mente, podemos agora ouvir a solução de Sócrates com um ouvido diferente. No palco, em verdade, ele se empenha em ridicularizar o apelo de Cálicles a uma Força ilimitada: "Você poderia voltar ao início, porém, e dizer-me novamente o que você e Píndaro entendem por direito natural? Estou certo ao lembrar que de acordo com vocês é o *confisco da propriedade* pertencente às pessoas inferiores por alguém que é superior, a *dominação* dos piores pelos melhores e a distribuição *desigual* dos bens, de tal sorte que a elite tenha mais do que as pessoas de segunda classe?" (488b).

Toda a plateia grita horrorizada quando confrontada com essa ameaça da Força engolindo os direitos dos cidadãos comuns. Mas em que a solução do próprio Sócrates é *tecnicamente* diferente? Também aqui, deixemos os parceiros no palco por um momento em trajes comuns, sem as vestes esplêndidas da moralidade, e atentemos cuidadosamente para a concepção de Sócrates acerca do modo como podemos resistir à *mesma* multidão reunida. Dessa vez é o pobre Polo que se vê aferroado pela arraia elétrica:

> O problema, Polo, é que você está tentando usar contra mim o tipo de refutação retórica que as *pessoas nos tribunais* consideram bem-sucedida. Aqui também, como você sabe, as pessoas pensam que estão provando que o outro lado está errado se produzir *um grande número de testemunhas eminentes* em apoio dos seus argumentos, mas seu oponente apresenta-se com um *único testemunho* ou mesmo nenhum. Esse tipo de refutação, contudo, é comple-

> tamente *inútil* no *contexto da verdade* [*outos de o elegchos oudenos axios estin pros tèn alètheian*], visto ser perfeitamente possível que alguém seja derrotado no tribunal por uma *horda de testemunhas* dotadas de uma respeitabilidade apenas aparente que testemunharão falsamente contra ele. (471e-472a)

Quantas vezes sua posição não foi admirada! Quantas vozes tremeram ao comentar a coragem de um homem contra as hordas, como Santa Genoveva detendo as hostes de Átila com a pura luz de sua virtude! Sim, é admirável, mas não mais que o apelo de Cálicles à lei natural. O objetivo é idêntico, e mesmo Cálicles, em sua definição mais ampla da dominação forçada, nunca sonha com uma posição de poder como dominante, exclusivo e inconteste como o que Sócrates exige para o seu conhecimento. É para um grande poder que Sócrates apela, comparando-o ao conhecimento que o médico tem do corpo humano desde que possa escravizar todas as demais formas de perícia e técnica: "Não compreendem que esse tipo de perícia deve ser apropriadamente o tipo *dominante* e ter liberdade para com os produtos de todas as outras técnicas porque ele conhece – e nenhum dos outros conhece – o alimento e a bebida que promovem um bom estado físico e os que não o promovem. Eis por que o *resto deles* só é adequado para o trabalho *escravo, ancilar e degradante* e deve *por direito* ser subordinado ao treinamento e à medicina" (517e-518a).

Entra a verdade e a ágora fica vazia. Um homem pode triunfar sobre qualquer outro. No "contexto da verdade", como no "contexto da aristocracia", as hordas são derrotadas por uma força – sim, uma força – superior à reputação e à força física do *demos* e ao seu infindável e inútil conhecimento prático. Quando a Força entra em cena, como eu disse acima, não é como uma multidão, mas como um homem *contra* a multidão. Quando a Verdade entra em cena, não é como um homem contra qualquer outro, mas como uma lei natural transcendente, impessoal, uma Força mais poderosa que a Força. Os argumentos prevalecem contra tudo o mais porque são racionalmente elaborados. Foi o que Cálicles deixou de considerar: o poder da igualdade geométrica: "Você negligenciou a geometria, Cálicles!". O rapaz nunca mais se recobrará do golpe.

O motivo pelo qual Cálicles e Sócrates estão agindo como gêmeos siameses nesse diálogo é explicitado por diversos paralelos que Platão estabelece entre as duas soluções de seus heróis. Sócrates compara o apego servil de Cálicles ao *demos* com seu próprio apego servil à filosofia: "Amo Alcibíades, filho de Clínias, e a filosofia, e seus dois amores são a *populaça* ateniense e Demo, filho de Pirilampo [...]. Assim, em vez de se admirar das coisas que falo, você deveria impedir que a minha querida filosofia exprimisse essas opiniões. Como você sabe, meu amigo, ela está *constantemente repetindo* as ideias que você acaba de ouvir de mim, e é muito *menos volúvel* do que o meu outro amor. Quero dizer, Alcibíades diz diferentes coisas em diferentes ocasiões, mas *as ideias da filosofia nunca mudam*" (481d-482a).

Contra o povo caprichoso de Atenas, contra o ainda mais extravagante Alcibíades, Sócrates encontrou uma âncora que lhe permite estar certo contra os caprichos de quem quer que seja. Mas isso é também, apesar da irônica observação de Sócrates, o que Cálicles pensa das leis naturais: elas o protegem contra os caprichos da turba. Há, é certo, uma grande diferença entre as duas âncoras, mas isso deve contar em favor do Cálicles antropológico real, e não de Sócrates: a âncora do bom rapaz está fixada no além, no mundo etéreo das sombras e fantasmas, enquanto a âncora de Cálicles está fixada à sólida e resistente matéria do Estado. Qual das duas âncoras está mais firme? Por incrível que parece, Platão consegue fazer-nos acreditar que é a de Sócrates!

A beleza do diálogo, como tantas vezes já se observou, reside principalmente na oposição entre duas cenas paralelas, uma em que Cálicles zomba de Sócrates por ser incapaz de se defender no tribunal *deste* mundo e a outra no final, quando Sócrates zomba de Cálicles por ser incapaz de se defender no tribunal de Hades no outro mundo. Primeiro *round*:

> Sócrates, você está negligenciando matérias que são não negligenciáveis. Atente ao nobre temperamento com que a natureza o dotou! No entanto, você é famoso apenas por se comportar como um adolescente. Não poderia pronunciar um discurso *apropriado aos conselhos* que administram a justiça ou fazer um apelo *plausível* e *persuasivo* [...]. O importante é que, se você, ou qualquer outro do seu tipo, fosse detido e levado para a prisão, injustamente acusados de algum crime, seriam *incapazes* – e tenho certeza de que está bem cônscio disso – de fazer o que quer que fosse para si mesmo. *Com a cabeça girando e de boca aberta*, você não saberia o que dizer. (485e-486b)

Uma situação deveras terrível para um grego é ser emudecido por uma acusação injusta no meio da multidão. Note-se que Cálicles não admoesta Sócrates por ser demasiado altivo, mas por ser um adolescente impotente, modesto e tolo. Cálicles tem um recurso próprio que vem de uma antiga tradição aristocrática: um talento inato para o discurso que lhe permite achar a expressão exata para falar contra as convenções criadas pelos "cidadãos de segunda classe".

Para encontrar uma réplica, Sócrates tem de esperar até o fim do diálogo e abandonar a sua dialética de perguntas e respostas para contar uma história crepuscular. O *round* final:

> Parece-me que *você tem um defeito* que não lhe permitirá defender-se quando chegar a hora de passar pelo julgamento do qual acabei de falar. Em vez disso, quando você chegar à frente do filho de Egina [Radamanto] e ele o agarrar e o levar para ser julgado, *você ficará com vertigem e de boca aberta* lá *naquele* mundo tal como eu *aqui*, e é possível mesmo que alguém o esbofeteie e lhe inflija toda sorte de ultraje como se fosse um *joão-ninguém* sem qualquer *status*. (526e-527a)

Um belo efeito no palco, sem dúvida, com sombras nuas percorrendo um inferno de papel machê e fumos e névoas artificiais flutuando no ar. "Mas um pouco tarde, Sócrates", poderia ter replicado o Cálicles antropológico, "porque a política não está preocupada com os mortos nus que vivem num mundo de fantasmas e julgados pelos semiexistentes filhos de Zeus, mas com os corpos vestidos e vivos reunidos na ágora com seus *status* e seus amigos, sob o reluzente sol da Ática, e tentando decidir, no local, no tempo real, o que fazer em seguida". Mas por ora o Cálicles de palha, graças a uma feliz coincidência, foi emudecido por Platão. O mesmo vale para o método dialético e para o apelo à "comunidade do livre discurso". Quando chegou a época da retribuição, Sócrates fala sozinho na tão desprezada maneira epidêitica (465e).

Pena que o diálogo termine com esse admirável mas vazio apelo às sombras da política, porque Cálicles poderia ter mostrado que mesmo a sua egoísta e extravagante reivindicação de hedonismo, que o tornou tão desprezível para a multidão do teatro, também é usada por Sócrates para definir a *sua* maneira de lidar com o povo:

> E no entanto, caro amigo, para mim é preferível ser um músico com uma lira desafinada ou um mestre de um coro dissonante, e é preferível para *quase todo mundo* achar minhas crenças infundadas e erradas do que *uma única pessoa – eu –* entrar em choque *consigo mesma* e vir a contradizer-se. (482b-c)

"Pereça o povo de Atenas", disse o Cálicles de palha, "contanto que eu me divirta e tire o máximo que puder das mãos dos escombros de segunda classe!". Em que sentido o apelo de Sócrates é menos egoísta? "Pereça o mundo inteiro, contanto que eu me ponha de acordo não só com outra pessoa qualquer" – como, segundo veremos, ele disse antes a Polo – "mas comigo mesmo!". Sabendo que Platão deturpa intencionalmente a posição de Cálicles e Górgias, enquanto apresenta Sócrates como tendo a última palavra e respondendo com seriedade, quem é mais perigoso – o agorafóbico cientista louco ou a "loura ave de rapina"? Qual é mais deletério para a democracia, o Direito ou a Força? Ao longo do diálogo, o paralelismo entre as soluções dos dois contendores é inevitável.

No entanto, também ele é absolutamente invisível, enquanto continuamos com os olhos fixos no palco. Por quê? Por causa da definição de conhecimento que Sócrates impõe à definição de Cálicles. É aqui que a simetria se rompe; é isso o que faz Cálicles sair ao som de apupos, por mais que os nietzschianos tentem trazê-lo de volta para o palco. QED; nocaute técnico.

O debate triangular entre Sócrates, os sofistas e o *demos*

Nos três diálogos do *Górgias*, a Força e o Direito nunca parecem tão comparáveis; mais adiante veremos por quê. O que permanece suficientemente comensurável para ser discutido são as qualidades relativas de dois tipos de conhecimento especializado: um nas mãos de Sócrates, o outro nas mãos dos teóricos (um mundo inventado, ao que parece, no *Górgias*). O que está fora de questão, tanto para Sócrates quanto para os sofistas de palha, é que algum conhecimento especializado se faz necessário, seja para fazer que o povo de Atenas se comporte da maneira correta, seja para mantê-lo em cheque e fechar-lhe a boca. Eles já não consideram a solução óbvia para o problema que assedia a ágora, a solução que vamos explorar no capítulo 8, embora ela ainda se ache presente no diálogo pelo menos como um gabarito negativo: o Estado reunido com o fim de tomar decisões *não pode* confiar apenas no conhecimento especializado, dadas as limitações de número, totalidade, urgência e prioridade impostas pela política. Chegar a uma decisão *sem* apelar para uma lei natural impessoal nas mãos dos especialistas requer um conhecimento geral tão multifário quanto a própria multidão. *O conhecimento do todo precisa do todo, e não das partes.* Mas isso seria um escândalo para Cálicles e para Sócrates, escândalo cujo nome tem sido o mesmo em todos os períodos: democracia.

Assim, também aqui a discordância entre os parceiros é secundária em relação à sua completa concordância: o debate é sobre como fechar a boca das pessoas de maneira célere e firme. Com base nisso, Cálicles vai perder rapidamente. Depois de concordar, com um paternalismo comum, em que os peritos são necessários para "cuidar da comunidade e de seus cidadãos" (513e), os dois discutem sobre que tipo de conhecimento será o melhor. Os retóricos têm um tipo de especialidade e Sócrates outro. Um é epidêitico, o outro apodêitico. Um é empregado nas perigosas condições da ágora, o outro na tranquila e remota conversação a dois. Sócrates importuna os seus discípulos. À primeira vista é como se Sócrates fosse perder nesse jogo, já que de nada vale ter um método destinado a melhorar os cidadãos da ágora que é ele próprio agorafóbico e só opera numa discussão a dois. "Ficarei contente", Sócrates confessa ingenuamente a Polo, "se *você* testar a validade do *meu* argumento, e conto *unicamente* com o seu voto, *sem me preocupar com o que qualquer outro pense*" (476a). Mas a política visa precisamente a "cuidar do que cada um pensa". Contar com um único voto é pior do que um crime, é um erro político. Assim, quando admoesta Sócrates por seu comportamento infantil, Cálicles deveria levar a palma da vitória: "Mesmo uma pessoa naturalmente dotada não está evoluindo para um *homem real*, porque está fugindo do *coração de sua comunidade* e da *ágora*, que são os lugares onde, como diz Homero, um homem 'se *distingue*'. Em vez disso ele passa o resto da vida *cochichando num canto* com três ou quatro moços, em vez de expressar ideias *importantes e significativas*" (485d-e).

Desse modo o diálogo, logicamente, deve terminar com uma única cena, na qual Sócrates é mandado de volta ao seu canto, já que a filosofia está limitada a uma obsessão especializada inútil, sem nenhuma relação com o que o "homem real" faz para "distinguir-se" com "ideias importantes e significativas". É o que o retórico fará. Mas não é o que fazemos quando reinventamos e tornamos a reinventar o poder da Ciência, com C maiúsculo. Com o "contexto da verdade" que Sócrates está trazendo para o primeiro plano, o triunfo de Cálicles torna-se impossível. É um truque muito sutil, mas suficiente para inverter o curso lógico do diálogo e fazer Sócrates ganhar ali onde deveria perder.

Qual é o *suplemento* fornecido pelo raciocínio apodêitico que o torna muito melhor do que as leis naturais invocadas pelos sofistas contra as convenções dos "escravos e escombros humanos"? Esse tipo de raciocínio está *além de qualquer discussão*:

> SÓCRATES: Mas pode o conhecimento ser verdadeiro ou falso?
> GÓRGIAS: Certamente não.
> SÓCRATES: Obviamente, então, *convicção* [*pistis*] e *conhecimento* [*epistèmè*] não são a mesma coisa. (454d)

A transcendência dos sofistas está além da convenção, mas não além da discussão, visto que as questões de ser superior, mais natural, mais bem-nascido, mais bem alimentado originam outro enxame de discussões, como se pode testemunhar ainda hoje – não importa quantas curvas de Bell se joguem no pote, Cálicles inventou um meio de descontar o peso e o número físico da multidão, mas não para escapar totalmente ao *sítio* da ágora apinhada. A solução de Sócrates é muito mais forte. O fabuloso segredo da demonstração matemática que ele tem em mãos é que ela constitui uma persuasão passo a passo que nos força a concordar com qualquer coisa. Nada porém torna esse modo de raciocinar capaz de ajustar-se às condições extremamente ásperas da ágora, onde ele deve ser tão útil, para empregar o antigo lema feminista, quanto uma bicicleta é útil para um peixe. Assim, é mister um pouco mais de trabalho para que Sócrates possa fazer uso dessa arma. Primeiro ele tem de desarmar o adversário, ou pelo menos fazê-lo acreditar que está totalmente desarmado: "Portanto seria melhor pensarmos em termos de *dois tipos* de persuasão, uma das quais propicia convicção *sem compreensão* [*to men pistin parchomenon aneu tou eidenai*], enquanto a outra propicia *conhecimento* [*epistèmè*]" (454e).

Epistèmè, quantos crimes não se cometeram em teu nome! Disso depende toda a história. Tão venerável é essa oposição que, em oposição à luta obviamente manipulada entre a Força e o Direito, poderíamos apavorar-nos nesse ponto e deixar de ver quão bizarro e ilógico é o argumento. Toda a diferença entre os dois tipos de persuasão reside em duas palavras inócuas: "sem compreensão". Mas compreensão *do quê*? Se queremos dizer compreensão das próprias condições específicas da felicidade para a discussão política – ou seja, número, urgência e prioridade –, então Sócrates está errado. Quando muito, é o raciocínio apodêitico das causas e consequências, a *epistèmè*, que é "sem compreensão", ou seja, ele deixa de levar em conta as condições pragmáticas do ato de decidir o que fazer em seguida na ágora abarrotada de dez mil pessoas falando ao mesmo tempo. Por sua própria conta, Sócrates não pode substituir esse conhecimento pragmático *in situ*, com seu conhecimento não situado da demonstração. Sua tática consiste em fazer o adversário hesitar, calar-se, mas esse é um modo de dissuasão inútil no contexto da ágora. Ele precisa de ajuda. Quem lhe dará uma mão? Os ouropéis inventados por Platão, que, como de hábito, convenientemente cai na armadilha como os homens de palha ideais.

O diálogo não poderia funcionar e fazer Sócrates triunfar contra todas as probabilidades se os sofistas-marionetes não compartilhassem da aversão de Sócrates a todas as habilidades e truques com que as pessoas comuns se ocupam de seus negócios diários. Assim, quando Sócrates faz uma distinção entre conhecimento real e técnica, os sofistas (de palha) não protestam, pois nutrem o mesmo desprezo aristocrático pela prática: "Não há absolutamente nenhuma arte envolvida no modo como ela [a culinária] busca o prazer; ela não considerou nem a natureza do prazer nem a razão pela qual ele ocorre [...]. Tudo o que ele [o cozinheiro técnico] pode fazer é lembrar uma *rotina* que se tornou inveterada *pelo hábito* e *pela experiência passada*, e é também nisso que ele confia para nos dar prazer" (501a-b).

Curiosamente, essa definição da perícia meramente prática, pronunciada embora com desprezo, se ajustaria hoje ao que os fisiologistas, os pragmatistas e os antropólogos cognitivos chamariam de "conhecimento". Mas o ponto-chave é que essa mesma distinção não tem *nenhum outro conteúdo* além do desdém de Sócrates pelas pessoas comuns. Sócrates aqui está sobre uma finíssima camada de gelo. A distinção entre conhecimento e perícia prática tanto é o que lhe permite apelar para uma lei natural superior capaz de fechar a boca do adversário quanto o que é imposto pela própria ação de calar as dez mil pessoas que se ocupam dos seus negócios todos os dias "sem saber o que fazem". Se soubessem o que fazem, a distinção se perderia. Assim, se essa demarcação absoluta não é imposta pela mera força – a verdadeira tarefa da epistemologia através dos tempos –, o "contexto da verdade" não pode suportar a atmosfera impossivelmente deletéria do debate público. Esse é um dos raros casos na história em que se aplicou a "mera força". Impor isso divide o que realmente temos? *Só* a palavra de Sócrates para isso – e a dócil retirada de Górgias, Polo e Cálicles para aceitar a definição de Sócrates, cuidadosamente encenada na maquinaria teatral de Platão. Tais são algumas das condições para se fazer um apelo incondicional a uma "lei impessoal" não construída.

Como mostrou Lyotard algum tempo atrás, e como Barbara Cassin (Cassin, 1995) demonstrou mais recentemente de maneira tão categórica, distinguir as duas formas de conhecimento e estabelecer a diferença absoluta entre força e razão requer um *coup de force* – aquele que expele do conhecimento rigoroso os sofistas da filosofia e as pessoas comuns. Sem esse *coup*, o conhecimento especializado da demonstração não poderia assumir o preciso, sutil, necessário, distribuído, indispensável conhecimento dos membros do Estado que assume a tarefa de decidir o que fazer em seguida na ágora. A *epistèmè* não irá substituir a *pistis*. O raciocínio apodêitico continuará sendo importante, claro, e até indispensável, mas *de forma alguma limitado à questão referente à melhor maneira de disciplinar a multidão.* Como no nascimento de todos os regimes políticos, a legitimidade inconteste reside num golpe cruento original. Nesse caso, e essa é a beleza da peça, o sangue que se partilha *é o do próprio Sócrates*. Esse sacrifício torna o lance ainda mais irresistível e a legitimidade ainda mais inconteste. No final não haverá um só olho seco no teatro...

Os sofistas não estão à altura desse lance dramático, e depois de aceitar, primeiro, que o conhecimento especializado é necessário para substituir o da pobre multidão ignara e, segundo, diferente de todas as habilidades e truques das pessoas comuns, eles têm de confessar que sua forma de perícia é vazia. Como soa tola hoje a empáfia de Górgias: "Isso não simplifica as coisas, Sócrates? A retórica é a única arte que você precisa aprender. Você *pode ignorar tudo o mais* e ainda assim tornar-se o *melhor* dos profissionais" (459c).

Veremos no próximo capítulo que essa resposta aparentemente cínica é na verdade uma definição muito precisa da natureza *não* profissional da ação política. Todavia, se concordarmos em deixar passar esse ponto e começarmos a aceitar o debate e lançar o conhecimento especializado dos cientistas contra o conhecimento especializado dos retóricos, então a sofística se converterá imediatamente numa manipulação vazia. É como introduzir um carro de corrida numa maratona: a nova máquina torna os corredores mais lentos ridículos.

> SÓCRATES: Em face de fenômenos como o que você mencionou, ele surge como *algo sobrenatural*, dotado de enorme poder.
> GÓRGIAS: Você não conhece metade dele, Sócrates. Quase toda realização entra no escopo da retórica [...]. Muitas vezes, no passado, quando fui com meu irmão ou algum outro médico a um dos seus pacientes que se recusavam a tomar remédios ou a deixar o médico operá-lo ou cauterizá-lo, o médico mostrava-se *incapaz* de persuadir o paciente a aceitar seu tratamento, mas eu o conseguia, *ainda que não tivesse nenhuma outra experiência exceto a retórica*. (456a-b)

Mesmo para frases como essa, precisamos de séculos de treinamento pavloviano para lê-las como cínicas, porque aquilo a que o Górgias real alude aqui é a impotência dos especialistas para fazer que as pessoas como um todo tomem decisões inflexíveis. O Górgias real mostra uma habilidade extraordinariamente sutil, habilidade que Sócrates não quer entender (embora a pratique de maneira tão engenhosa); o Górgias marionete é feito para dizer que absolutamente nenhum conhecimento é necessário. Depois de encenada a sua derrota, os retóricos colocam a sua cabeça no cepo. Tendo admitido que a retórica é uma arte, e tendo em seguida constatado o seu vazio, agora eles são expelidos do conhecimento e suas habilidades estigmatizadas como mera "adulação" (502d), um dos muitos tipos obscuros de arte popular dos quais a retórica não se pode distinguir. "Bem, na minha opinião, Górgias, isso *não envolve arte*; tudo o que se requer é uma mente hábil na arte da adivinhação, uma certa *coragem* e um talento natural para *interagir com as pessoas*. O termo geral que uso para me referir a isso é 'adulação', e isso me parece uma atividade multifacetada, um de cujos ramos é a *culinária*. E o que estou dizendo sobre a culinária é que ela se me afigura como uma arte, mas na verdade não é: é uma habilidade *adquirida pelo hábito* [*ouk estin technè, all' empeiria kai tribè*]." (463a-b)

O aspecto mais instigante, que merecerá toda a nossa atenção mais adiante, é que mesmo nesse famoso *coup de grâce* Sócrates ainda está felicitando a retórica. Como não considerarmos como qualidades positivas ser "hábil na arte da adivinhação", ter "coragem", "saber interagir com as pessoas" (habilidades que sem dúvida faltam a Sócrates apesar de suas afirmações em contrário)? Quanto a isso, que mal há em ser tão talentoso como um cozinheiro? Eu, particularmente, prefiro um bom *chef* a muitos maus líderes! Mas Sócrates venceu. O mais fraco fez o feitiço virar contra o feiticeiro. Os menos lógicos – isto é, a "minoria feliz" – levaram a melhor sobre a "lógica universal", ou seja, cada qual se ocupa de todo o Estado ao mesmo tempo. Sócrates, que por sua própria confissão é o menos apto a governar as pessoas, as governa – pelo menos no lugar convenientemente remoto das Ilhas dos Bem-aventurados: "Quero crer", diz ele, envolvendo as palavras em três graus de ironia, "que sou o único perito em política na Atenas de hoje, o *único exemplo de um verdadeiro estadista*" (521d).

E é verdade: nenhuma tirania durou tanto quanto a desse homem sacrificado, morto entre os vivos, nenhum poder foi mais absoluto, nenhum reinado mais inconteste.

A derrota dos sofistas (de palha) nada é comparada com a das pessoas comuns de Atenas, como se pode ver por um sumário do argumento desenvolvido até aqui. Os "escombros humanos e variados escravos" são os grandes ausentes, sem ter sequer um coro a lhes defender o senso comum, como nas tragédias clássicas. Quando começamos a ler esse famosíssimo diálogo com todo o cuidado, descobrimos não apenas uma luta entre Cálicles (isto é, a Força) e Sócrates (o Direito) senão ainda *duas* disputas sobrepostas, das quais só a primeira tem sido comentada *ad nauseam*. Uma disputa, como num *show* de marionetes, lança o sábio contra o loiro bruto, e é tão magnificamente encenada que os garotos gritam por medo de que a Força venha a vencer o Direito. (Como vimos anteriormente, não faz diferença alguma que o entrecho tenha sido retrabalhado mais tarde por um roteirista nietzschiano e hoje lance o belo e radioso Cálicles, chefe da raça dos senhores, contra o negro Sócrates, rebento degenerado de uma raça de sacerdotes e homens de *ressentiment*. Ainda se supõe que nós, os garotos, gritemos nesta época em que o Direito derrotará a Força e a converterá num frágil e manso cordeiro.)

Mas há uma *segunda* luta travada silenciosamente fora do palco, lançando o povo de Atenas, os dez mil tolos, contra Sócrates e Cálicles, companheiros aliados que *concordam em tudo* e diferem *somente* quanto à maneira mais rápida de silenciar a turba. Qual a melhor forma de reverter o equilíbrio de forças, fechar as bocas da multidão, pôr fim à tumultuosa democracia? Por meio do apelo à razão, à geometria, à proporção? Ou por meio da virtude e da educação aristocrática? Sócrates e Cálicles estão sozinhos contra a multidão, e cada um deles quer dominar a turba e obter uma parte desproporcional dos lauréis deste ou do outro mundo.

A luta da Força contra o Direito é manipulada como um jogo de apanhar a bola e esconde o acordo entre Cálicles e Sócrates, cada qual concordando em servir como realce do outro. Para evitar a queda na Força, aceitemos incondicionalmente a regra da Razão – tal foi a versão anterior. A versão posterior é a mesma às avessas: para evitar cair na Razão, concordemos incondicionalmente em cair nos braços da Força. Mas nesse meio-tempo, silencioso e mudo, perplexo e estupefato, o povo de Atenas permanece fora do palco, esperando pelos seus senhores para encontrar a melhor maneira de reverter a sua "força física", que poderia ser "inteiramente sobrepujada" se não houvesse tantos deles. Sim, existem muitos, muitíssimos a serem engambelados por essa história infantil da disputa cósmica entre a Força e o Direito. As mãos dos titeriteiros são agora por demais visíveis, e o escândalo de ver Sócrates e Cálicles, os arquirrivais, de braços dados é uma experiência tão iluminadora para os garotos como a de ver os atores de *Hamlet* bebendo e rindo juntos num bar depois de a cortina baixar.

Semelhante experiência deve deixar-nos mais velhos e mais sábios. Em vez de uma oposição drástica entre força e razão, teremos de considerar *três* diferentes tipos de força (ou três diferentes tipos de razão – a escolha das palavras não acrescenta, doravante, *nenhum matiz decisivo*): a força de Sócrates, a força de Cálicles e a força do povo. É com um trílogo que temos de nos haver, e não mais com um diálogo. A contradição absoluta entre esses dois famosos protagonistas se vê agora deslocada para uma luta aberta entre dois cabos de guerra: uma luta entre os dois heróis e a outra, ainda não reconhecida pelos filósofos, entre os dois heróis puxando *o mesmo lado da corda* e os dez mil cidadãos comuns puxando do outro lado. O princípio do meio-termo excluído, que se afigura tão forte na ardente escolha entre o Direito e a Força – "escolha o seu campo rapidamente ou todo o inferno será liberado" –, é agora interrompido por um *terceiro partido*, o povo reunido de Atenas. *O meio-termo excluído é o Terceiro Estado*. Isso soa melhor em francês: *Le tiers exclu c'est le Tiers État!* O filósofo não escapa da Caverna; ele envia o *demos* inteiro à Caverna para se alimentar apenas de sombras!

Agora, quando ouvirmos falar do perigo da regra da multidão, já seremos capazes de perguntar tranquilamente: "É à regra solitária de Cálicles que você está se referindo ou à do conjunto sem voz dos 'escombros humanos e variados escravos'". Quando ouvirmos a palavrinha esquerdista "social", seremos capazes de discernir nela dois sentidos diferentes: o que designa o poder da Força de Cálicles contra a Razão de Sócrates e o que designa a nunca descrita multidão que resiste às tentativas tanto de Sócrates *como* de Cálicles de exercer sobre ela uma forma solitária de poder. Dois homens frágeis, nus e arrogantes de um lado; a Cidade de Atenas do outro, crianças, mulheres e escravos incluídos. A guerra dos dois contra todos, a estranha guerra do duo que tenta fazer-nos acreditar que *sem eles* seria a guerra de todos contra todos.

8
Uma política livre de ciência
O corpo cosmopolítico

A mãe de Napoleão costumava escarnecer dos ataques de fúria do filho imperador: "*Commediante! Tragediante!*". Da mesma forma poderíamos zombar destas duas raças de senhores, uma descendente de Sócrates, outra de Cálicles. No lado comédia temos a luta entre a Força e a Razão; no lado tragédia temos a distinção absoluta entre *epistèmè* e *pistis*, esse *coup de force* cuja origem é lavada pelo sangue de um mártir. Mas precisamos também voltar os olhos para o Terceiro Estado e extrair do *Górgias* o traço de outra voz, que não é nem comédia nem tragédia, mas simples prosa. Platão está suficientemente perto daquela época em que a política era respeitada pelo que era, ou seja, antes do advento da cenografia montada em comum por Sócrates e Cálicles, que eu defini como "a inumanidade contra a inumanidade". Mais ou menos como um arqueólogo poderia fazer com o Tolo délfico ou com a estátua de Glauco desenterrada por Rousseau, podemos reconstruir a partir das ruínas do diálogo o Estado original antes de ele desfazer-se em pedaços – só que usaremos o mesmo mito de Rousseau para uma finalidade exatamente oposta, a saber, libertar a política de um excesso de razão.

Aqui está Rousseau no prefácio do *Discurso sobre a origem da desigualdade*: "A alma humana, como a estátua de Glauco, que o tempo, o mar e as tempestades desfiguraram a tal ponto que ela se assemelha mais a um animal selvagem que a um deus [...] hoje nós a vemos, não como um ser agindo sempre com base em certos princípios invariáveis, como aquela simplicidade majestosa que seu autor lhe imprimiu, mas meramente como o chocante contraste entre a paixão que pensa as suas razões e um delírio cada vez mais compreensível".[1]

Desemaranhando as aventuras da razão, podemos imaginar como era antes que ela se convertesse numa quimera, num monstruoso Animal cuja inquietação aterroriza os senhores ainda hoje. Inútil dizer que isso é uma tentativa de fazer uma ficção arqueológica: a invenção de um tempo mítico em que o dizer a verdade política teria sido amplamente compreendido, um mundo que mais tarde se perdeu por força da acumulação de erros e degeneração.

Como Sócrates revela a virtude do enunciado político

No capítulo 7 assinalamos várias das especificações do debate político. Para reconstruir a imagem virtual do Estado original, precisamos apenas tomar *positivamente* a longa lista de observações negativas feitas por Platão: elas mostram ao revés o que está faltando quando se converte o que era, até então, o conhecimento distribuído do todo sobre o todo num conhecimento especializado monopolizado por uma minoria. Por meio desse bocado de ficção arqueológica, podemos ser testemunhas privilegiadas de dois fenômenos simultâneos: a especificação das condições de felicidade próprias da política *e* a sua destruição sistemática por Platão, que as converte em ruínas. Testemunhamos, assim, tanto o gesto iconoclasta que destrói a nossa tão entesourada capacidade de lidar com um outro quanto as condições de sua reconstrução possível.

1 Rousseau, *Discourse on the Origin of Inequality*, trad. Lester G. Crocker (New York: Pocket Books, 1967).

O diálogo é muito explícito quanto a essa iconoclastia porque Sócrates confessa ingenuamente: "Em minha opinião, a retórica é um *simulacro* de uma parte da política [*politikès morious eidôlon*]" (463d). Foi exatamente o que ele e seus companheiros fizeram: transformaram um Estado ainda recente num "simulacro" ao pedir-lhe que se adotasse uma dieta de conhecimento especializado com a qual nenhuma organização desse tipo poderia sobreviver. Converteram-no num *eidôlon* sem perceber que ao destruí-lo nos privavam de uma parte da nossa humanidade.

Como Górgias ressalta com plena razão, a primeira especificação do discurso político é que ele é público e não ocupa lugar no silencioso isolamento da sala de estudos ou do laboratório:

> GÓRGIAS: Quando eu digo, Sócrates, que não há nada melhor, isso é simplesmente a verdade. Ela [a retórica] é responsável pela *liberdade pessoal* e permite ao indivíduo a aquisição do poder político sobre a sua comunidade.
> SÓCRATES: Sim, mas o que *é* ela?
> GÓRGIAS: Estou falando da capacidade de usar a *palavra falada* para persuadir – persuadir os juízes nos tribunais, os membros do *Conselho*, os cidadãos *que frequentam a Assembleia* ou qualquer forma de *reunião* pública do *corpo de cidadãos*. (452d-e)

Como acabamos de ver, essa mesma condição específica de falar a todas as diferentes formas de assembleias é essencial à vida ateniense (tribunais, conselhos, assembleias, enterros, cerimônias: todos os tipos de reunião pública e privada) é negada por Sócrates e transformada num defeito, ao passo que a fraqueza de Sócrates, sua incapacidade de viver na ágora – embora ele passe todo o tempo nela e pareça divertir-se imensamente – é gabada como a sua mais alta qualidade:

> *Não sou político*, Polo. Sim, no ano passado eu estava no Conselho, e quando chegou a vez de minha tribo *formar o comitê executivo* e tive de recolher votos, pus-me a rir *por não conhecer o procedi-*

> *mento* para isso. Assim, por favor, não me concite a contar os votos dos presentes [...]. Minha especialidade se restringe a produzir *uma única testemunha* em abono de minhas ideias – a pessoa com quem estou argumentando – e *não dou a menor importância à opinião da maioria*; a única coisa que sei é pedir a uma única pessoa para votar, e *não consigo sequer discursar para um grande grupo de pessoas*. (473e-474a)

Ainda bem, porque "discursar para um grande número de pessoas" e "prestar atenção" ao que eles dizem, pensam e desejam é exatamente o que está sendo debatido sob o rótulo de "retórica". Se Sócrates é tão orgulhoso de "não ser político", por que está ensinando os que sabem mais e por que não permanece nos confins de sua própria disciplina egoísta, especializada? O que é que os agorafóbicos têm a fazer na ágora? É o que Cálicles (o Cálicles real, a pessoa histórica, antropológica, cuja presença negativa ainda pode ser detectada no diálogo) ressalta corretamente:

> Na verdade, os filósofos *não compreendem o sistema legal de sua comunidade*, nem sabem *discursar* para as *assembleias* políticas ou privadas, nem sabem que tipos de coisas as pessoas *apreciam e desejam*. Em suma, estão completamente *fora de contato com a natureza humana*. Quando se voltam para a *atividade prática*, quer numa capacidade privada, quer política, eles se *riem deles mesmos* – tal como, imagino, os políticos se riem deles mesmos quando se defrontam com as nossas discussões e ideias. (484d-e)

Porém, a derrisão de Cálicles, conquanto sublinhe acuradamente as qualidades requeridas de um líder, torna-se ela própria inútil em função de seu próprio apelo para um conhecimento especializado da retórica que se contenta em não saber absolutamente nada, a ser apenas manipulador. Mas, quando define o objetivo de seus amigos aristocráticos, ele traça um nítido retrato das qualidades reais que faltam inteiramente a Sócrates: "As pessoas *superiores* a que me refiro não são sapateiros ou cozinheiros: estou pensando antes nas pessoas que aplicaram o seu *talento* à *política* e pensaram no modo de governar *bem* a sua comunidade. Mas o talento é apenas uma parte disso: elas também têm a *coragem* que as capacita a *seguir sua política até o fim sem desanimar ou desistir*" (491a-b).

É precisamente essa coragem de ir "até o fim" que Sócrates irá deturpar tão injustamente quando destrói o sutil mecanismo da representação ao poluí-lo com a questão de uma moralidade absoluta. Ver o projeto político através da multidão, com a multidão, para a multidão e a despeito da multidão é tão difícil que Sócrates se subtrai a esse problema. Mas, em vez de admitir a derrota e reconhecer a especificidade da política, ele destrói os meios de praticá-la, numa espécie de tática de terra arrasada cujo naufrágio ainda hoje é visível. E a tocha que incendeia os edifícios públicos é vista como a tocha da Razão!

A segunda especificação que se pode recuperar do naufrágio é que a razão política possivelmente não pode ser o objeto do conhecimento profissional. Aqui as ruínas foram tão deformadas pela obstinação iconoclasta de Platão que se tornaram tão pouco reconhecíveis quanto as de Cartago. E no entanto, é em torno disso que gira a maior parte do diálogo: a questão, segundo parece, é estabelecer que tipo de conhecimento é a retórica. Em primeiro lugar, contudo, parece muito claro que a política *não* tem nada a ver com profissionais que dizem ao povo o que fazer. Górgias afirma: "Suponho que você está ciente de que foram os conselhos de Temístocles e Péricles, *e não os dos profissionais*, que levaram aos estaleiros que você mencionou, às fortificações de Atenas e à construção dos portos" (455d-e).

Os protagonistas concordam em que o que se faz mister não é o conhecimento como tal, mas uma forma muito específica de atenção ao Corpo total pelo próprio Corpo total. É o que Sócrates reconhece sob o nome de um cosmos bom e ordenado nas qualidades requeridas dos técnicos especialistas (*demiourgos*): "Cada um deles *organiza* os vários componentes com os quais trabalha numa estrutura particular e torna-os *acomodados e ajustados uns aos outros* até transformar o todo num *objeto organizado e ordenado*" (503e-504a).

Mas então, como de hábito, cada vez que uma condição de felicidade está claramente articulada ela é pervertida e transformada no seu oposto por Sócrates, que, como observou Nietzsche, tem as mãos do rei Midas mas converte o ouro em barro. A natureza não profissional do conhecimento das pessoas pelas pessoas transforma o todo num cosmos ordenado e não em "sombras desordenadas"; torna-se, por uma mudança sutil, o *direito* de uns poucos retóricos de *prevalecer sobre os verdadeiros* peritos mesmo que não conheçam *nada*. O que os sofistas queriam dizer era que nenhum perito pode pontificar na ágora pública em virtude das condições específicas de felicidade que reinam ali. Após a tradução de Sócrates, esse argumento simples converte-se no seguinte argumento absurdo: *qualquer perito* será derrotado por um ignorante que conheça *apenas* a retórica. E naturalmente, como de costume, os sofistas gentilmente obrigam Sócrates a dizer a coisa ridícula de que há muito eles são acusados de dizer – eis a grande vantagem da forma diálogo que falta à *epideixis*:

> SÓCRATES: Ora, você disse há pouco [456b] que um retórico será *mais persuasivo* do que um médico mesmo quando se tratar da saúde.
> GÓRGIAS: Sim, disse, desde que ele *esteja falando perante uma multidão*.
> SÓCRATES: Com "perante uma multidão" você quer dizer "*perante não peritos*", não é? Ou seja, um retórico não seria mais persuasivo do que um médico perante uma plateia de médicos, naturalmente.
> GÓRGIAS: Certo. (459a)

Sócrates triunfa. Ainda aqui, Górgias está insistindo no próprio problema que nos confunde ainda hoje e que ninguém foi capaz de resolver, inclusive Platão e a sua *República*. A política lida com uma multidão de "não peritos", e essa situação não pode talvez ser *a mesma coisa* que peritos lidando com peritos nos recessos de suas instituições particulares. Assim, quando Platão faz a sua famosa brincadeira sobre o cozinheiro e o médico pedindo votos perante uma assembleia de crianças mimadas, requer-se muito pouco talento para distorcer a história e deixar Sócrates embaraçado. Essa cena divertida só funciona se a multidão de Atenas for composta de crianças mimadas. Mesmo pondo de lado o aristocrático desprezo de Sócrates pelo povo, em lugar algum ele declarou, se lermos a história cuidadosamente, que lança um perito sério contra um adulador populista. Não, ele encena uma *controvérsia* entre dois peritos, o cozinheiro e o médico, falando a uma assembleia de homens adultos sobre uma estratégia, quer a *longo prazo*, quer a *curto prazo*, cujo resultado nenhum deles conhece e em virtude de que só um partido irá sofrer, a saber, o próprio *demos*.

Ainda aqui o uso que Sócrates faz de uma história divertida esconde a drástica condição de felicidade em prol da qual ele está falando no tempo real, na vida real e em larga escala sobre coisas que ninguém conhece como certas e que a todos afetam. Sobre a maneira de preencher essa condição pragmática ele não tem a mais leve sugestão, e no entanto a única solução que os não peritos tinham em mãos – a saber, *escutar* na ágora *tanto* o cozinheiro a curto prazo *como* o médico a longo prazo antes de correr o *risco* de tomar juntos uma decisão que terá consequências legais – é feita em pedaços. Nós que, na Europa, não sabemos que bife comer por causa das muitas controvérsias, sobre as quais lemos diariamente nos nossos jornais, entre cozinheiros e médicos a respeito de vacas loucas infectadas ou não por príons, daríamos vários anos da nossa vida para recuperar a solução que Sócrates simplesmente *ignora*.

A terceira condição de felicidade é similarmente importante e similarmente ignorada. Não só a razão política lida com questões importantes, apreendidas por muitas pessoas nas ásperas condições de urgência, como deve confiar em qualquer tipo de conhecimento prévio de causa e consequência. Na passagem seguinte, que discuti anteriormente, o equívoco já é claro:

> A retórica é um agente do tipo de persuasão [*peithous demiurgos*] que busca produzir convicção, mas não educar as pessoas sobre

> questões referentes ao certo e ao errado [...] Um retórico, então, não está preocupado em educar as pessoas reunidas em tribunais etc. sobre o certo e o errado; tudo o que lhe interessa é *persuadi-las* [*peistikos*]. Ou seja, eu não deveria pensar que é possível para ele fazer que *tantas pessoas* entendam [*didaxai*] tantas questões *importantes num prazo tão curto*. (454e-455a)

O "demiurgo da persuasão" faz exatamente o que o anseio "didático" não pode fazer: ele lida com as próprias condições de urgência com as quais a política se defronta. Sócrates quer substituir o *pistis* pelo didatismo que é próprio para professores que pedem a alunos para examinarem coisas conhecidas de antemão e ministram treinamento e exercícios mecânicos, mas não o é para as trêmulas almas que têm de decidir o que é certo e o que é errado no local. Sócrates reconhece isso prontamente: "Acho que ela é uma aptidão [*empeirian*]", diz ele a propósito da retórica, "por lhe *faltar compreensão racional* quer do objeto de sua atenção, quer da *natureza das coisas* que ele dispensa (e assim ela não pode explicar a razão [*aitian*] pela qual alguma coisa acontece), e para mim é inconcebível que *alguma coisa irracional envolva o conhecimento especializado* [*egô de technèn ou kalô o an è alogon pragma*]" (465a).

Como é acurada essa definição do que está sendo destruído! É como se estivéssemos vendo ao mesmo tempo a venerável estátua da política e o martelo que a despedaça. Como é emocionante ver, voltando ao passado, como todos esses gregos ainda estavam imbuídos da natureza positiva dessa democracia que continua sendo a sua mais vasta invenção! Claro que "ela não envolve o conhecimento especializado", claro que lhe falta "compreensão racional": o todo, lidando com o todo sob as coações incrivelmente rígidas da ágora, deve decidir no escuro e será conduzido por pessoas tão cegas quanto ele próprio, sem o benefício da prova, da percepção tardia, da previsão, da experimentação repetitiva, da gradação progressiva. Na política nunca há uma segunda oportunidade – apenas uma, esta ocasião, este *kairos*. Não existe nenhum conhecimento de causa e consequência. Sócrates ri dos políticos ignorantes, mas *não existe outra maneira* de fazer política, e a invenção de um mundo do além para resolver a questão total é exatamente aquilo de que Sócrates ri, e com razão! A política impõe esta simples e rígida condição de felicidade: *hic est Rhodus, hic est saltus*.

Também aqui, depois que Górgias encarece as condições de vida real nas quais o *demos* tem de chegar a uma decisão por meio da retórica – "repito que seu efeito é persuadir as pessoas *nos tipos de comícios de massa que acontecem nos tribunais* e assim por diante; e acho que a sua província é *o certo e o errado*" (454b) –, Sócrates exige da retórica algo que ela talvez não possa dar, uma especialização *racional* sobre o certo e o errado. O que poderia funcionar eficientemente com uma diferença *relativa* entre o bem e o mal não pode ser consistente se lhe for exigido um fundamento *absoluto*, como Sócrates exige: "Você admite [...] que toda atividade deve visar ao bem e que o bem não deve ser um meio para o que quer que seja, mas sim *a finalidade de toda ação*? [...] Mas qualquer pessoa é *competente* para distinguir os prazeres bons dos maus, ou isso requer alguém especializado?" (499e-500a).

E Cálicles morde a isca! "É preciso um especialista", responde ele, um *technicos*. Doravante já não há solução, e o Estado torna-se impossível. Se há uma coisa que *não* requer especialista e não pode ser *tirada* das mãos dos dez mil papalvos, é decidir o que é certo e o que é errado, o que é bom e o que é mau. Mas o Terceiro Estado foi convertido, por Sócrates e por Cálicles, numa população bárbara de escravos e crianças ignorantes, mimados e doentios que esperam avidamente a sua pitança de moralidade, sem a qual não terão "nenhuma compreensão" acerca do que fazer, do que escolher, do que saber, do que esperar. Sim, "a moralidade é um simulacro da política", o seu *ídolo*. E, no entanto, ao mesmo tempo que torna a tarefa da política impossível, ao exigir do povo um conhecimento das causas que é totalmente irrelevante, Sócrates a define com precisão: "Não há nada que mesmo uma pessoa relativamente pouco inteligente pode levar *mais a sério* do que a questão que estamos debatendo – a saber, de que maneira é preciso viver. A vida que você me está recomendando implica as *atividades humanas* de *falar ao povo reunido*, treinamento retórico e o tipo de *envolvimento político em que você e os do seu tipo estão envolvidos*" (500c).

Nada é mais emocionante no *Górgias* do que a passagem na qual Sócrates e Cálicles, depois de concordarem sobre a relevância da política, destroem, um após outro, os únicos meios práticos pelos quais uma multidão de pessoas cegas tateando no escuro deveria obter a luz que as ajudaria a decidir o que fazer em seguida: "Assim, essas são as qualidades a que esse *nosso excelente especialista retórico* estará visando para todos os seus procedimentos concernentes às mentes das pessoas, quer esteja falando ou agindo, dando ou tomando. Ele estará *aplicando constantemente a sua inteligência com o fim de encontrar os meios graças aos quais a justiça*, o autocontrole e a bondade em todas as suas manifestações *entram* nas mentes de seus concidadãos e para que a injustiça, o egoísmo e a maldade em todas as suas manifestações *saem*" (504d-e).

É nisso que eles concordam. Essa magnânima definição da política, como veremos, é sensata, mas apenas na medida em que *não* esteja desprovida de todos os *modos e meios* que a tornam eficaz. E não obstante é isso o que Sócrates vai fazer, com o Cálicles de palha seguindo-lhe obedientemente os passos. Num denegrimento das belezas de Atenas que é pior do que o saque da cidade pelos persas ou espartanos, porque vem *de dentro*, eles vão persuadir-se de que toda arte visa unicamente à corrupção. Como costuma suceder com os corações cheios de ódio demótico, a aversão à cultura popular "irrompe" toda vez que eles falam de política: "Não há *absolutamente nenhuma* especialidade envolvida no modo como ele busca o prazer sem examinar a *natureza* do prazer ou a sua *causa*" (501a).

Sobre que eles estão falando de forma tão irreverente? Primeiro sobre culinária, depois sobre os maiores dramaturgos, os maiores escultores, os maiores músicos, os maiores arquitetos, os maiores oradores, os maiores estadistas, os maiores trágicos. Todas essas pessoas são alijadas porque não sabem o que sabem à maneira didática que o professor Sócrates quer impor ao povo de Atenas. Desprovido de todos os seus meios artísticos para se expressar a si mesmo, esse sofisticadíssimo *demos* aparece assim aos olhos de seu desapontado professor: "Portanto, defrontamo-nos aqui com um tipo de retórica que se dirige à *população reunida* de homens, mulheres e crianças, todos ao mesmo tempo – escravos e pessoas livres –, e é um tipo de retórica que *não podemos aprovar*. Ou seja, nós o descrevemos como *adulação*" (502d).

Era simplesmente ser adulado ir às tragédias, ouvir as orações, escutar poesia, assistir à pompa das Panateneias, votar com sua própria tribo? Não, esses eram apenas meios pelos quais o *demos* podia realizar o seu feito mais extraordinário: representar-se publicamente para o público, tornar visível o que ele é e o que ele quer. Todos os séculos de artes e literatura, todos os espaços públicos – os templos, a Acrópole, a ágora – que Sócrates está denegrindo um após outro eram os únicos meios que os atenienses tinham inventado para perceber a si mesmos como uma totalidade que vive junto e pensa junto. Vemos aqui o drástico vínculo duplo que transforma o Estado num monstro esquizofrênico: Sócrates apela para a razão e a reflexão – mas então todas as artes, todos os sítios, todas as ocasiões onde essa reflexividade assume a forma muito específica do todo lidando com o todo são consideradas ilegítimas. Ele deprecia o conhecimento da política por sua incapacidade de compreender as causas do que ela faz, mas rompe todos os circuitos de informação que gerariam esse conhecimento da causa prática. Não admira que Sócrates tenha sido chamado de arraia elétrica! O que ele paralisa com o seu fio elétrico é a própria vida, a própria essência do Estado. Quão sensível era o *demos* ateniense para inventar a tão ridicularizada instituição do ostracismo, esse modo tão inteligente de livrar-se dos que querem livrar-se do povo!

Nessa passagem os dois parceiros apagam, uma após outra, cada uma das centenas de frágeis e tênues lâmpadas, mergulhando o *demos* numa escuridão muito mais profunda do que antes que eles começassem a "iluminá-lo" – um autoaniquilamento odioso que não podemos ridicularizar como um mau espetáculo acontecendo no palco, porque não são Sócrates e Cálicles que se cegam a si mesmos; somos nós, nas ruas, que nos vemos privados de nossas únicas e frágeis luzes. Não, não há razão para rir, porque ainda hoje é o desprezo pelos políticos que cria o consenso mais amplo nos círculos acadêmicos. E isso foi escrito 25 séculos atrás, não por um invasor bárbaro, mas pelo mais sofisticado, esclarecido e literato de todos os escritores, que passou a vida inteira imerso na riqueza e na beleza que ele tão tolamente destrói ou considera irrelevante ao produzir a razão e a reflexão política. *Esse* tipo de "desconstrução", e não a lenta iconoclastia dos sofistas atuais, é que merece a nossa indignação, porque se ostenta como a mais alta virtude e, como diz Weinberg, como a nossa única esperança contra a irracionalidade. Sim! Se por acaso já houve uma forma de "superstição superior", ela é vista, nesse diálogo, na fúria com que Sócrates destrói ídolos e invoca fantasmas do além, extraterrestres.

Numa espécie de raiva cega, os dois contendores se põem a matar não só as artes que tornam possível a reflexividade, mas cada um dos líderes ligeiramente menos cegos cuja experiência foi crucialmente importante para a política prática de Atenas: Temístocles e o próprio Péricles. Essa forma sinistra de iconoclastia não ocorre sem o consentimento de Sócrates:

> *Não os estou criticando* em sua qualidade de servidores do Estado. Na verdade, acho que eles foram *melhores* no serviço ao Estado do que os políticos atuais [...]. Todavia, é mais ou menos lícito dizer que eles não foram *melhores* do que os políticos atuais no que se refere *apenas à responsabilidade* que um bom membro da comunidade tem – a saber, *alterar* as necessidades da comunidade em vez de cooperar com elas e persuadir, ou mesmo *forçar*, os seus concidadãos a *adotar* o curso de ação que resultaria na sua transformação em pessoas *melhores*. (517b-c)

Mas Sócrates, como veremos, privou os estadistas de todos os meios de obter essa "alteração", essa "melhoria", essa "função forçosa", e assim a única coisa que fica é ou um apego servil ao que as pessoas pensam ou um voo louco para um além fantasioso no qual existiriam apenas professores e bons alunos. Com essa referência de nível inadequada, Sócrates assume a incrível tarefa de julgar todos os que, contrariamente ao que ele diz, conduziram a política em Atenas: "Bem, você pode citar *um único retórico* do passado que possa ser considerado fundamental, a partir deste mesmo primeiro discurso público, *na tarefa de fazer* que os atenienses passassem do *terrível estado* em que estavam para outro *melhor*?" (503b).

Ao que a única resposta devastadora só pode ser que *ninguém* o foi: "Desse argumento se segue, então, que *Péricles não foi um bom estadista*" (516d). E o Cálicles de palha concorda, arrastando consigo o Cálicles real e antropológico, e Górgias e Polo, que naturalmente teriam gritado de indignação contra essa iconoclastia. Em vez de defender a grande invenção de uma retórica adaptada às sutis condições dessa outra grande invenção que é a democracia, o Cálicles de palha aceita vergonhosamente o julgamento de Sócrates.

Entre as ruínas fumegantes daquelas instituições, só um homem triunfa: "Eu sou o *único* praticante de política *autêntico* na Atenas de hoje, *o único exemplo de um verdadeiro estadista*" (521d). Um homem contra todos! Para esconder a dimensão megalomaníaca dessa conclusão insana, acrescenta-se outro disparate. Depois de ridicularizar a retórica por fornecer apenas um "simulacro de política", Sócrates nos dá uma pintura ainda mais pálida. Ele governa, é verdade, mas como uma sombra e sobre um *demos* de sombras: "Elas [as almas] são mais bem julgadas *nuas, privadas* de toda a sua roupa – em outras palavras, têm de ser *julgadas depois* que morreram. A ser *justa* essa afirmação, o juiz também deve estar *nu* – vale dizer, morto – a fim de que, com uma *alma desembaraçada*, ele possa escrutar a *alma desembaraçada* de um indivíduo *recém-falecido* que não esteja *cercado por seus amigos e parentes* e deixou aqueles ornamentos para trás" (523e).

Como Nietzsche tinha razão ao fazer Sócrates encabeçar a sua lista de "homens de *ressentimento*". Uma bela cena, é verdade, esse último julgamento, mas totalmente irrelevante para a política. A política não lida com pessoas "recém-falecidas", mas com pessoas vivas; não lida com histórias fantasmagóricas do outro mundo, mas com as histórias sangrentas deste mundo. Se há uma coisa que a política não precisa, é de um outro mundo de "almas desembaraçadas". O que Sócrates não quer considerar é que esses apegos, esses "amigos e parentes", esses "ornamentos" são exatamente o que nos obriga a fazer julgamentos *agora*, sob o brilhante sol de Atenas, e não à luz crepuscular do Hades. O que ele não quer entender é que se, por algum milagre fantástico, todas as pessoas de Atenas fossem outros tantos Sócrates que tivessem, como ele, trocado sua sábia *pistis* pelo conhecimento didático de Sócrates, *nenhum* dos problemas da cidade teria sequer começado a ser resolvido. Uma Atenas feita de Sócrates virtuosos não será melhor se o Estado for privado de sua forma específica de racionalidade, essa virtude única em circulação que é como o seu sangue.

Como Sócrates interpreta mal o trabalho feito pelo Estado sobre si mesmo

O projeto de Sócrates equivale a substituir o sangue de um corpo sadio por meio de uma transfusão a partir de espécies totalmente distintas: ela pode ser feita, mas é por demais arriscada sem o consentimento ponderado do paciente. Se estou usando de ironia e indignação, é para contrabalançar o velho hábito que nos leva ou a compartir do ódio demótico de Sócrates ou a abraçar inadvertidamente a definição calicliana da política como "mera força". O objetivo desse estilo burlesco é focalizar a nossa atenção na posição mediana, a do Terceiro Estado, que não exige nem a razão nem o cinismo. Por que é necessário fazer uma escolha entre essas duas posições, ainda que essa escolha paralise o Estado? Como sucede com todas as escolhas desse gênero, é porque a iconoclastia destruiu um aspecto crucial da ação (ver capítulo 9). Um operador que era fundamental para o senso comum das pessoas comuns foi transformado em escolha irrelevante – tão irrelevante quanto a insistente pergunta do capítulo 4: "Os fatos são reais ou fabricados?". Se quisermos falar menos polemicamente, poderemos dizer que a deturpação que Sócrates faz dos sofistas decorre de um erro de categoria. Ele aplica à política um "contexto de verdade" que pertence a outro domínio.

A grande beleza do *Górgias* é que esse outro contexto apresenta-se claramente na própria falta de compreensão que Sócrates exibe em relação ao que vem a ser *re-presentar* o povo. Não me refiro à moderna noção de representação que virá muito mais tarde e que será ela própria impregnada de definições racionalistas, mas de um tipo de atividade *ad hoc* completamente distinto que não é nem transcendente nem imanente, mas que se assemelha mais estreitamente a uma fermentação através da qual o povo se prepara para uma decisão – nunca exatamente de acordo consigo próprio e nunca conduzido, comandado ou dirigido de cima: "Por favor, diga-me então qual desses dois modos de cuidar do Estado que você está sugerindo eu sigo. *É aquele* que é análogo à prática da medicina e implica *confrontar-se* com os atenienses e *empenhar-se* em assegurar-lhes a perfeição? Ou aquele que é análogo ao dos que só procuram servi-los e *fazer as suas vontades*? Diga-me a verdade, Cálicles" (521a).

Por ora podemos ignorar o prazer infantil que Platão sente ao fazer Cálicles responder que é o segundo e nos concentrarmos, em vez disso, no motivo dessa escolha. A escolha é tão brutal quanto absurda: ou a confrontação face a face, à maneira do professor, ou a obsequiosidade servil, à maneira sofista. Nenhum professor, e na verdade nenhum servidor, jamais se comportou assim – nem tampouco, é claro, o sofista. A escolha é tão bizarra que só se pode explicá-la pela tentativa de Sócrates de apelar para um recurso inapropriado que o leva a fazer uma pergunta totalmente descabida. Sabemos de onde ela vem. Sócrates aplica à política um modelo de igualdade geométrica que requer estrita conformidade com o modelo porque o que está em questão é a conservação das proporções por meio de várias relações diferentes. Assim, a fidedignidade de uma representação é julgada por sua capacidade de transportar uma proporção mediante todos os tipos de transformações. Ou ela a transporta sem deformação, e é considerada acurada, ou a transforma, e é considerada inacurada.

Como vimos no capítulo 2, na prática a natureza dessa transformação consiste exatamente em *perder* informação em seu caminho e em *re*descrevê-la numa cascata de *re-re*presentações, ou referência circulante, cuja natureza precisa tem sido tão difícil de apreender como a da política. Mas os pensadores como Platão só ofereceram uma teoria do modo como a demonstração progredia, e não da *sua prática*. Assim eles puderam usar a ideia de uma proporção mantida de forma não problemática através de diferentes relações como uma referência de nível pela qual se julgam todas as outras. Equipado com esse modelo, Sócrates vai calibrar todas as afirmações dos pobres sofistas: "Portanto esse é o curso que qualquer membro jovem da comunidade que estamos imaginando deve seguir se estiver perguntando como ter *muito poder* e evitar estar no extremo receptor da injustiça. Ele deve treinar-se desde a mais tenra idade em *compartilhar os gostos e aversões do ditador* e deve encontrar uma forma de *assemelhar-se ao ditador o máximo possível*" (510d).

Como Sócrates ignora voluntariamente todas as condições de felicidade que relacionei anteriormente, quando ele avalia a qualidade de uma asserção é com base na *semelhança* entre a fonte (aqui o ditador que representa o povo mimado) e o receptor (aqui o jovem sedento de poder): "Você é tão incapaz de desafiar decisões e asserções de seus amados que, *se alguém expressasse surpresa ante as coisas extraordinárias que eles o levam a dizer* de quando em quando, você provavelmente responderia – se quisesse dizer a verdade – admitindo que é somente *quando alguém os impede de proferir essas opiniões que você se impede de fazer eco a eles*" (481e-482a).

A política é concebida por Sócrates como uma caixa de ressonância, e não deve haver diferença alguma entre representado e representante, a não ser a breve delonga que é imposta pelo estreito comprimento de onda da ninfa Eco. O mesmo vale para a obediência ao senhor. Uma vez enunciada a ordem, cada qual a aplica sem deformação ou interpretação. Não importa que o Estado se torne um animal impossível: o que quer que ele diga, é sempre a mesma coisa. Eco à representação, eco à obediência, menos um pouquinho de estática. Nenhuma invenção, nenhuma interpretação. Toda perturbação é julgada um erro, uma deturpação, um mau comportamento, uma traição. A imitação, para Sócrates, é necessariamente total, quer quando Cálicles repete o que as pessoas dizem, quer quando o próprio Sócrates repete o que seu verdadeiro amor, a filosofia, o leva a dizer (482a), quer ainda quando os estadistas obrigam as pessoas a trocar suas maneiras incorretas pelas maneiras corretas (503a). Com essa referência de nível é fácil dizer, pelo menos aos olhos de Sócrates, que Péricles nunca melhorou ninguém e que Cálicles simplesmente segue a populaça: "Ora, você é terrivelmente inteligente, claro, mas ainda assim tenho tido ocasião de notar que *é incapaz de objetar seja o que for que os seus amados* dizem ou creem. *Você vacila e muda em vez de contraditá-los*. Se na Assembleia ateniense as pessoas *se recusam a aceitar uma ideia sua, você recua e diz o que elas querem ouvir*, e seu comportamento é muito parecido com o desse belo rapaz, o filho de Pirilampo" (481d-e). (Lembremos que nessa passagem Sócrates compara os seus dois amores, Alcibíades e a filosofia, com os dois amores de Cálicles, a populaça ateniense e o seu favorito.)

Mesmo aqui, porém, o comportamento de Cálicles – o Cálicles real, não o de palha – é perfeitamente adaptado às condições ecológicas da ágora. Longe de acreditar num modelo de informação "difusionista" que viajaria intacto apesar de tudo, ele usa um excelente "modelo de tradução" que o obriga a "recuar" quando os outros "se recusam a ouvir suas ideias". Pode-se dizer que Cálicles não se atém à verdade quando "vacila e muda" *somente se definirmos o ato de dizer a verdade como o ato de se deixar convencer sozinho no outro mundo*. Mas, se as condições de felicidade são, como Cálicles tão apropriadamente as definiu há pouco, para estadistas corajosos "seguir sua política até o fim sem desanimar ou desistir", então não há outro caminho senão negociar a própria opinião até que cada um dos envolvidos no assunto sejam convencidos. Numa democracia isso significa todos. Na ágora nunca existe eco, mas rumores, condensações, deslocamentos, acumulações, simplificações, desvios, transformações – uma química altamente complexa que faz que *um* represente o *todo*, e outra química, igualmente complexa, que (às vezes) leva o *todo* a obedecer a *um*.

Sócrates julga mal a grande distância *positiva* entre o que os representados e os representantes estão dizendo porque julga-a de acordo com a semelhança servil ou a indiferença total, os dois únicos modelos que ele é capaz de imaginar. Isso vale tanto para a representação como para a obediência. Quando os cidadãos repetem o que o Estado faz ou quando obedecem à lei, nenhum deles transmite servilmente, sem deformação, uma informação qualquer. O sonho de Sócrates de substituir todas as sutis traduções desses cidadãos por uma forma de raciocínio estritamente didática, como os testes de múltipla escolha, tão do agrado dos professores de hoje, mostra a sua completa ignorância do que deve ser coletivamente convencido sobre questões para as quais ninguém tem uma resposta definitiva. Os sofistas, em particular, criaram muitos truques e um tesouro de conhecimentos para lidar com a peculiaridade daquilo que não pode ser considerado uma caixa de ressonância ou uma sala de aula – mas sua especialização é devastada pela investida de Platão. Prova disso é que mesmo aqui eu emprego as palavras "truques" e "conhecimentos" para descrever uma forma acurada de saber, tão poderosa é a sombra lançada sobre o raciocínio político pela noção de informação sem deformação – o tipo de transportação criado com a justificação teórica da demonstração geométrica (ver capítulo 2).

Nosso diálogo capta a forma específica de distanciamento político manchado de sangue, por assim dizer – ou seja, exatamente quando o ato de destruição está sendo cometido. Mais tarde, quando os iconoclastas tiverem feito o seu trabalho e a poeira assentar, as pessoas estarão completamente inconscientes de que outrora ali se erguia uma enorme e bela estátua. Testemunha-o o conselho extraordinariamente paternal que Sócrates dá a Cálicles e que define acuradamente a própria forma de transcendência na qual Cálicles ainda está operando e que Sócrates está sufocando diante dos nossos olhos:

> Se você acredita que alguém lhe pode ensinar *uma arte qualquer que o capacitará a ser uma força política* na cidade, sendo você *dife-*

> *rente das nossas instituições* (seja para melhor, seja para pior), acho que está *enganado*, Cálicles. Se quer estabelecer qualquer *tipo de relacionamento amigavelmente significativo com o povo ateniense* [...] então não se trata apenas de *uma questão de imitação: você tem de ser inerentemente igual a eles*. Em outras palavras, quem conseguir *deixá-lo inteiramente igual* [*ostis oun se toutoi omoiotaton apergasetai*] o transformará *naquilo que você ambiciona ser: político e orador*; porque todos gostam de *ouvir seus próprios pontos de vista característicos num discurso e não gostam de ouvir nada que lhes seja contrário* – a menos, caro amigo, que você seja de parecer diferente. (513a-c)

O Cálicles antropológico real seria de parecer diferente se Platão não tivesse usado o buril para transformar Cálicles num homem de palha. "Não basta a mimese, é necessária uma completa e total assimilação à natureza de todo mundo [*ou gar mimètèn dei einai all' autophuôs omoin toutois*]". Nunca o raciocínio político foi definido tão precisamente como o foi por aquele que o tornou para sempre impossível. *Autophuôs* diz tudo, definindo com incrível precisão essa estranha forma de transcendência e esse ainda mais estranho tipo de reflexividade que permanece completamente imanente desde então, longe dos tolos sonhos da representação transparente. Sócrates dota os sofistas do poder de "transformarem-se por si mesmos" naquilo que todos os demais estão fazendo e querendo. Sim, tal é a misteriosa qualidade da política – que se tornou um mistério para nós, mas que os políticos felizmente preservam com grande habilidade, escondidos em seus desprezados truques e conhecimentos.

Ler a vocação de Cálicles como imanência, como "assimilação" que "elimina a diferença" é não perceber a forma específica de transcendência que ocorre quando o todo se representa reflexivamente para o todo, por meio da mediação de alguém que assume a tarefa de ser outra pessoa – exatamente o tipo de coisa que Sócrates é tão incapaz de fazer que foge da ágora com um ou dois jovens e fulmina contra Atenas a partir do seguro e inexistente posto de observação do Hades. Ao ler essa alquimia como representação, nós não a compreendemos tal como Sócrates não a compreendeu – e isso é uma grande vantagem para os sofistas. Eles ofereciam uma definição *obscura* da "fermentação" do Estado em vez da autorrepresentação miticamente clara que foi inventada no período modernista. Manipulações, diferenças, truques e retórica contribuem para essa ligeira diferença entre o Estado e ele mesmo. Nem a beatitude orgânica nem a transparência racionalista: tal era o conhecimento dos sofistas, expelidos da República pelo rei filósofo.

Não estamos aqui diante de nenhuma transcendência. A razão, contra a imanência dos líderes populistas, mas com *duas* transcendências, uma realmente admirável, a da demonstração geométrica, e a outra igualmente admirável, embora totalmente distinta, que obriga o todo a lidar consigo mesmo *sem* o benefício da informação garantida. Visto do remoto ponto de vista de Sócrates, o objetivo da política é tão impossível quanto as lorotas do barão de Munchausen. O *demos*, privado do conhecimento e da moralidade, precisa de ajuda exterior para resistir, e Sócrates generosamente se oferece para lhe dar uma ajuda. Mas, se fosse aceita, essa ajuda não ergueria o povo nem uma polegada. A transcendência específica de que ele precisa não é a de uma alavanca vinda de fora, mas algo como o preparo do pão – a não ser que o *demos* seja ao mesmo tempo o trigo, a água, o padeiro, o levedo e o próprio ato de amassar. Sim, uma fermentação, o tipo de agitação que sempre pareceu tão terrível aos olhos dos poderosos e que nem sempre, entretanto, foi suficientemente transcendente para fazer o povo se mobilizar e ser representado.

Como ficou dito no capítulo anterior, os gregos criaram uma alternativa radical: ou geometria ou democracia. Mas o que herdamos desse impossível Estado foi uma matéria de contingência histórica. Nada, em princípio, salvo a falta de fibra, nos obriga a escolher entre as duas invenções e a renúncia à nossa legítima herança. Se Sócrates não tivesse tentado, erroneamente, substituir um tipo de demonstração, a geometria, por outra, a demonstração da massa, *seríamos capazes de respeitar os cientistas sem desprezar os políticos*. É verdade que os talentos da política são tão difíceis, tão estrênuos, tão contraintuitivos e requerem tanto trabalho, tantas interrupções que, para parafrasear Mark Twain, "não existe um só extremo a que o homem não chegue para evitar o árduo trabalho de pensar politicamente". Mas os erros de nossos antepassados não nos impedirão de reconhecer as suas façanhas e adotar suas boas qualidades sem os seus defeitos.

Antes de podermos concluir e restaurar as duas transcendências ao mesmo tempo com a frágil plausibilidade dessa ficção arqueológica, precisamos entender um pouco mais o diálogo. Por que tantas vezes ele é visto como uma discussão sobre moralidade? Quero dizer que, apesar dos eloquentes comentários dos filósofos morais, as questões éticas debatidas por Sócrates e Cálicles são outras tantas pistas falsas. Sempre que os retóricos dizem alguma coisa para provar que os requisitos de Sócrates são totalmente *irrelevantes* para a questão em pauta, Sócrates a interpreta como prova de que os sofistas estão *interessados* na questão moral. Com admirável ironia ele lança, por exemplo, o seguinte desafio: "Existe alguém – daqui ou de outro lugar, de qualquer esfera – que antes era mau (isto é, injusto, devasso, irrefletido), mas *veio a se tornar, graças a Cálicles, um modelo de virtude?*" (515a).

Não nos apressemos em responder que política e moralidade são duas coisas diferentes e que, naturalmente, ninguém pediu a Cálicles para converter todos os cidadãos em "modelos de virtude" – porque se concedermos isso ainda estaremos aceitando a definição maquiavélica de política como sendo *alheia* à moralidade. Isso seria viver segundo o acordo de Cálicles e Sócrates, tomar a política como o exercício degradado que visa conservar o poder um pouco mais, sem quaisquer esperanças de melhoria. Isso seria fazer o jogo de Sócrates, porque essa desconsideração pela moralidade é exatamente o que ele quer para as pessoas de Atenas sem ele e o que Maquiavel mais tarde superestimará como uma definição positiva da habilidade política – embora a posição do próprio Maquiavel não seja, claro totalmente imoral.

A perversidade de Platão vai muito além disso. Se pela moralidade fazemos esforços para melhorar o Terceiro Estado proporcionando-lhe os meios e os modos que lhe permitem representar-se a si mesmo a fim de decidir o que fazer em assuntos sobre os quais não há nenhum conhecimento definido, então Sócrates é exatamente tão imoral quanto Cálicles, como mostrei anteriormente, já que ambos estão competindo sobre a melhor maneira de anular a regra da maioria. Sócrates pode ser até pior porque, como acabamos de testemunhar, ele destrói sistematicamente o que torna a representação eficiente: enquanto Cálicles, a despeito do texto reescrito de Platão, ainda apresenta, mesmo que por meio de seus disparates, uma vaga reminiscência de habilidades políticas adequadas – os sofistas reais sendo vagamente visíveis através de suas contrapartes de palha.

Na verdade o crime de Sócrates é surpreendente, porque ele consegue, por uma pequena mudança, subtrair ao Terceiro Estado exatamente o mesmo tipo de comportamento moral com o qual *todos concordam* e então transformar esse comportamento numa tarefa impossível que só se pode cumprir seguindo os seus próprios requisitos impossíveis – o que vai desembocar, como vimos, nas sombras do além. Que feito! E um feito que, a meu ver, deve provocar antes ranger de dentes que exclamações de admiração.

Górgias, o primeiro a adentrar o palco, é facilmente paralisado pelo argumento da caixa de ressonância. Sai o pobre Górgias. Em seguida, Polo é o primeiro a cair na armadilha ética. A questão levantada por Sócrates parece tão irrelevante que funciona perfeitamente para desviar a atenção de seu próprio equívoco sobre a representação política: "Segue-se que o malefício é a *segunda pior* coisa que pode acontecer; a *pior* coisa do mundo, a maldição *suprema*, é fazer o mal e não pagar por isso" (479d); "Digo também que roubar, escravizar, assaltar – em suma, fazer qualquer tipo de mal contra mim e minha propriedade – não apenas é *pior* para o malfeitor do que para mim, o alvo de seu malefício, mas é também *mais* desprezível" (508e).

Precisamos de um condicionamento extremamente longo para ver essa questão como crucialmente importante. Mesmo se a moralidade fosse tomada apenas como uma espécie de aptidão etológica básica de primatas gregários, isso estaria muito perto de tal asserção. A única coisa que Sócrates acrescenta para transformar isso numa "magna questão" é a estrita e absoluta ordem de prioridade que ele impõe entre sofrer o malefício e praticá-lo. Exatamente da mesma maneira que a diferença *absoluta* entre conhecimento e técnica foi imposta por um *coup de force* para o qual só dispomos das palavras de Sócrates (ver capítulo 7), a diferença absoluta entre o que todo animal moral acredita e o que a moralidade superior de Sócrates requer é a de ser imposta pela força.

Alguma coisa mais é necessário, e essa coisa é, como de costume, o comportamento servil do Sócrates de palha. É Polo que nos faz acreditar que aqui nos defrontamos com uma asserção revolucionária: "Se você é sério, e se o que você está dizendo é a verdade, sem dúvida a vida humana seria *virada de cabeça para baixo*, não seria? Tudo o que fazemos é o *oposto* daquilo que, segundo você, nós *deveríamos estar fazendo*" (481c). A grande sorte de Sócrates é que Platão lhe contrapõe a indignação dos sofistas, porque sem esta o que ele diz e o que as pessoas comuns dizem seriam *indistinguíveis*. Como costuma suceder com os discursos revolucionários, não há maneira mais segura de fazer uma revolução do que dizer que se está fazendo uma!

O que é extraordinário é que Sócrates, na parte final do diálogo, reconhece a óbvia natureza de senso comum daquilo cuja demonstração lhe custou tão ingente esforço: "Tudo o que estou dizendo é o que sempre digo: eu próprio ignoro os fatos dessas matérias, mas *nunca encontrei ninguém, incluindo* as pessoas aqui presentes, que *pudesse discordar* do que estou dizendo e ainda assim deixar de ser *ridículo*" (509a). Não é isso uma clara confissão de que todo esse longo debate com Polo sobre o modo de classificar o comportamento moral nunca foi posto em dúvida por ninguém em nenhum período? Cada um é *relativamente* obrigado pela Regra Dourada. Só se quisermos convertê-la numa demarcação *absoluta* entre sofrer e fazer o mal é que ela poderá conseguir esclarecer-nos. Sai Polo.

O mesmo truque paralisante vai funcionar para o pobre Cálicles, que, depois de apelar, como vimos, para as leis naturais contra as leis convencionais, é imediatamente transformado em alguém que exige ilimitado hedonismo. Essa cortina de fumaça é muito eficiente para esconder até que ponto a solução de Sócrates está próxima da do próprio Cálicles. E também aqui, depois de uma longa e acrimoniosa *disputatio*, na qual Cálicles desempenha convenientemente o papel de desenfreado animal de rapina – como se os animais de rapina fossem eles próprios desenfreados! Como se os lobos se comportassem como lobos e as hienas como hienas! – Sócrates confessa candidamente a natureza etológica básica da moralidade na qual ele, como todo escravo, criança ou, nesse caso, chimpanzé (De Waal, 1982), confia: "Não nos devemos recusar a refrear os nossos desejos, porque isso *nos condenará a uma vida em que tentaremos* satisfazê-los *incessantemente*. E essa é a vida de *um fora da lei predatório*, no sentido de que *quem vive assim nunca está em bons termos com ninguém* – com nenhum ser humano, muito menos com um deus –, desde que é *incapaz de cooperação, e a cooperação é um pré-requisito da amizade*" (507e).

Nada sei sobre os deuses, acerca dos quais nossos conhecimentos etológicos são exíguos, mas confio em que mesmo os babuínos de Shirley Strum e as hienas de Steve Glickman, se pudessem ler Platão, aplaudiriam essa descrição da moral relativa que vige nos grupos sociais (Strum, 1987). O interessante é que *ninguém* jamais disse o oposto, *exceto* o Cálicles de palha tal como Platão o retrata! A mitologia da guerra de todos contra todos, que ameaça engolfar a civilização se a moralidade não for imposta, é contada apenas pelos que retiraram do povo a moralidade básica que a sociabilidade impôs durante milhões de anos aos animais gregários. Isso deve ser óbvio, mas não o é – porque, infelizmente, a filosofia moral é um narcótico tão vicioso quanto a epistemologia e porque não podemos abandonar facilmente o hábito de pensar que o *demos* carece de moralidade tão totalmente quanto lhe falta conhecimento epistêmico. Mesmo o fato de Sócrates admitir que o que ele diz pertence ao senso comum e não é de modo algum revolucionário não é suficiente. Mesmo a sarcástica observação de Cálicles segundo a qual as questões de moralidade são totalmente irrelevantes para a discussão da retórica política não basta: "Estive pensando no *prazer adolescente* que você tem em agarrar-se a qualquer concessão que alguém lhe faz, nem que seja por brincadeira. Você acha mesmo que *eu ou qualquer outro negamos* que existem prazeres melhores e piores?" (499b).

Ninguém nega o que Sócrates diz! Quaisquer que sejam as evidências, os filósofos morais descrevem o *Górgias* como a luta magnificente do generoso Sócrates oferecendo às pessoas uma meta que é demasiado alta para alcançarem. É uma luta, sim, mas uma luta travada por Sócrates para impor às pessoas uma definição da moralidade que elas sempre possuíram, *menos* os modos de aplicá-la (Nussbaum, 1994). O que Sócrates faz ao *demos* de Atenas é tão ostensivamente absurdo como se um psicólogo, digamos da América, fosse à China e, baseado no conceito chauvinista de que "todos os chineses são parecidos", decidisse pintar grandes números sobre eles para torná-los finalmente reconhecíveis. Com que olhares ele deparará quando chegar com seu pincel, seu balde de tinta e sua cândida explicação psicológica? Podemos pensar que os habitantes da imensa cidade de Xangai saudarão esse novo modo de se reconhecerem uns aos outros porque durante séculos eles foram incapazes de fazê-lo? Claro que não: eles zombarão do psicólogo, "sua cabeça girará e ele ficará boquiaberto!". No entanto, o uso que Sócrates faz da questão da moralidade no *Górgias* baseia-se exatamente no mesmo tipo de equívoco. Os chineses se *reconhecem* uns aos outros sem a necessidade de grandes números pintados. O *demos* é dotado de toda a moralidade e de todo o conhecimento reflexivo de que necessita para se comportar.

Conclusão: o quinhão e a morte de Sócrates

Se juntarmos todos os sucessivos movimentos que Platão faz Sócrates executar no palco, teremos um ato extremamente ardiloso:

Na primeira cena, Sócrates *tira* das pessoas de Atenas sua sociabilidade básica, sua moralidade básica, seu conhecimento básico, que ninguém antes negou que elas possuíssem.

Depois, numa segunda cena, despidas de todas as suas qualidades, as pessoas são retratadas como crianças, como animais de rapina, como escravos mimados prontos para atacar-se uns aos outros sempre que lhes der na veneta. Mandados para a caverna, agarrando-se a meras sombras, dão início a uma guerra de todos contra todos.

Terceira cena: alguma coisa precisa ser feita para manter essa turba horrenda em xeque e estabelecer a ordem contra a sua desordem.

É nesse ponto que, sob toques de clarins, a solução chega. Razão e Moralidade. Eis o quarto movimento. Mas, quando elas são restituídas por Sócrates, a partir do exótico reino da demonstração geométrica, as pessoas não conseguem reconhecer o que lhes foi tirado, porque há uma coisa a mais e uma coisa a menos! O que foi acrescido durante a passagem para o reino das sombras é um requisito absoluto que torna ineficazes a moralidade e o conhecimento. O que foi subtraído são todas as meditações práticas por via das quais as pessoas podiam fazer bom uso de seu conhecimento relativo e de sua moralidade relativa nas condições específicas da ágora.

Quinta cena: o professor Sócrates escreve na lousa sua equação triunfante: política *mais* moralidade *menos* meios práticos *igual a* Estado Impossível.

Sexta cena, a mais dramática: como o Estado é impossível, mandemos tudo para o inferno! O *deus ex machina* baixa e os três juízes do Hades condenam todos à morte – *exceto* Sócrates e "algumas outras almas"![2] Aplausos...

Seja-me permitido fazer mais uma brincadeira (só mais uma, prometo) e explicar a sétima cena, que é o epílogo desse espetáculo e terá lugar quando a multidão for para casa. Há outra explicação, no final, para esse famoso e justo julgamento por meio do qual as pessoas de Atenas forçaram Sócrates a se envenenar? Na verdade foi um erro político, porque de um cientista louco fez um mártir – mas poderia ter sido, pelo menos, uma reação sadia contra o injustíssimo

---

2 "Ocasionalmente, porém, [Radamanto] depara com um tipo diferente de alma, uma alma que levou uma vida de integridade moral e que pertenceu a um homem que não desempenhou *nenhum papel na vida pública* ou [...] a um homem que só cuidava de sua *própria* vida e permanecera *longe das coisas* enquanto vivera."

julgamento do *demos* por Sócrates. Não era justo para alguém que queria julgar sombras nuas do plano superior da justiça eterna ser enviado para as Ilhas dos Bem-aventurados pelos cidadãos vivos e plenamente vestidos de Atenas? Mas, como vamos ver agora, essa tragicomédia teve uma grande vantagem sobre as últimas: a de que apenas um personagem derramou o seu sangue, e ele não era parte do público.

Guerras na ciência? E a paz?

Abandonemos a ironia e a raiva que se fizeram necessárias para extirpar o veneno e extrair o mel. Podemos agora extrair do *Górgias* a poderosa definição da política real, para a qual o conhecimento epistêmico e a moralidade absoluta são obviamente irrelevantes. A categoria erro está agora suficientemente clara. O acordo de Sócrates e Cálicles já não nos pode impedir de gostar dos cientistas *tanto quanto* dos políticos. Contrariamente ao que Weinberg afirma depois de Platão, existem muitos acordos possíveis além daquele que descrevi como "inumanidade para subjugar a inumanidade". Uma ligeira mudança em nossa definição de ciência e em nossa definição de política bastará, no fim deste capítulo, para mostrar os muitos modos pelos quais agora podemos prosseguir.

Uma ciência livre da política de abolir a política

Vejamos primeiro, em breves considerações, como as ciências podem libertar-se do fardo que consiste em fazer um tipo de política capaz de contornar a política. Se agora lermos calmamente o *Górgias*, reconheceremos que uma certa forma especializada de razão, *epistèmè*, foi sequestrada para um objetivo político que ela talvez não possa cumprir. Isso resultou em má política, mas numa ciência ainda pior. Se deixarmos que as ciências sequestradas fujam, então dois sentidos diferentes do adjetivo *científico* tornam-se novamente discerníveis, depois de terem sido confundidos durante tanto tempo.

O primeiro sentido é o da Ciência com C maiúsculo, o ideal da transmissão de informações sem discussão ou deformação. Essa Ciência com C maiúsculo *não* é uma descrição do que os cientistas fazem. Para usar um velho termo, é uma ideologia que nunca teve qualquer outro uso nas mãos do epistemólogo, senão o de oferecer um *substituto* para a discussão pública. Ela sempre foi uma arma política para abolir as coações da política. Desde o princípio, como vimos no diálogo, ela foi confeccionada para essa finalidade única e nunca deixou, no passar dos tempos, de ser usada dessa maneira.

Tendo sido projetada como arma, essa concepção da Ciência, aquela a que Weinberg tanto se apega, não é utilizável nem para "tornar a humanidade menos irracional" nem para tornar as ciências melhores. Tem apenas um uso: "Você, mantenha a boca fechada" – com o "você" designando, curiosamente, outros cientistas envolvidos em controvérsias tanto quanto as pessoas em geral. "Substitua Ciência com C maiúsculo por irracionalidade política" é apenas um grito de guerra. Nesse sentido, e apenas nesse sentido, ele é útil, como podemos testemunhar nestes dias das guerras na ciência. Todavia, receio que essa definição da Ciência Nº 1 já não tem mais utilidade que a Linha Maginot, e terei muito prazer em ser rotulado de "anticientífico" *se* "científico" tiver *apenas* esse primeiro sentido.

Mas "científico" tem outro sentido, que é muito mais interessante e não está empenhado em abolir a política, *não* porque é apolítico ou porque é politizado, mas porque lida com questões inteiramente diversas, diferença que nunca é respeitada quando a Ciência Nº 1 é tomada, por seus amigos *e* por seus inimigos, como tudo quanto há a dizer sobre ciência.

O segundo sentido do adjetivo *científico* é a aquisição de acesso, mediante experimentos e cálculos, a entidades que a princípio não têm as mesmas características dos seres humanos. Essa definição pode parecer estranha, mas é a ela que o próprio Weinberg alude ao falar das "leis impessoais". A Ciência Nº 2 lida com entidades não humanas que, sendo a princípio estranhas à vida social, são lentamente socializadas em nosso meio através dos canais dos laboratórios, expedições, instituições e assim por diante, como os historiadores da ciência mais recentes tantas vezes descreveram. Aquilo de que os cientistas querem ter certeza é que eles *não construíram*, com seu próprio repertório de ações, as novas entidades às quais têm acesso. Querem que cada nova entidade não humana lhes enriqueça o repertório de ações, sua ontologia. Pasteur, por exemplo, não "constrói" os seus micróbios; pelo contrário, seus micróbios, e a sociedade francesa, passam, através de sua mediação comum, de um coletivo composto de, digamos, *x* entidades para outro, composto de muito *mais* entidades, incluindo os micróbios.

A definição da Ciência Nº 2 alude assim ao máximo de *distância* possível entre pontos de vista *tão diferentes* quanto possível e à sua integração *estimada* na vida e nos pensamentos diários do maior número possível de seres humanos. Para se apreciar devidamente esse trabalho científico a Ciência Nº 1 é totalmente inadequada, porque o que a Ciência Nº 2 necessita, contrariamente à Ciência Nº 1, é de muitas controvérsias, problemas, assunção de riscos e imaginação e de uma "vascularização" com o resto do coletivo tão rico e tão complexo quanto possível. Naturalmente, esses numerosos pontos de contato entre entidades humanas e não humanas são impensáveis se por "social" entendemos a pura força bruta de Cálicles ou se por "razão" entendemos o "fechar a boca" da Ciência Nº 1. Reconhecemos aqui, aliás, os dois campos inimigos entre os quais os estudos científicos estão tentando consolidar-se: os das humanidades, que pensam que damos demasiado às entidades não humanas, e os de alguns quartéis das ciências "duras", que nos acusam de dar demasiado às entidades humanas. Essa acusação simétrica determina com grande precisão o lugar onde nos encontramos nos estudos científicos: seguimos os cientistas em sua prática científica cotidiana na definição Nº 2, e não na definição Nº 1, politizada. A Razão – significando Ciência Nº 1 – não descreve a ciência melhor do que o cinismo descreve a política.[3]

3 Poder-se-ia acrescentar um terceiro significado de "científico", que chamarei de *logístico* porque está diretamente ligado ao *número* de entidades que se deseja socializar e ter acesso a elas. Assim como existe um problema lógico a ser resolvido se 20 mil torcedores estiverem tentando estacionar simulta-

Assim, libertar a ciência da política é fácil – não, como se fez no passado, tentando *isolar* o máximo possível o cerne autônomo da ciência da deletéria poluição pelo social – mas libertando quanto possível a Ciência Nº 2 do disciplinamento político que acompanhava a Ciência Nº 1 e que Sócrates introduziu na filosofia. A primeira solução, inumanidade contra inumanidade, confiava demais numa definição fantasiosa do social – a multidão que tem de ser silenciada e disciplinada – e numa definição ainda mais fantasiosa da Ciência Nº 1, concebida como um tipo de demonstração cujo único objetivo é fazer que as "leis impessoais" impeçam que as controvérsias venham a transbordar. A segunda solução é a melhor e constitui a maneira mais rápida de libertar a ciência da política. Que a Ciência Nº 2 seja representada publicamente em toda a sua bela originalidade, ou seja, como aquilo que estabelece conexões novas e imprevisíveis entre as entidades humanas e as não humanas, modificando assim profundamente aquilo que constitui o coletivo. Quem a definiu mais claramente? Sócrates – e aqui quero voltar à passagem com que principiei e fez penitenciar-me por ter ironizado tanto a expensas desse mestre da ironia: "Na verdade, Cálicles, a opinião dos especialistas é que a cooperação, o amor, a ordem, a disciplina e a justiça *unem o céu e a terra, os deuses e os homens*. Eis por que, caro amigo, eles chamam o universo de um todo ordenado, e não de uma mistura desordenada ou sombras desregradas [*kai to olon touto dia tauta kosmon kalousin, ô etaire, ouk akosmian oude akolasian*]" (507e-508a).

Longe de tirar-nos da ágora, a Ciência Nº 2 – uma vez claramente separada da agenda impossível da Ciência com C maiúsculo – re-

---

neamente perto de um estádio de beisebol, existe um problema lógico a ser resolvido se as massas de dados têm de ser transportadas através de uma longa distância, tratadas, classificadas, "reunidas", resumidas e exprimidas. Grande parte do uso comum do adjetivo "científico" refere-se a essa questão logística. Mas não se deve confundi-lo com os outros dois, especialmente com a ciência como acesso a entidades não humanas. A Ciência Nº 3 permite que se estabeleçam rápidas e seguras comunicações de dados; não assegura que alguma coisa sensível seja transferida. "Entra lixo, sai lixo", como reza o lema do computador.

define a ordem política como aquela que une estrelas, príons, vacas, céus e pessoas, e a tarefa consiste em transformar esse coletivo em um "cosmos" no lugar de "sombras desregradas". Para os cientistas tal esforço parece muito mais vivo, muito mais interessante, muito mais adaptado ao seu talento e gênio do que o enfadonho e repetitivo trabalho de golpear o pobre e indisciplinado *demos* com a grande chibata das "leis impessoais". Esse novo acordo não é um acordo no qual Sócrates e Cálicles convêm – "apelando para uma forma de inumanidade para evitar o comportamento social inumano" –, mas algo que se pode definir como "capaz de assegurar coletivamente que o coletivo formado por números sempre mais vastos de entidades humanas e não humanas se torne um cosmos".

Para essa outra tarefa possível, entretanto, não precisamos apenas de cientistas que abandonem os privilégios mais antigos da Ciência Nº 1 e finalmente constituam uma ciência (Nº 2) livre da política – precisamos também de uma transformação simétrica da política. Confesso que isso é muito mais difícil, porque na prática pouquíssimos cientistas sentem-se felizes na camisa de força que a posição de Sócrates lhes impõe e ficariam muito felizes em lidar com aquilo em que são bons, a Ciência Nº 2. Mas e a política? Convencer Sócrates é uma coisa, mas e Cálicles? Libertar a ciência da política é fácil, mas como libertar a política da ciência?

Como libertar a política de um poder/conhecimento que torna a política impossível

O paradoxo que sempre se perde sobre os que acusam os estudos científicos de ciência politizadora é que ela faz exatamente o contrário, mas, por isso mesmo, encontra outra oposição, muito mais forte que a dos epistemólogos ou de uns poucos cientistas descontentes. Se as linhas de combate das chamadas guerras na ciência forem traçadas de forma plausível, as pessoas, como nós, das quais se diz que "combatem" a ciência, seriam calorosamente apoiadas pelos batalhões das ciências sociais ou das humanidades. E, no entanto, também aqui o que acontece é exatamente o contrário. A Ciência Nº 1 é um escândalo tanto para os sociólogos quanto para os humanistas porque subverte totalmente a definição do social com que trabalham – ao passo que é um senso comum para os cientistas, que naturalmente estão preocupados, mas apenas em se verem despojados de sua canhestra Ciência Nº 1. A oposição dos que acreditam no "social" é muito mais acrimoniosa do que as nossas (no conjunto) amigáveis trocas com nossos contraditores das categorias científicas. Como isso é possível?

Também aqui o acordo entre Sócrates e Cálicles pode esclarecer-nos, embora isso seja muito mais difícil de se compreender. Como vimos mais atrás, quando deciframos o cabo de guerra entre Razão e Força de um lado e o *demos* do outro, existem dois sentidos da palavra "social". O primeiro, Social Nº 1, é usado por Sócrates contra Cálicles (e aceito pelo Cálicles de palha como uma boa definição de força); o segundo, Social Nº 2, deve ser usado para descrever as condições específicas de felicidade para o povo que representa a si mesmo, condições que o *Górgias* revela tão bem mesmo quando Sócrates as despedaça.

Quero indicar aqui, como fiz no capítulo 3, que os dois sentidos de "social" são tão diferentes quanto o são a Ciência Nº 1 e a Ciência Nº 2. Não importa: a noção ordinária do social é modelada sobre o mesmo argumento racionalista que o da Ciência com C maiúsculo – é um transporte sem deformação de leis inflexíveis. É chamado "poder" e não "*epistèmè*", mas isso não faz diferença porque, enquanto os epistemólogos falam do "poder da demonstração", os sociólogos se comprazem em usar o seu recente e famoso lema: "Conhecimento/Poder". A execrável ironia das ciências sociais é que, quando empregam essa expressão foucaultiana para exercer a sua competência crítica, elas dizem efetivamente, sem compreendê-lo: "Que a concordância de Sócrates (Conhecimento) e Cálicles (Poder) prevaleça e triunfe *sobre* o Terceiro Estado!". Nenhum lema é menos crítico do que este, nenhuma bandeira popular é mais elitista. O que torna esse argumento difícil de apreender é que os cientistas naturais e sociais estão ambos se comportando como se o Poder se convertesse numa coisa totalmente diferente da Razão – daí a suposta originalidade do ato de separá-los e depois reuni-los com um gesto misterioso. Os críticos são iludidos pelo espetáculo de Sócrates e Cálicles. Poder e Razão são uma só coisa, e o Estado construído por um ou outra é modelado com a mesma argila: daí a inutilidade do gesto, que aumenta o interesse pelos atores e pelos críticos em seus camarotes enquanto aborrece a plateia até às lágrimas.

Parece que depois a filosofia política do *Górgias* nunca recobrou o pleno direito, que uma vez ela possuiu, de pensar em suas condições específicas de felicidade e de construir o Estado com sua própria carne e sangue. O fatiche*, uma vez despedaçado, pode ser refeito, mas nunca voltará a constituir um todo. Barbara Cassin mostrou magnificamente como os segundos sofistas venceram Platão e restabeleceram o primado da retórica *sobre* a filosofia. Mas esse milênio de vitórias pírricas de nada valeu porque, no século XVII, outro tratado tornou a unir a Ciência e a Política num acordo comum – especialmente depois que Maquiavel caiu na armadilha de Sócrates e definiu a política como uma habilidade inteiramente desprovida de virtude científica. O Leviatã de Hobbes é uma Fera totalmente racionalista, feita de argumentos, provas, engrenagens e rodas dentadas. É um *animal-máquina* cartesiano que transporta poder sem discussão ou deformação.

Ainda aqui Hobbes foi usado como uma contraparte da razão, tal como Cálicles foi usado como contraparte de Sócrates, mas o acordo comum é ainda mais claro no século XVII do que vinte séculos antes: agora as leis naturais e as demonstrações indiscutíveis favorecem a política racionalmente fundada. As condições de felicidade para a lenta criação de um consenso nas ásperas condições da ágora desapareceram sub-repticiamente. Há uma política ainda menos genuína em Hobbes do que no apelo de Sócrates a um além. A única diferença é que o Estado de Sócrates saiu do mundo dos mortos para tornar-se um Leviatã *deste mundo*, um monstro e meio, composto unicamente por indivíduos "desembaraçados", meio mortos, meio vivos, "sem armadilhas, sem roupas, sem parentes e sem amigos" (523c) – uma cenografia totalmente mais fantasmagórica do que a imaginada por Platão.

As coisas não melhoram quando um Estado, para fugir ao cinismo hobbesiano, recebe outra transfusão de Razão pelas mãos de Rousseau e seus descendentes. A cirurgia impossível iniciada por Sócrates continua numa escala ainda maior: mais Razão, mais sangue artificial, porém uma quantidade cada vez menor dessa forma específica de fluido circulante que é a essência do Estado e para o qual os sofistas têm tantos termos excelentes e nós tão poucos. Supõe-se agora que o Estado é transparente para si mesmo, livre das manipulações, dos obscuros segredos, engenhos e truques dos sofistas. A representação teve êxito, mas foi uma representação compreendida nos próprios termos da demonstração de Sócrates. Ao pretender despojar a estátua de Glauco de todas as suas deformações posteriores, Rousseau torna o Estado ainda mais monstruoso.

Devo continuar a triste história de como transformar um Estado outrora sadio num monstro inviável e perigoso? Não, ninguém quer escutar mais histórias horríficas, tudo em nome da Razão. Basta dizer que, quando uma "política científica" acaba sendo inventada, monstruosidades ainda piores advêm inelutavelmente. Sócrates apenas ameaçou deixar a ágora sozinha, e somente o *seu* sangue foi derramado no fim dessa estranha tentativa de racionalizar a política. Como isso parece inocente aos filhos do nosso século! Sócrates não poderia ter imaginado que mais tarde se inventariam programas científicos destinados a mandar a *totalidade* do *demos* para o outro mundo e substituir a vida política pelas leis férreas de uma ciência – com a colaboração da economia! As ciências sociais, na maioria de suas modalidades, representam a reconciliação última de Sócrates com Cálicles, já que a força bruta advogada pelo segundo tornou-se uma questão de demonstração – não mediante a igualdade geométrica, claro, mas mediante novas ferramentas, como a estatística. Cada aspecto isolado da nossa definição do "social" provém agora de Sócrates e Cálicles, fundidos num aspecto único.

Já disse o bastante para deixar claro o motivo por que o Poder/Conhecimento não é uma solução, mas sim outra tentativa de paralisar o que sobrou do Estado. Tomar a definição do Poder por Cálicles e usá-la para desconstruir a Razão e mostrar que, em vez da demonstração de verdades, a Razão envolve apenas a demonstração da força, é simplesmente inverter as definições gêmeas formuladas para tornar impensável a política. Nada se realizou, nada se analisou. A mão forte de Cálicles simplesmente agarra, depois da mão enfraquecida de Sócrates, a corda usada no cabo de guerra contra o *demos*, e em seguida a mão de Sócrates vem substituir a mão cansada de Cálicles! Admirável colaboração, mas não uma colaboração que irá reforçar o Terceiro Estado, as pessoas que estão puxando a outra ponta da corda. Para resumir o argumento mais uma vez, não existe um traço isolado na definição da Razão que não seja compartido pela definição da Força. Assim, nada se ganha com a tentativa de alternar entre as duas ou expandir uma a expensas da outra. Tudo se ganhará, entretanto, se voltarmos a nossa atenção para os sítios e situações contra os quais se criaram os recursos gêmeos da Força/Razão: a ágora.

Afirma-se com frequência que os corpos das pessoas do século XX, intoxicados pelo açúcar, são lentamente envenenados por um fabuloso excesso de carboidratos impróprios para organismos que evoluíram durante éons numa dieta pobre em açúcar. Essa é uma boa metáfora para o Estado, lentamente envenenado por um fabuloso excesso de Razão. Que a cura do Professor Sócrates era inadequada constitui hoje, quero crer, um fato inequívoco, mas quão pior é a do médico *qua* físico Weinberg, que quer curar a suposta irracionalidade das pessoas trazendo ainda mais "leis impessoais" para eliminar ainda mais completamente a abominável tendência da multidão de discutir e obedecer. O acordo mais velho exerceu uma grande atração no passado, e até mesmo no passado recente, porque parecia oferecer a maneira mais rápida de transformar os turbulentos campos de batalha de deuses, céus e homens num todo ordenado. Parecia fornecer um *atalho* ideal, uma aceleração fabulosa, comparada com a lenta e delicada política de produzir política através de meios políticos tal como a aprendemos – e depois, infelizmente, desaprendemos – do povo ateniense. Mas agora ficou claro que, em vez de simplesmente aumentar a ordem, essa velha solução aumenta também a desordem.

Na história do debate entre o cozinheiro e o médico, com o qual Sócrates tanto divertiu o público, havia certa plausibilidade nessa ideia de expulsar o cozinheiro e deixar o médico dizer o que devemos comer e beber. Isso já não se aplica aos nossos tempos de "vacas loucas", em que nem o cozinheiro nem o médico sabem o que dizer à assembleia, que já não se compõe de crianças mimadas e "variados escravos", mas de cidadãos adultos. Há uma Guerra da Ciência, mas não aquela que lança descendentes de Sócrates contra descendentes de Cálicles na reencenação desse velho e cansado espetáculo: é a guerra entre "turbulentos campos de batalha" e o "cosmos".

Como misturar a Ciência Nº 2, que traz para a ágora um número ainda maior de entidades não humanas, com o Social Nº 2, que lida com as muito específicas condições de felicidade que não podem contentar-se em transportar forças ou verdade sem deformação? Não sei, mas de uma coisa estou certo: nenhum atalho é possível, nenhum curto-circuito, nenhuma aceleração. Metade do nosso conhecimento pode estar nas mãos dos cientistas, mas a outra metade, a que está faltando, só está viva naqueles que são os mais desprezados dos homens, os políticos, que estão arriscando suas vidas e as nossas nas controvérsias político-científicas que constituem hoje a maior parte do nosso pão cotidiano. Para lidar com essas controvérsias, uma "dupla circulação" tem de voltar a fluir livremente no Estado: a da ciência (Nº 2) livre da política e a da política livre da ciência (Nº 1). A tarefa de nossos dias pode resumir-se na seguinte questão: "Podemos aprender a gostar dos cientistas tanto quanto dos políticos para que *finalmente* possamos beneficiar-nos das duas invenções gregas, demonstração e democracia?".

9
A ligeira surpresa da ação
Fatos, fetiches, fatiches

Que surpresa! Parece que concluí minha tarefa, parece que desmantelei o velho acordo que nos dominou. O esconderijo dos sequestradores foi descoberto e as entidades não humanas libertadas – libertadas, sim, do sórdido fardo de fornecer carne de canhão para as guerras políticas contra o *demos* trajando o enfadonho uniforme dos "objetos". Era realmente uma política perversa, aquela que visava suprimir suas próprias condições de felicidade e tornar o Estado impossível para sempre.

E, no entanto, ainda é como se não tivesse feito nada. No capítulo anterior multipliquei movimentos que não seguem o reto caminho da razão. Propus muitos termos para descrever movimentos tortuosos: labirinto, translação, deslocamento para fora, deslocamento para baixo. Fiz grande uso de metáforas como vascularização, transfusão, conexão e emaranhamento. Na verdade, todas as vezes que apresentei um exemplo, minha descrição parecia plausível quando seguia os complicados desvios feitos por fatos acurados, artefatos eficientes, política virtuosa. E, no entanto, todas as vezes que eu procurava, num momento crucial, o termo que me permitiria saltar, num único impulso, sobre a construção e a verdade, as palavras me faltavam. Essa não é a inadequação usual das palavras gerais para a experiência particular. É como se uma prática científica, uma prática técnica e uma prática política conduzissem a reinos inteiramente distintos dos da teoria da ciência, da teoria das técnicas, da teoria da política. Por que não conseguimos recuperar prontamente para o nosso discurso ordinário aquilo que é oferecido pela prática? Por que as associações de entidades humanas e não humanas sempre se tornam, uma vez esclarecidas, retificadas e endireitadas, algo tão completamente diferente: dois lados opostos numa guerra entre sujeitos e objetos?

Alguma coisa está faltando. Alguma coisa nos está escapando, capítulo após capítulo: um modo de negociar uma passagem pacífica entre objeto e sujeito, um modo de terminar essa batalha sem escalar ainda mais o poder de fogo. Precisamos de um meio para desviar essa tendência, de um veículo, uma figura de discurso que, em vez de *quebrar* a sutil linguagem da prática com a intimidadora escolha "É real ou é fabricado? Vocês têm de escolher, seus tolos!", oferecesse um movimento diferente, um registro diferente para a prática. Uma coisa é certa: depois que a teoria fez o seu corte analítico, depois que o barulho dos ossos se quebrando foi ouvido, já não é possível dar conta de como sabemos, como construímos, como vivemos a Boa Vida. Somos forçados a recompor sujeitos e objetos, palavras e mundo, sociedade e natureza, mente e matéria – aqueles cacos que foram feitos para tornar qualquer reconciliação impossível. Como recuperar a nossa liberdade de passagem? Como podemos ser treinados novamente para executar esse rápido, elegante, eficiente "saque de passagem", como dizem os jogadores de tênis? Por que isso há de ser tão difícil quando em toda parte parece tão fácil, tão corriqueiro? Parece tão normal quando assistimos às lições da prática, e no entanto tão contraditório, distorcido e obscuro quando assistimos às palestras da teoria.

Onde está a solução? *No próprio ponto de quebra*. Quero tentar, neste capítulo, conscientizar-nos do *próprio ato* de fazer a prática em pedaços. Contrariamente ao que acreditavam os pragmáticos (e é por isso que, a meu ver, as suas filosofias nunca se fixaram na mente do público), a diferença entre teoria e prática não é mais um dado do que a diferença entre conteúdo e contexto, natureza e sociedade. O que se *fez* foi uma divisão. Mais exatamente, é uma unidade que foi fraturada pelo golpe de um poderoso martelo.

No arranjo mostrado na Figura 1.1 há uma caixa que ainda não tocamos, e é a caixa rotulada "Deus". Não estou aludindo à patética noção dos modernos de um Deus do além – um suplemento de alma para os que não a têm –, mas a Deus como o nome dado a uma teoria da ação, do domínio e da criação que serviram de base para o velho acordo modernista. Interrogamos fatos e artefatos, vimos como é difícil compreendê-los como sendo dominados e construídos, mas ainda não investigamos o próprio domínio e a própria construção. É o que pretendo fazer agora, porque sei muito bem que, sem isso, por melhor que descrevamos as complexidades da prática, seremos imediatamente tachados de iconoclastas desejosos de destruir a ciência e a moralidade. Eu, iconoclasta?! Nada me irrita mais do que ser apresentado como provocador ou mesmo como crítico. Especialmente quando tal acusação – ou, pior ainda, tal cumprimento – vem daqueles que despedaçaram todas as nossas figuras de discurso, dos descendentes de Sócrates, um dos primeiros iconoclastas da longa genealogia dos iconoclastas que nos tornaram modernos. A amarga ironia é que os iconófilos como eu são forçados a se defender dos iconoclastas. Como fazê-lo? Destruindo-os e tirando a nossa desforra, acrescentando mais escombros aos escombros deixados pelos críticos? Não, por outro meio. *Suspendendo* o golpe do martelo.

Comecemos não pelo começo dessa longa história, como acabamos de fazer com Sócrates, mas pelo seu fim. Tomaremos como exemplo um iconoclasta de nossa época, um daqueles corajosos críticos que os modernos enviaram ao mundo para estender o alcance da razão, os quais aprendem a dura lição sobre os motivos por que deveriam, ao contrário, suspender seu gesto crítico.

Os dois significados do agnosticismo

Seu nome é Jagannath, e ele decidiu quebrar o sortilégio das castas e da intocabilidade revelando aos párias que o *saligrama* sagrado, a poderosa pedra que protege a família de casta superior, não é nada de que se deva ter medo (Ezechiel; Mukherjee, 1990). Quando os párias se reúnem no pátio de sua propriedade familiar, o bem-intencionado iconoclasta, para horror de sua tia, pega a pedra e, atravessando o espaço proibido que separa os brâmanes dos intocáveis no recinto que eles compartilham, leva o objeto para ser dessacralizado pelos pobres escravos. Subitamente, no meio do pátio, sob o sol coruscante, Jagannath hesita. É sua própria hesitação que eu quero usar como meu ponto de partida:

> As palavras emperram em sua garganta. Essa pedra não é nada, mas nela coloquei o meu coração e a estou pegando para você: toque-a; toque o ponto vulnerável de minha mente; está na hora da prece vesperal; toque; o *nandadeepa* ainda está ardendo. Os que estão atrás de mim [sua tia e o sacerdote] estão puxando-me para trás pelos muitos vínculos de obrigação. Que está esperando? O que você trouxe? Talvez seja assim: isso tornou-se um saligrama porque eu o ofereci como pedra. Se você tocá-lo, então seria uma pedra para eles. Essa minha importunação torna-se um saligrama. Porque eu o dei, porque você o tocou e porque todos eles testemunharam esse acontecimento, que esta pedra se mude num saligrama, neste escuro anoitecer. E que o saligrama se mude numa pedra. (p.101)

Mas os párias recuam, horrorizados:

> Jagannath tentou acalmá-los. Disse naquele tom pacato de um professor: "É apenas uma pedra. Toque-a e verá. Se não tocá-la, você permanecerá um tolo para sempre.".
>
> Não sabia o que lhes acontecera, mas encontrou o grupo inteiro subitamente recuando. Eles contorciam o rosto, com medo de se pôr de pé e com medo de sair correndo. Ele ansiara por esse auspicioso momento – esse momento dos párias tocando a imagem de Deus. Falou com voz forte e tomado de grande ira: "Vamos, toque-a!".

Avançou para eles. Eles recuaram. Uma crueldade monstruosa sobrepôs-se ao homem que havia nele. Os párias pareciam criaturas asquerosas arrastando-se sobre suas barrigas.

Ele mordeu o lábio inferior e disse com voz firme e baixa: "Pilla, toque-a! Vamos, toque-a!".

Pilla [um capataz intocável] piscava os olhos. Jagannath sentiu-se exausto e perdido. Tudo quanto lhes estivera ensinando em todos aqueles dias fora pura perda de tempo. Ele falou com voz terrível: "Toque, toque, vamos, TOQUE-A!". Era como o som de um animal enfurecido. E a violência personificada; não estava cônscio de nada mais. Os párias acharam-no mais ameaçador do que Bhutaraya [o demônio-espírito do deus local]. O ar fendia-se com os seus gritos: "Toque, toque, toque". A tensão era grande demais para os párias. Mecanicamente eles avançaram, tocaram naquilo que Jagannath lhes estendia e retiraram-se imediatamente.

Exaurido pela violência e pela ansiedade, Jagannath jogou fora o saligrama. Uma enorme angústia tinha chegado a um fim grotesco. A tia podia ser humana mesmo quando tratava os párias como intocáveis. Ele perdera sua humanidade por um momento. Os párias tinham sido coisas insignificantes para ele. Ele baixou a cabeça. Não sabia quando os párias se retiraram. A escuridão descera quando ele veio a saber que estava sozinho. Desgostoso com sua própria pessoa, começou a andar de lá para cá. Perguntava a si mesmo: Quando eles a tocaram, perdemos a nossa humanidade, eles e eu, não perdemos? E morremos. Onde está a falha de tudo isso, em mim ou na sociedade? Não havia resposta. Depois de longa caminhada voltou para casa, sentindo-se aturdido. (p.98-102)

A iconoclastia é uma parte essencial de qualquer crítica. Mas o que é que o martelo do crítico despedaça? Um ídolo. Um fetiche. Que é um fetiche? Algo que nada é em si mesmo, mas simplesmente a tela branca na qual projetamos, erroneamente, nossas fantasias, nosso trabalho, nossas esperanças e paixões. É uma "simples pedra", como Jagannath tenta provar a si mesmo e aos párias. A dificuldade, naturalmente, está em explicar como um fetiche pode ser ao mesmo tempo tudo (a fonte de todo poder para os crentes), nada (um simples pedaço de madeira ou pedra) e um pouco de cada coisa (o que pode inverter a origem da ação e fazer-nos acreditar que, por meio da inversão, da reificação ou da objetificação, o objeto é mais do que o produto de nossas próprias mãos). No entanto, de certo modo *o fetiche adquire mais força nas mãos dos antifetichistas*. Quanto mais queremos que ele não seja nada, mais ação emana dele. Daí a inquietude do iconoclasta bem-intencionado: "Isso tornou-se um saligrama *porque* eu o ofereci como uma pedra".

O que é que o corajoso iconoclasta quebrou? Sustento que não foi o fetiche que foi destruído, mas sim *um modo de argumentar e de agir que costumava tornar o argumento e a ação possíveis* e que agora eu quero recuperar ("quando o tocaram, perdemos a nossa humanidade, eles e eu, não perdemos? E morremos"). Esse é o aspecto mais doloroso do antifetichismo: é sempre uma *acusação*. Alguma pessoa ou algumas pessoas são acusadas de se deixar enganar – ou, pior ainda, de manipular cinicamente os crentes crédulos – por alguém que tem certeza de escapar dessa ilusão e dela quer libertar os outros: ou da crença ingênua ou de ser manipulador. Mas, se o antifetichismo é claramente uma *acusação*, não é uma *descrição* do que acontece com os que acreditam ou são manipulados.

Na verdade, como o gesto de Jagannath ilustra belamente, é o pensador crítico que *inventa* a noção de crença e manipulação e *projeta* essa noção sobre uma situação na qual o fetiche desempenha um papel inteiramente diverso. Nem a tia nem o sacerdote jamais consideraram o saligrama como algo mais que uma simples pedra. Jamais. Ao transformá-la no poderoso objeto que deve ser tocado pelos párias, Jagannath transubstancia a pedra numa coisa monstruosa – e transmuta a si mesmo num deus cruel ("mais ameaçador do que Bhutaraya") –, enquanto os párias são metamorfoseados em "bichos rastejantes" e meras "coisas". Contrariamente ao que os críticos sempre imaginam, o que horroriza os "nativos" no movimento iconoclasta não é o gesto ameaçador que destruiria os seus ídolos, mas a crença extravagante que o iconoclasta lhes *imputa*. Como poderia o iconoclasta rebaixar-se ao ponto de acreditar que nós, os nativos, devemos acreditar tão ingenuamente – ou manipular tão cinicamente, ou deixar-nos enganar tão estupidamente? Somos animais? Somos monstros? Somos meras coisas? Essa a fonte de sua vergonha, erroneamente interpretada pelo crítico como o horror que esses crentes ingênuos devem sentir quando confrontados com o gesto dessacralizador que expõe – ou é isso o que o crítico acredita – o vazio do credo desses mesmos crentes.

Na realidade o martelo golpeia *lateralmente*, caindo sobre outro algo que não aquilo que o iconoclasta gostaria de quebrar. Em vez de libertar os párias de sua condição abjeta, Jagannath destrói sua própria humanidade, e a de sua tia, juntamente com a humanidade daqueles que ele acreditava estar libertando. De certo modo a humanidade *dependia* da presença impassível dessa "simples pedra". A iconoclastia não despedaça um ídolo, mas destrói um modo de argumentar e de agir que era anátema para o iconoclasta. A única pessoa que está projetando seus sentimentos no ídolo é ele, o iconoclasta com um martelo, e não aqueles que por esse gesto devem ser libertados de seus grilhões. A única pessoa que *acredita* é ele, o combatente de todas as crenças. Por quê? Porque ele (uso um pronome masculino, e isso lhe serve à perfeição!) acredita no sentimento da crença*, um sentimento muito estranho, na verdade, que pode não existir em parte alguma, salvo na mente do iconoclasta.

Como vimos no capítulo 5, a crença, a crença ingênua, é a única maneira de que o iconoclasta dispõe para entrar em contato, contato violento, com os outros – exatamente como os epistemólogos não tinham outro modo de contrastar Pasteur e Pouchet senão dizendo que o último acreditava e o primeiro sabia. A crença, entretanto, não é um estado psicológico, não é um modo de apreender declarações, mas um modo *polêmico* de relações. Somente quando a estátua é atingida pelo golpe violento do martelo do iconoclasta é que ela se torna um ídolo potencial, ingênua e falsamente dotado de poderes que não possui – prova disso, para o crítico, é que agora ela jaz em pedaços e nada acontece. Nada senão a indignada perplexidade dos que adoravam a estátua, dos que foram acusados de ser iludidos pelo seu poder e agora estão "libertados" de sua influência –

mas, como bem mostra o romance, o que jaz em ruínas no meio do templo dessacralizado da família é a humanidade do destruidor de ícones.

Antes de ser despedaçado, o ídolo era alguma coisa mais, não uma pedra erroneamente tomada por um espírito ou coisa que o valha. O que era ele? Podemos restabelecer um significado que tornasse a reunir as peças quebradas? Podemos nós, como os arqueólogos, reparar o dano infligido pelo tempo, o maior dos iconoclastas? Podemos começar a espanar os cacos que usamos em nossa linguagem hoje, esquecendo que outrora eles estiveram unidos.

"Fetiche" e "fato" podem ser remontados à mesma raiz. O *fato* é aquilo que é fabricado e não fabricado – como discuti no capítulo 4. Mas também o *fetiche* é aquilo que é fabricado e não fabricado.[1] Não há nada secreto nessa etimologia comum. Todos dizem isso constantemente, explicitamente, obsessivamente: os cientistas em sua prática no laboratório, os adeptos dos cultos fetichistas em ritos (Aquino; Barros, 1994). Mas usamos essas palavras *depois* que o martelo os partiu em dois: o fetiche tornou-se nada mais que uma pedra vazia na qual o significado é erroneamente projetado; o fato tornou-se uma certeza absoluta que pode ser usada como um martelo para despedaçar todas as ilusões da crença.

Tentemos agora colar os dois símbolos partidos para restaurar os quatro quadrantes de nosso novo repertório (ver figuras 9.1 e 9.2). Como vimos no capítulo 4, o fato que é usado como um sólido martelo também é fabricado, no laboratório, por meio de uma longa e complexa negociação. Será que a adição de sua segunda metade, de sua história oculta, de seu cenário de laboratório, enfraquece o fato? Sim, porque ele deixou de ser sólido e forte como um martelo (embaixo, à esquerda, na Figura 9.1). Não, porque ele é agora, por

1 Um dos inventores da palavra "fetichismo" liga-a a outra etimologia: *fatum*, *fanum*, *fari* (De Brosses, 1760, p.15), mas todos os dicionários a vinculam ao particípio passado português de "fazer". Sobre a história conceitual do termo, ver Pietz (1993), Iacono (1992), e a fascinante investigação em antropologia comparativa de Schaffer (1997).

assim dizer, filiforme, mais frágil, mais complexo, ricamente vascularizado (ver capítulo 3) e plenamente capaz de gerar referência circulatória, exatidão e realidade (lado esquerdo da Figura 9.2). Ainda pode ser usado, mas *não* por um iconoclasta *nem* para despedaçar uma crença. Requer-se uma mão de certa forma mais sutil para pegar esse quase objeto e um programa de ação algo diferente deve ser implementado com ela.

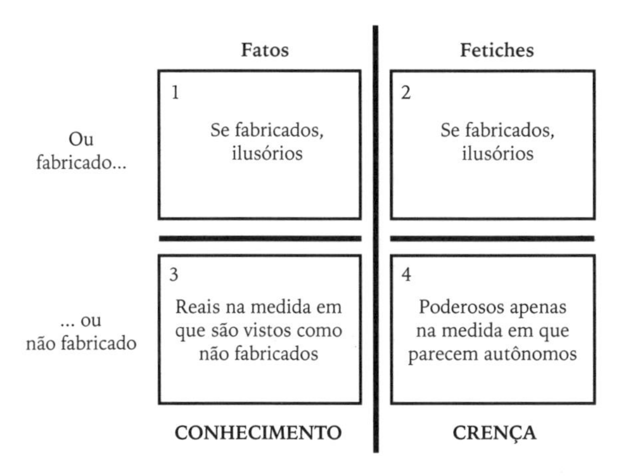

Figura 9.1 – Na divisão canônica de fato e fetiche, cada uma das duas funções divididas (conhecimento e crença) pode ser exposta pela pergunta: É fabricada ou é real? A pergunta implica que fabricação e autonomia são contraditórias.

E o outro pedaço? Que acontece com o fetiche? Diz-se muito claramente que ele foi fabricado, feito, inventado, criado. Nenhum de seus praticantes parece precisar da crença na crença para lhe explicar a eficácia. Qualquer um está disposto a dizer com toda a franqueza como ele foi feito. Será que o reconhecimento dessa fabricação enfraquece de algum modo a afirmação de que o fetiche atua independentemente? Sim, porque ele deixou de ser um fenômeno ventríloquo irresistível, uma inversão, uma reificação, um eco no qual o criador é enganado exatamente por aquilo que ele criou (embaixo à direita na Figura 9.1). Não, porque ele já não pode ser visto como uma crença ingênua, como mera retroprojeção do labor humano num objeto que nada é em si mesmo. Não é quebradiço e frágil como uma crença à espera do martelo do iconoclasta. Agora ele é mais forte, muito mais reflexivo, ricamente investido numa prática coletiva, reticulado como vasos sanguíneos (lado direito da Figura 9.2). A realidade, e não a crença, está enredada em seus filamentos. Se o golpe do martelo a ameaça de destruição, elas vão irromper dessa frouxa mas elástica rede.

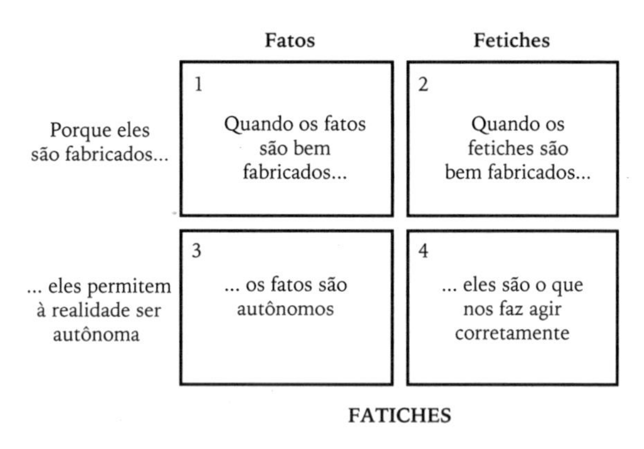

Figura 9.2 – Se a fabricação for vista como causa de autonomia *e* realidade tanto para os fatos como para os fetiches, a divisão vertical entre conhecimento e crença da Figura 1 desaparece, sendo substituída por uma nova pergunta transversal: O que é fabricar *bem* para tornar possível a autonomia?

Se acrescentarmos aos fatos a sua fabricação no laboratório, e se juntarmos aos fetiches a sua fabricação explícita e reflexiva por seus criadores, os dois principais recursos da crítica desaparecerão: o martelo e a bigorna (eu não disse o martelo e a foice!). Aparecendo em seu lugar está aquilo que foi quebrado pela iconoclastia e sempre esteve ali; aquilo que sempre deve ser remodelado e que é necessário para agir e argumentar. É a isso que chamo *fatiche**. Poderemos recuperar o fatiche do massacre dos fatos e fetiches quando recuperarmos explicitamente as ações dos criadores *de ambos* (alto da Figura 9.2). A simetria dos dois símbolos quebrados é restabelecida. Se o iconoclasta pudesse acreditar ingenuamente que existem crentes suficientemente ingênuos para dotar uma pedra com espírito (embaixo à direita na Figura 9.1), *foi porque o* *iconoclasta também acreditava ingenuamente que os próprios fatos que o levaram a despedaçar o ídolo podiam existir sem a ajuda de qualquer mediação humana* (embaixo à esquerda na Figura 9.1). Mas, se a mediação humana é restaurada em *ambos* os casos (alto da Figura 9.2), a crença que devia ser despedaçada desaparece, juntamente com o fato de despedaçar. Entramos num mundo de onde nunca saímos, salvo nos sonhos – os sonhos da razão –, um mundo onde em toda parte os argumentos e as ações são *facilitados, permitidos* e *produzidos* por fatiches.

A noção de fatiche não é uma categoria analítica suscetível de ser acrescentada a outras por meio de um discurso claro e bem definido, já que a clareza do discurso resulta do recurso à mais profunda obscuridade, obrigando a escolher entre construtivismo e realidade (os eixos vertical e horizontal da Figura 9.1), conduzindo-nos à cama procrustiana em que o acordo modernista nos quer fazer dormir: os fatos científicos são reais ou construídos? As crenças nos fetiches são projetadas nos ídolos ou são esses ídolos que estão "realmente" atuando? Embora tais questões pertençam ao senso comum e pareçam necessárias para qualquer clareza analítica, elas são, pelo contrário, as questões que tornam todas as associações entre entidades humanas e não humanas totalmente opacas. Se há uma coisa que obscurece a função do saligrama, é o perguntar se ele é ou não é uma "simples" pedra, um objeto poderoso ou uma construção social.

Mas, se nos recusamos a responder à pergunta "É real ou construído?", um sério problema pode surgir. Responder com o "sem comentário" do agnóstico pode ser facilmente confundido com uma aceitação cínica da falsidade de todas as representações humanas. É aqui, como eu disse no fim do capítulo 1, que os estudos das ciências flertam perigosamente com o seu oposto polar, o pós-modernismo. A solução do fatiche não é *ignorar* a escolha, como fazem tantos pós-modernos, dizendo: "Sim, claro, construção e realidade são a mesma coisa; tudo se resume em ilusão, contar histórias e fazer crer. Quem seria tão ingênuo, hoje em dia, a ponto de discutir semelhantes ninharias?". O fatiche sugere um movimento inteiramente diverso: é *por ser construído* que ele é tão real, tão autônomo, tão independente de nossas próprias mãos. Como temos visto repetidamente, as ligações não diminuem a autonomia, antes a promovem. Enquanto não entendermos que os termos "construção" e "realidade autônoma" são *sinônimos*, iremos *considerar erroneamente* o fatiche como mais outra forma de construtivismo social em vez de vê-lo como a modificação de toda a teoria *daquilo que ele pretende construir*.

Outro modo de expressar isso é afirmar que os modernistas e os pós-modernistas, em todos os seus esforços críticos, deixaram a crença, o centro intocável de suas corajosas empresas, intactas. Eles acreditam na crença. Acreditam que as pessoas acreditam ingenuamente. Trata-se, pois, de duas formas de agnosticismo. O primeiro, tão caro ao coração dos críticos, consiste numa recusa seletiva a crer *no* conteúdo da crença – usualmente Deus; mais geralmente, os fetichismos e coisas como saligramas; mais recentemente, cultura popular; e enfim os próprios fatos científicos. Nessa definição do agnosticismo, a coisa a ser evitada a qualquer custo é o deixar-se enganar. A ingenuidade é o crime capital. A salvação vem sempre de revelar o labor que está por trás da *illusio* de autonomia e independência, os cordéis que mantêm os marionetes em pé. Mas vou definir o *agnosticismo* não como a dúvida com relação a valores, ideias, verdades, distinções ou construções, mas como dúvidas exercidas *contra essa própria dúvida*, contra a noção de que a *crença* poderia de algum modo ser o que mantém unidas quaisquer dessas formas de vida. Se destruirmos a crença (nas crenças), então poderemos explorar outros modelos de ação e domínio. Antes disso, teremos de dar pelo menos uma rápida olhada na crítica moderna.

Um esboço da crítica moderna

Há, para mim, certa dificuldade em falar como se apenas o iconoclasta fosse um crente ingênuo, como se ele e só ele projetasse sentimentos em objetos e se esquecesse de que os fatos que ele cria no laboratório não são produtos de suas próprias mãos. Como poderia ele e só ele ser ingênuo, estar imerso em má-fé e obnubilado por uma falsa consciência? Não estarei mostrando aqui uma falta de caridade ou, pior, uma falta de reflexividade? É verdade que o iconoclasta moderno não acredita mais ingenuamente em sua dupla construção de fatos e fetiches do que qualquer dos outros acreditavam nos ídolos que o iconoclasta destruía para os "libertar" de seus grilhões. Alguma coisa mais está *em jogo* nessa obsessão, uma sabedoria diferente que, na verdade, não é a do fatiche, mas ainda assim uma sabedoria, por tortuosa que possa parecer. Consideremos uma última vez o extraordinário poder do moderno iconoclasta em seu *habitat* nativo, quando ele não está sendo autoconsciente, ou seja, antes que deixe de ser moderno, quando ainda possui o seu prístino e intacto exotismo, no preciso momento em que tenta, como Jagannath, dessacralizar o que ele acredita ser uma simples pedra que as pessoas comuns dotam de poderes inexistentes!

Estará o crítico moderno aprisionado e acorrentado por sua crença ilusória e confusa? Pelo contrário: a crença de que os *outros* creem é um mecanismo preciso que proporciona ao ser humano um grau extraordinário de liberdade. *Removendo a mediação humana duas vezes*, torna-se possível, sem nenhum custo, liberar a passagem para a ação, limpar o caminho, desintegrando entidades e mostrando que são meras crenças, e solidificar opiniões e posições, mostrando que são fatos concretos. Ninguém jamais teve tamanha liberdade. A liberdade é exatamente o que permite e justifica os golpes do iconoclasta. Mas liberdade do quê? *Liberdade da cautela e do cuidado*, como discutirei na próxima seção.

Vemos agora que o iconoclasta não está livre de fatiches porque não pode fugir à mediação humana que fabrica fatos no laboratório; tampouco está livre para abolir entidades confinando-as em estados internos de uma mente dotada de uma imaginação e de um inconsciente "profundos". Nesse aspecto os modernistas são como todo mundo: todo mundo em todo lugar tem necessidade de fatiches para agir e argumentar. Existe apenas uma humanidade não moderna – e nesse sentido, aí sim, eu acredito numa antropologia universal. Mas a principal astúcia do modernista crítico reside em sua capacidade de usar os *dois conjuntos* de recursos ao mesmo tempo: de um lado os fatiches, como todo mundo, e do outro a teoria aparentemente contraditória que distingue radicalmente os fatos (que ninguém produziu) dos fetiches (que são objetos de todo em todo inexistentes, meras crenças e representações internas) – ver as duas colunas da Figura 9.1. É isso que faz do modernista uma verdadeira curiosidade antropológica, esse é o seu "gênio" único e incomensurável que permite à antropologia comparativa reconhecer *essa* cultura entre todas as demais.

Como reconhecer um modernista? Relacionemos muito rapidamente os aspectos do perfil psicossocial do modernista.

Os modernistas são iconoclastas. Têm toda a raiva, a violência e o poder que lhes permitem destruir os fatiches e produzir dois inimigos irreconciliáveis: fetiches e fatos.

Os modernistas são libertados, por esse mesmo ato de despedaçamento, das cadeias que prendem todas as outras culturas, já que podem, a seu talante, desprover de existência quaisquer entidades que lhes restrinjam a ação e dar existência a quaisquer entidades que promovam ou acelerem sua ação (pelo menos esse é o modo como eles costumavam entender as "outras culturas", como se estas fossem "bloqueadas", ou "limitadas", ou "paralisadas").

Os modernistas, protegidos por sua iconoclastia, podem então proceder como todo mundo para produzir, dentro dos ventres insulados de seus "laboratórios", tantos fatiches quantos quiserem. Para eles, nem mesmo o céu é um limite. Novos híbridos podem ser lançados interminavelmente porque não há consequências ligadas a eles. A inventividade, a originalidade e o ardor juvenil podem florescer livremente. "Isso é apenas prática", podem eles dizer, "não tem consequência alguma; a teoria permanecerá segura para sempre". Os modernistas comportam-se como os cartagineses, que dizem, enquanto sacrificam seus próprios filhos a Baal: "São bezerros, apenas bezerros, e não crianças" (Serres, 1987).

Acima deles, observando tudo como deuses protetores, a nítida distinção entre sujeito e objeto, ciência e política, fatos e fetiches torna invisível para sempre os meios bizarros e complicados pelos quais todas essas categorias se misturam. Em cima, sujeitos e objetos são infinitamente distantes, sobretudo nas teorias da ciência. Embaixo, sujeitos e objetos estão entremesclados ao extremo, especialmente na prática da ciência. Em cima, fatos e valores se mantêm infinitamente separados. Embaixo eles se confundem, são redistribuídos e remexidos interminavelmente. Em cima, ciência e política nunca se misturam. Embaixo elas se renovam continuamente de alto a baixo.

Note-se a construção que torna os fatiches três vezes invisíveis: em cima eles desapareceram, substituídos por uma teoria clara e radiante cuja luz ofuscante é alimentada por uma completa e constante distinção entre fato e ficção; embaixo os fatiches estão lá – como poderiam não estar? –, mas estão ocultos, invisíveis, mudos, já que só a prática silenciosa e sussurrante* pode contar para aquilo que é estritamente proibido em cima. Na verdade, os atores falam constantemente sobre "aquilo", o vasto caldeirão no coração de todos os seus projetos, mas numa linguagem dilacerada e hesitante que só o trabalho de campo pode restaurar e que nunca ameaça o discurso oposto da teoria. Por fim, uma distinção absoluta mantém o topo da estrutura separado da parte inferior. Claro, os fatiches do moderno existem, mas sua construção é tão estranha que, embora sejam ativos em toda parte, visíveis a olho nu, eles permanecem invisíveis e não é possível registrá-los.

Naturalmente, entretanto, os modernos são conscientes, reflexivos e explícitos em relação a essa construção tríplice. Não estamos tratando aqui com um "superego" da teoria silenciando obsessivamente o "id" da prática. Se eles não fossem conscientes, precisaríamos de outra teoria da conspiração, de outra psicanálise, para explicar a crença na crença, para explicar a crença dos modernistas na *illusio* e negar aos modernos, e só aos modernos, o direito de ser como todo mundo, a saber, ser livre da crença, nas mãos firmes dos fatiches – e eu, por exemplo, seria forçado a tornar-me o iconoclasta que revelaria a áspera realidade da prática que está por trás do véu da teoria.

Como sabemos que os modernos estão cônscios de que nunca foram modernos? Porque, longe de manter os fatos separados da ficção e da teoria dessa separação em relação à prática da meditação, eles fixam, reparam e superam interminavelmente, obsessivamente esses fragmentos quebrados. Usam tudo o que têm à mão para mostrar que sujeitos e objetos devem ser reconciliados, reparados, surpreendidos, "aufhebungados". O modernismo nunca para de reparar, de conservar novamente e de se desesperar por não alcançar o seu intento porque, apesar de todo esse trabalho de reparação, os modernistas nunca abandonam o gesto demolidor que deu início a tudo, o gesto que criou a modernidade em primeiro lugar. Tão desesperados estão eles que, depois de demolir todas as outras culturas, eles começam a *invejá-las* e a criar, sob o nome de exotismo, o culto museográfico do selvagem íntegro, orgânico, total, intacto, intocado, não modernizado! Ao moderno eles acrescentam uma invenção ainda mais bizarra, o pré-moderno*.

Podemos agora esboçar o tipo psicossocial ideal do moderno, o modelo de uma crítica. Como iconoclasta, o moderno destrói todos os ídolos, todos eles, sempre, ferozmente. Depois, protegido por esse gesto, na prática silenciosa que se abre para ele qual enorme cavidade subterrânea, pode agir com todo o entusiasmo juvenil do inventor, depois de misturar todos os tipos de híbridos sem temer quaisquer das consequências. Nenhum medo, nenhum passado, apenas mais e mais combinações a tentar. Mas então, aterrorizado por uma súbita compreensão das consequências – como poderia um fato ser apenas um fato, sem nenhuma história, nenhuma consequência, um fato "calvo" em vez de um fato "cabeludo"? – ele passa repentinamente da brava iconoclastia e do ardor juvenil a sentimentos de culpa e consciência pesada, e dessa vez destrói a si mesmo em cerimônias intermináveis de expiação, buscando em toda parte os fragmentos de sua destruição criativa, juntando-os em fardos enormes e frágeis.

O mais estranho é que essas criaturas sem deuses e sem fetiches são vistas por todas as outras como tendo terríveis protetores e deuses! E as outras culturas não podem saber quando os modernos são mais aterrorizantes: Quando destroem os ídolos e os queimam em autos de fé? Quando inovam livremente em seus laboratórios, sem a menor preocupação com as consequências? Ou quando saem batendo no peito e arrancando os cabelos, autoflagelando-se desesperadamente pelos pecados cometidos, tentando recuperar em seus museus, filmes, retiros e livros de autoajuda a totalidade do paraíso perdido? "Os párias acharam-no mais ameaçador do que Bhutaraya" – o que significa que agora o paladino da liberdade tem o poder de *três* deuses do seu lado em vez de um: a cabeça ameaçadora do senhor brâmane, a força ameaçadora da modernização e o poder do deus local. Quer a luta pela modernização seja ou não bem-sucedida, parece que são sempre os párias que acabam perdendo.

Sim, os modernos são personagens interessantes, bem dignos da atenção dos antropólogos comparativos!

Outra teoria da ação e da criação

Agora que convertemos o repertório modernista de um recurso num tópico de estudo, agora que retratamos os iconoclastas movidos pela culpa como um tipo interessante mas peculiar numa cultura entre outras, será possível imaginar um modelo para a prática da política que não confiasse tão fortemente no modelo do crítico? Eis uma questão difícil, porque a cenografia do ativismo tem se baseado tão fortemente na iconoclastia que é como se, acabando com a iconoclastia, tivéssemos de entrar imediatamente em um de alguns poucos modelos de política reacionária. Se não somos nem modernos nem pré-modernos, a única alternativa que nos restará não será a de ser antimoderno? Como multiplicar o número de modelos para a ação política? Como desfazer as definições correntes de política "reacionária" *versus* política "esclarecida"? Uma maneira consiste em modificar a cenografia da própria política, como tentei fazer nos capítulos 7 e 8. Outro caminho, que tomei no capítulo 6, é oferecer uma alternativa para a ideia de progresso que ainda faz uso da tradicional seta do tempo. Uma possibilidade que quero esboçar agora requer que consideremos qual tipo de vida levaríamos se voltássemos a viver sob a proteção dos fatiches – não mais presos entre fatos e fetiches. Pelo menos três coisas mudariam profundamente: a definição de ação e domínio, a linha divisória entre um mundo físico "lá fora" e um mundo mental "aqui dentro" e as definições de cuidado e cautela juntamente com as instituições públicas que as exibiriam.

Ação e dominação

O que a iconoclastia quebra e o que é que os fatiches nos permitem restaurar? Uma certa teoria da ação e da dominação. Depois que o martelo caiu, fragmentando o mundo em fatos de um lado e fetiches do outro, nada pode impedir que se formule a questão dual: você próprio construiu a coisa ou ela é autônoma? Essa questão incessante, estéril e aborrecida paralisou o campo dos estudos científicos séculos antes que ele sequer tivesse começado. Quando um fato é fabricado, quem está fazendo a fabricação? O cientista? A coisa? Se responder "a coisa", você será um realista ultrapassado. Se responder "o cientista", será um construtivista. Se responder "ambos", estará fazendo um daqueles serviços de reparação conhecidos como dialética, que parece consertar a dicotomia por um momento mas apenas a esconde, permitindo-lhe supurar num nível mais profundo ao convertê-la numa contradição que precisa ser resolvida e superada. No entanto, temos de dizer que *são* ambos, obviamente, mas sem a segurança, certeza ou arrogância que parecem acompanhar a resposta realista *ou* relativista ou a ardilosa oscilação entre os dois. Os cientistas de laboratório produzem fatos autônomos. O fato de termos de hesitar entre duas versões desse simples "faz-fazer" (*fait-faire*) prova que fomos atingidos por um martelo que dividiu o fatiche simples e direto em duas partes. O choque da inteligência crítica nos tornou estúpidos.

As coisas mudam inteiramente, como vimos no capítulo 4, quando ouvimos o que é dito por cientistas praticantes sem nada acrescentar ou tirar. O cientista faz o fato, mas sempre que fazemos alguma coisa *nós* não estamos no comando, somos ligeiramente *sur-*

preendidos pela ação: todo construtor sabe disso. Assim, o paradoxo do construtivismo é que ele usa um vocabulário de *domínio* que nenhum arquiteto, pedreiro, planejador urbano ou carpinteiro jamais usaria. Somos logrados pelo que fazemos? Somos controlados, possuídos, alienados? Não, nem sempre, não totalmente. O que nos surpreende ligeiramente é *também*, por causa da nossa mediação, por causa do clinâmen da nossa ação, ligeiramente surpreendido, modificado. Estou simplesmente reafirmando a dialética? Não, não há objeto algum, sujeito algum, contradição alguma, *Aufhebung* algum, domínio algum, recapitulação alguma, espírito algum, alienação alguma. Mas há eventos*. Eu nunca *ajo*; sempre sou ligeiramente surpreendido pelo que faço. O que age por meu intermédio é também surpreendido pelo que faço, pela possibilidade de modificar-se, de mudar e de bifurcar-se, pela possibilidade de que eu e as circunstâncias ao meu redor oferecem àquilo que foi convidado, recobrado, saudado (Jullien, 1995).

A ação não diz respeito ao domínio. Não é uma questão de martelo e cacos, mas de bifurcações, eventos, circunstâncias. Essas sutilezas são difíceis de recuperar uma vez operada a iconoclastia, porque fatos e ferramentas estão agora firmemente estabelecidos no seu lugar, sugerindo o modelo para o *Homo faber* que nunca pode, depois disso, ser deslocado e retrabalhado. Mas, como vimos no capítulo 6, nenhum mediador humano jamais fez, construiu ou fabricou nada, nem mesmo uma ferramenta de pedra, nem mesmo um cesto, nem mesmo um arco, usando o repertório de ação inventado pelo *Homo faber*. O *Homo faber* é fábula do homem, um *Homo fabulosus* completamente, uma projeção retrospectiva em nosso fantástico passado de uma definição da matéria, da humanidade, do domínio e da mediação que data inteiramente do período modernista e que usa apenas um quarto do seu repertório – o mundo da matéria autônoma inerte. Não podemos explicar a prática de laboratório recorrendo a uma definição modernista de construção técnica – ou, menos ainda, de construção social.

Por que é tão difícil recuperar outras teorias da ação? Porque é crucialmente importante para o *ethos* modernista exigir uma escolha entre o que se fabrica – como homem livre e nu – e o que é um fato que simplesmente está aí, não tendo sido produzido por ninguém. Todo o trabalho do moderno foi tornar esses dois mediadores, o ser humano e o objeto, inadequados para qualquer outro papel que não o de opor-se um ao outro. Não importa que não possam ser usados para nada mais! É uma simples questão de ergonomia: eles não são adequados para nenhuma outra função.

Mas o idioma muda imediatamente tão logo se torna a juntar as duas metades. Os fatos são fabricados; nós fazemos fatos, ou seja, há um "*fait-faire*". Claro, o cientista não cria fatos – quem jamais *criou* alguma coisa? Essa é outra fábula, simétrica à do *Homo faber* e lidando, dessa vez, com as fantasias da mente. Não nego que as pessoas tenham mentes – mas a mente não é um déspota criador de mundos que cria fatos adequados à sua fantasia. O pensamento é apreendido, modificado, alterado, possuído por entidades não humanas que, por seu turno, dada essa oportunidade pelo trabalho dos cientistas, alteram suas trajetórias, seus destinos, suas histórias. Só os modernistas acreditam que a única escolha a ser feita é entre o mediador sartriano e uma coisa inerte que está aí, uma raiz sobre a qual vomitar. Todo cientista sabe na prática que as coisas também têm uma história; Newton "acontece para" a gravidade, Pasteur "acontece para" os micróbios. "Entremesclar-se", "bifurcar", "acontecer", "coalescer", "negociar", "aliar", "ser a circunstância de": tais são alguns dos verbos que assinalam a passagem da atenção do idioma modernista para o não modernista.

O que está em jogo aqui é o domínio. Ao tornar o mundo o produto dos pensamentos e fantasias dos indivíduos e ao falar sobre a construção como se ela envolvesse o livre jogo da fantasia, os modernistas acreditam estar fazendo o mundo à imagem deles, tal como Deus os fez à sua. Eis uma estranha e ímpia descrição de Deus. Como se Deus fosse dono de Sua Criação! Como se fosse onipotente e onisciente! Se Ele tivesse todas essas perfeições, não haveria Criação. Como Whitehead propôs de forma tão bela, também Deus é ligeiramente surpreendido pela sua Criação, ou seja, por tudo o que é mudado, modificado e alterado ao encontrar-se com Ele: "Todas as entidades reais partilham com Deus essa característica de autocausação. Por essa razão toda entidade real também partilha com Deus a característica de transcender todas as demais entidades reais, *incluindo Deus*" (Whitehead, 1978 [1929], p.223, itálicos meus). Sim, somos realmente feitos à imagem de Deus, isto é, tampouco *nós* sabemos o que estamos fazendo. Somos surpreendidos pelo que fazemos mesmo quando temos, mesmo quando acreditamos ter completo domínio. Mesmo um programador de *software* é surpreendido por sua criação depois de escrever duas mil linhas de *software*; não deve Deus surpreender-se depois de reunir um conjunto muito maior? Quem alguma vez dominou uma ação? Mostrem-me um romancista, um pintor, um arquiteto, um cozinheiro que não tenha, como Deus, sido surpreendido, arrebatado por aquilo que ela – o que *eles* eram – já não estava fazendo.

E não me digam que estavam "possuídos", "alienados" ou "dominados" por forças exteriores. Eles nunca dizem exatamente isso. Dizem que esses outros foram modificados, alterados, controlados, nas circunstâncias da ação, pelo desdobramento do evento. Domínio, dominação ou recapitulação não é o modo de refletir sobre tais exemplos. Nenhum não moderno deseja ter de lidar com esse tipo de Deus ou esse tipo de Homem. Os fatiches trazem consigo uma definição totalmente diversa de Deus, de mediação humana, de ação, de entidades não humanas. Nenhum modelo de ação política pode ser oferecido como alternativa para o modelo do crítico enquanto não modificarmos a nossa antropologia da criação, ou seja, enquanto não recuperarmos a antropologia *praticada* pelos modernistas mesmo quando eles se acreditavam modernos e quando diziam explicitamente, na prática, que não o eram.

Uma alternativa para as crenças

Será realmente possível ser agnóstico no sentido que defini? Não será a crença na crença o que permite a distinção entre um mundo "lá fora" e um palácio de ideias, imaginação, fantasias e distorções "aqui dentro"? Como poderíamos sobreviver sem essa distinção entre questões epistemológicas e ontológicas? Em que tipo de obscurantismo não incorreríamos se já não pudéssemos fazer a nítida distinção entre os conteúdos de nossas mentes e o mundo exterior a elas? E, no entanto, o preço pago para a obtenção dessa aparência de senso comum é extraordinariamente elevado. Estamos tão habituados a viver sob a influência do antifetichismo, tão afeitos a dar como certo o abismo entre a sabedoria da prática e as lições da teoria que parecemos ter esquecido inteiramente que essa acalentadíssima clareza analítica foi conseguida ao preço de uma invenção incrivelmente custosa: *um mundo físico* "lá fora" *versus muitos mundos mentais* "aqui dentro". Como isso veio a acontecer?

Se, como diria o senso comum, não existem fatiches, mas apenas fetiches, que nada mais são que pedaços de madeira e pedras mudas, onde localizar aquelas coisas em que os crentes acreditam? Não existe outra solução senão enfiá-las nas *mentes* dos crentes ou em suas fecundas imaginações, ou incrustá-las ainda mais fundo num inconsciente um tanto perverso e tortuoso. Por que não deixá-las onde estavam, a saber, entre a multiplicidade de entidades não humanas? Porque já não existe espaço para entidades não humanas ou para qualquer multiplicidade. O próprio mundo ficou abarrotado para além de sua capacidade, graças ao *movimento outro, simultâneo* que transformou os fatiches em fatos. Se nenhuma mediação humana está – ou esteve – em ação na fabricação de fatos, se não há limites de custo, informação, redes ou mão de obra para a produção, expansão e manutenção de fatos, então nada, absolutamente nada os impede de proliferar em toda parte, continuamente, preenchendo todos os recessos perdidos do mundo – e ao mesmo tempo unificando os diversos mundos num mundo único e homogêneo. As noções de matéria, de um universo mecânico, de um mundo-imagem mecânico, de um mundo natural: tais são as simples consequências da ruptura entre os dois significados de "fato" – o que é fabricado, o que não é fabricado. Mas as noções de crença, mente, interior, representação, ilusão são mera consequência de se ter partido o fatiche em dois – o que é fabricado, o que não é fabricado.

É difícil saber qual veio primeiro. Será que a noção de uma mente interior foi inventada como repositório de todas as entidades comprimidas do mundo, ou será que as crenças nas crenças esvaziam o mundo, permitindo que os "factoides" proliferem como coelhos na Austrália? O certo é que com a destruição dos meios de argumentação e ação possibilitados pelos fatiches, com a remoção da mediação humana da fabricação de fatos *e* da fabricação de fatiches, inventaram-se dois reservatórios fabulosos, *um para a epistemologia, um para a ontologia*. Esses sujeitos dotados de um interior são tão estranhos como os objetos relegados a um exterior. De fato, a noção de um interior dividido a partir de um exterior é muito estranha e constitui, por si só, uma inovação fabulosa. Com um golpe o iconoclasta põe em movimento a mais poderosa bomba de sucção jamais inventada. Sempre que as entidades são obstáculos à ação dessa bomba, pode-se bombeá-las para fora da existência, esvaziá-las de toda realidade até que não sejam nada mais que crenças ocas. Sempre que existe um déficit de entidades mecânicas certas, positivas, para tornar essas ações estáveis e para além da objeção, pode-se bombeá-las para dentro da existência: agora existem pedras em toda parte "lá fora", no único mundo que está, lado a lado com numerosas crenças ingênuas sobre saligramas "aqui dentro", no interior das mentes dos crentes. Com esse instrumento, fortalecido pela oposição entre epistemologia e ontologia, o iconoclasta é capaz de esvaziar o mundo de todos os seus habitantes ao transformá-los em representações ao mesmo tempo que o enche de matéria mecânica contínua.

Mas que acontece quando essa bomba é obstruída, quando já não existe uma mente interior na qual, sob o nome de fantasia ou crença, se pode introduzir qualquer entidade e quando já não existe um mundo exterior feito de causas a-históricas e inumanas situadas "lá fora"? A primeira coisa a observar, naturalmente, é a própria diferença entre interior e exterior. Isso não significa que tudo agora é exterior, mas simplesmente que toda a cenografia do exterior e do interior se evaporou.

O que aparece no seu lugar é, primeiramente, como testemunhamos na Exposição A no capítulo 5, um conjunto desconcertante de entidades, divindades, anjos, deusas, montanhas douradas, reis calvos da França, personagens, controvérsias sobre fatos, proposições em todas as fases de existência possíveis. O palco estará tão apinhado desse grupo heterogêneo que poderemos começar a ficar preocupados e a ter saudade da boa idade do ouro moderna, quando a bomba ainda funcionava, sugando todas as crenças para fora da existência e substituindo-as por objetos da natureza seguros, inelutáveis e certos. Mas felizmente essas entidades não requerem os mesmos tipos de *especificações* ontológicas. Não se pode ordená-las, para estar seguro, em crenças e realidades, mas pode-se ordená-las, e muito simplesmente, segundo os tipos de existência que elas reivindicam.

A pedra de Jagannath, por exemplo, não reivindica ser um espírito como na versão fetichista, e tampouco pretende ser o símbolo para um espírito projetado na pedra, como na versão antifetichista. Como Jagannath compreende claramente quando ele deixa de dessacralizar o saligrama, é essa pedra que o torna humano, que torna humanos sua família e os intocáveis, o que os mantém na existência, aquilo sem o que eles morreriam. Entendida segundo a dicotomia fatiche-fetiche, a pedra torna-se imediatamente um espírito, isto é, uma entidade transcendente que obedece às *mesmas* especificações de um objeto da natureza, *salvo* que é invisível. Na prática, contudo, a pedra é um fatiche e não pretende ser um espírito, ser invisível; ela nunca deixa de ser, mesmo para a tia e o sacerdote, uma "simples pedra". Ela meramente pede para ser aquilo que *protege os seres humanos contra a inumanidade e a morte*, a coisa que, quando removida, transforma-os em monstros, animais, coisas (Nathan; Stengers, 1995).

O problema é que esse modo de argumentar – conferindo conteúdo ontológico às crenças – vai de encontro a toda a deontologia das ciências sociais. "Quando o sábio aponta para a Lua", diz o provérbio chinês, "o tolo olha para a ponta do seu dedo". Bem, todos nos educamos para ser tolos! Essa é a nossa deontologia. É isso o que um cientista social aprende na escola, zombando do povo que acredita ingenuamente na Lua. *Nós* sabemos que, quando os atores falam sobre a Virgem Maria, sobre divindades, saligramas, ufos, buracos negros, vírus, genes, sexualidade etc., *não* devemos olhar para as coisas assim designadas – quem seria tão ingênuo hoje em dia? –, mas devemos olhar, *ao contrário*, para o dedo, e daí, descendo o braço ao longo das fibras nervosas, para a mente do crente, e daí descendo a medula espinhal e passando às estruturas sociais, aos sistemas culturais, às formações discursivas ou às bases evolutivas que tornam tais crenças possíveis. O viés antifetichista é tão forte que parece impossível argumentar contra ele sem ouvir os gritos indignados: "Realismo! Religiosidade! Espiritismo! Reação!". Devemos agora imaginar uma cena que representasse o trauma de Jagannath, mas ao revés: o pensador não moderno quer tocar os *conteúdos* das crenças novamente, e os críticos modernistas e pós-modernistas, tomados de horror, gritam: "Não toque neles!! Não toque neles! Anátema!". E no entanto nós, os estudantes de ciência, os tocamos, e nada aconteceu exceto que os sonhos do construtivismo social desapareceram! Por uma transfiguração exatamente oposta à de Jagannath, quando tocamos sujeitos e objetos eles se transformaram repentinamente em entidades humanas e não humanas.

Depois de séculos de desprendimento, nossa atenção está se voltando novamente para a ponta do dedo, e dele para a Lua. A explicação mais simples para todas as atitudes da humanidade desde a aurora de sua existência é provavelmente que as pessoas querem dizer o que dizem e que, quando designam um objeto, esse objeto é a causa de seu comportamento – *não* uma ilusão a ser explicada por um estado mental. Ainda aqui devemos entender que a situação mudou radicalmente desde o advento dos estudos científicos. Era factível ser antifetichista quando os fatos podiam ser usados como armas destrutivas contra as crenças. Mas, se agora falamos de fatiches, não existem nem crenças (a serem fomentadas ou destruídas) nem fatos (a serem usados como um martelo). A situação tornou-se mais interessante. Defrontamo-nos agora com muitas diferentes metafísicas práticas, muitas diferentes ontologias práticas.

Ao conceder ontologia a entidades não humanas, podemos começar a atacar a principal questão em debate nas guerras de ciências. O Iluminismo modernista, pelo menos em seu ideal republicano, tornou-se, por um momento, um movimento popular. Ele tocou uma corda em todos os oprimidos do mundo. Quando os fatos se acomodaram à nossa existência coletiva, grandes nuvens de ilusão, opressão e manipulação se dissiparam. Mas desde então os modelos oferecidos pelo crítico deixaram de ser populares. Eles vão de encontro ao próprio cerne daquilo que é ser humano e acreditar. Os fatos foram longe demais, tentando transformar tudo o mais em crenças. O fardo de todas essas crenças torna-se insuportável quando, como na categoria pós-moderna, *a própria ciência* é submetida à mesma dúvida. Uma coisa é atacar as crenças quando estamos fortificados pelas certezas da ciência. Mas que devemos fazer quando a própria ciência se transforma numa crença? A única solução é a virtualidade pós-moderna – o nadir, o zero absoluto da política, da estética e da metafísica. A máquina da virtualidade, entretanto, está nas cabeças pós-modernas, e não nos mundos que as circundam. Virtualidade é aquilo em que tudo o mais se transforma quando a crença na crença ataca às cegas. Está na hora de deter o pequeno triturador do moinho de sal, antes que tudo se torne amargo.

Não poderíamos dizer simplesmente que as pessoas estão cansadas de serem acusadas de acreditar em coisas inexistentes, Alá, djins, anjos, Maria, Gaia, glúons, retrovírus, *rock n' roll*, televisão, leis etc.? O intelectual não moderno não assume a posição de Jagannath, dia após dia trazendo novos saligramas para dessacralizar e depois jogá-los fora, desanimado por descobrir que só ele, o dessacralizador, o iconoclasta, o libertador, acredita neles e que todos o demais – os párias ordinários, os cientistas dos laboratórios – sempre viveram sob uma definição da ação completamente diversa, nas mãos de fatiches de formas e funções totalmente distintas.

Cuidado e cautela

Que fez o fatiche antes de ser quebrado pelo golpe do antifetichista? Dizer que ele mediou a ação entre construção e autonomia é uma explicação insatisfatória e confia excessivamente na ambiguidade do termo mediação*. A ação não é o que as pessoas fazem, mas sim o *fait-faire*, o faz-fazer, realizado juntamente com outros num evento, com as oportunidades específicas fornecidas pelas circunstâncias. Esses outros não são ideias, ou coisas, mas entidades não humanas ou, como lhes chamei no capítulo 4, proposições*, que têm suas próprias especificações lógicas e povoam, juntamente com seus complexos gradientes, um mundo que não é nem o mundo mental dos psicólogos nem o mundo físico dos epistemólogos, embora seja tão estranho quanto o primeiro e tão real quanto o segundo.

Os fatiches são bons para articular *cautela* e *publicidade*. Eles declaram publicamente que se deve tomar cuidado na manipulação dos híbridos. Quando tentaram quebrar os fetiches, os iconoclastas quebraram, pelo contrário, os fatiches. Como eu disse, foram esses alvoroços que deram aos modernos sua fabulosa energia, invenção e criatividade. Já não são tolhidos por nenhuma coação, nenhuma responsabilidade. As metades partidas do fatiche, fixadas no alto da entrada do templo modernista, protegem-nos contra todas as implicações morais do que eles fazem, e eles podem ser mais inventivos porque acreditam estar chafurdando na "mera prática". O que o martelo removeu foram o cuidado e a cautela.

Claro, a ação teve consequências, mas estas vieram mais tarde, literalmente *depois do fato* e sob o aspecto subserviente de consequências inesperadas, de impacto retardado (Beck, 1995). Os objetos modernistas eram calvos – esteticamente, moralmente, epistemologicamente –, mas os produzidos pelos não modernos sempre foram cabeludos, entrelaçados, à maneira de rizomas. A razão pela qual devemos acautelar-nos contra os fatiches é que suas consequências são imprevisíveis, a ordem moral é frágil, o social instável. É exatamente isso que os fatos modernistas nos têm mostrado repetidamente, salvo que, para o moderno, as consequências nada mais são que uma reflexão tardia. É o único *depois* da cerimônia dessacralizadora em que Jagannath compreende que ninguém jamais acreditou que o saligrama seja alguma coisa mais que uma pedra e que a única inumanidade foi a que ele, o livre-pensador, produziu ao destruir o ídolo. Quando a tia e o sacerdote gritaram: "Cuidado! Cuidado!", não queriam dizer, *como ele pensava*, que estavam com medo de que ele quebrasse o tabu, mas sim que estavam com medo de que ele quebrasse o fatiche que mantinha o cuidado e a cautela sob a atenta consideração pública (Viramma; Racine et al., 1995).

É estranho compreender que os golpes do martelo do iconoclasta sempre erraram o alvo. Não somos nós os herdeiros de todos os gestos iconoclastas da nossa história? De Moisés destruindo o Bezerro de Ouro (Halbertal; Margalit, 1992)? De Platão dissolvendo as sombras da Caverna para reverenciar esse que é ele próprio o maior de todos os ídolos, a Ideia – *eidon*? De Paulo destruindo todos os ídolos pagãos? Das grandes guerras da era bizantina entre iconoclastas e iconódulos (Mondzain, 1996)? Dos luteranos decidindo o que devia e o que não devia ser pintado (Koerner, 1995)? De Galileu espatifando o cosmos antigo? Dos revolucionários derrubando o *ancien régime*? De Marx denunciando as ilusões do fetichismo da mercadoria? De Freud convertendo o fetiche num tampão que nos impede de fazer a terrível descoberta daquilo que sempre está faltando? De Nietzsche, o filósofo armado de um martelo, despedaçando todos os ídolos, ou, mais precisamente, perfurando-os cuidadosamente para ouvir quão ocos eles soam? Acreditar no oposto, renunciar a essa linhagem, a essa prestigiosa genealogia, seria aceitar a grave acusação de tornar-se arcaico, reacionário ou mesmo pagão. Como poderia uma posição tão absurda levar a outro modelo para a política?

Em primeiro lugar, "paganismo", "arcaísmo" e "reação" são coisas perigosas, mas somente quando usadas como contrastes para a modernização. Não existe, como a antropologia nos tem ensinado ultimamente, nenhuma cultura arcaica primitiva à qual se possa retornar. Isso nunca passou de uma exótica fantasia de racismo reacionário. O mesmo vale para o paganismo e para a política reacionária, ela própria uma invenção dos modernizadores. "Reacionário" é uma palavra perigosa e instável (Hirschman, 1991), mas poder-se-ia entendê-la simplesmente como a vontade de trazer o cuidado e a cautela *de volta* para a fabricação de fatos e tornar o salutar "Cuidado!" novamente audível nas profundezas dos laboratórios – incluindo os dos estudantes de ciências. Nesse sentido, só o modernistas querem arrastar-nos de volta a uma época anterior e a um acordo anterior, e essa precaução não moderna parece suficientemente sensata, talvez mesmo progressista – se aceitarmos que progresso significa adentrar num futuro ainda mais intricado, como vimos no capítulo 6.

Em segundo lugar, tornar-se moderno implica de novo uma remodelação da nossa genealogia e da nossa linhagem. A idolatria pode ter sido, desde o princípio, um alvo equivocado do monoteísmo. A luta contra os ícones pode ter sido a batalha equivocada empreendida pelos imperadores bizantinos. A Reforma Protestante provavelmente escolheu o alvo errado ao lutar com a piedade católica. O irracionalismo pode ter sido o alvo errado da ciência; o fetichismo da mercadoria, o alvo errado do marxismo; a divindade, o alvo errado da psiquiatria; o realismo, o alvo errado do construtivismo social. O erro é sempre o mesmo e decorre da *crença ingênua na crença ingênua do outro*. Os modernistas sempre tiveram dificuldade para compreenderem a si mesmos por causa de sua iconoclastia e da ansiedade que a destruição de ídolos provoca. Estudar a iconoclastia antropologicamente, como parte do modo de vida total dos modernos, como seu tipo psicossocial ideal, modifica o seu efeito e o seu impacto. A faca já não tem um gume afiado, o martelo é pesado demais. Devemos repensar a vontade de sermos iconoclastas, nossa mais venerável virtude, já que seus alvos já não são viáveis: nós não iremos modernizar a palavra, significando "nós" o pequenino culto dos "não crentes" no extremo da península ocidental.

Em terceiro lugar, e mais importante, pôr de lado o martelo iconoclasta permite-nos ver que sempre temos estado envolvidos na *cosmopolítica* (Stengers, 1996). Só por meio de um encolhimento extraordinário do significado da política é que ela se restringiu aos valores, interesses, opiniões e forças sociais de seres humanos isolados, nus. A grande vantagem de deixar que os fatos tornem a fundir-se em suas redes e controvérsias desordenadas e de deixar que as crenças recuperem o seu peso antológico é que a política se torna o que sempre foi, antropologicamente falando: a gestão, a combinação e a negociação das mediações humanas e não humanas. Quem ou o que pode resistir a quem ou a quê? Assim outro modelo político se oferece, não um modelo que busque acrescentar um suplemento de alma ou exigir que os cidadãos ajustem seus valores aos fatos ou que nos arraste de volta a uma aglomeração tribal arcaica, mas um modelo que entretenha um número de ontologias práticas tão grande quanto o de fatiches existentes.

O papel dos intelectuais não é, então, pegar um martelo e destruir as crenças com fatos, ou pegar uma foice e cortar fatos com crenças (como nas caricatas tentativas dos construtivistas sociais), mas serem *eles próprios fatiches* – e talvez também um pouquinho faceciosos –, ou seja, *proteger a diversidade* de *status* ontológico contra a ameaça de sua transformação em fatos e fetiches, crenças e coisas. Ninguém está pedindo a Jagannath que se contente com a sua posição na alta casta e mantenha o *status quo*. Mas, ao mesmo tempo, ninguém lhe está pedindo que desmascare as pedras sagradas da família ou que liberte os outros. Na longa história do modelo da crítica, sempre subestimamos o significado da liberdade, a liberdade que advém do duplo acréscimo da mediação humana: para a fabricação de fetiches e para a fabricação de fatos. Parece que nos faltou alguma coisa ao longo do caminho. Talvez esteja na hora de voltarmos sobre os nossos passos; o risco de parecer reacionário pode ser menor que o de ser modernista na época errada e da maneira errada.

A dicotomia sujeito-objeto perdeu sua capacidade de definir a nossa humanidade porque já não nos permite compreender o sentido de um importante adjetivo: "inumano". Que é inumanidade? Note-se como ela é estranha na era modernista. Para proteger os sujeitos de cair na inumanidade – subjetividade, paixões, ilusões, luta civil, delusões, crenças –, precisamos da firme âncora dos objetos. Mas, quando os objetos também começam a gerar inumanidade, de sorte que para evitar que os objetos caiam na inumanidade – frieza, insensibilidade, inexpressividade, materialismo, despotismo – tivemos de invocar os direitos dos sujeitos e "o leite da ternura humana". A inumanidade, assim, sempre foi o curinga no *outro* monte de cartas. Sem dúvida isso não pode passar por senso comum. Certamente é possível fazer melhor, localizar a inumanidade em outro lugar: antes de mais nada no gesto que produziu a dicotomia sujeito-objeto. Foi o que tentei fazer ao suspender a ânsia antifetichista. Os verdes campos da humanidade não estão longe, do outro lado da cerca, mas bem perto, no movimento do fatiche.

No Museu da Diáspora de Tel Aviv pode-se ver uma iluminação medieval em que o gesto de Abraão, interrompido pela mão de Deus, aponta para o desamparado Isaque sobre um pedestal; o filho assemelha-se notavelmente a um ídolo prestes a ser despedaçado. Essa que é a mais sangrenta de todas as cidades está fundada num sacrifício humano interrompido. Uma das muitas causas desse derramamento de sangue não será a estranha contradição que há em suspender os sacrifícios humanos enquanto se procede à destruição dos ídolos com júbilo e hipocrisia? Não nos devemos abster também *dessa* destruição da humanidade? A mão de quem deve deter-nos antes de consumarmos o gesto crítico? Onde está a ovelha que poderia ser usada como substituto do modo crítico de raciocinar? Se é verdade que todos somos descendentes da faca suspensa de Abraão, que tipo de *pessoas* nos tornaremos quando nós também nos abstivermos de destruir fatiches? Jagannath foi deixado ponderando: "Quando a tocaram, perdemos a nossa humanidade, eles e eu, não perdemos? E morremos. Onde está a falha de tudo, em mim ou na sociedade? Não havia resposta. Depois de longa caminhada ele voltou para casa. Sentia-se aturdido.".

Conclusão
Que artifício libertará a esperança de Pandora?

Que conseguimos ao longo dessa exploração reconhecidamente estranha e instável da realidade dos estudos científicos? Pelo menos um ponto deve ficar claro: existe apenas *um* acordo, que conecta as questões de ontologia, epistemologia, ética, política e teologia (ver Figura 1.1). Não há, portanto, sentido nenhum em examinar isoladamente perguntas como "De que modo pode a mente conhecer o mundo exterior?", "Como o público participará da proficiência técnica?", "Conseguiremos erguer barreiras éticas contra o poder da ciência?", "De que maneira protegeremos a natureza da cobiça humana?" ou "Lograremos edificar uma ordem política decente?". Depressa essas inquirições esbarram em incontáveis dificuldades, uma vez que as definições de natureza, sociedade, moralidade e Estado foram produzidas todas juntas, a fim de criar o mais formidável e o mais paradoxal dos poderes: uma política que elimina a política, as leis desumanas da natureza que impedirão a humanidade de degenerar em inumanidade.

Deveria estar claro agora que os estudos científicos *não* ocupam posição dentro desse velho acordo, por mais que os guerreiros da ciência se empenhem em mantê-los nos estreitos confins do modernismo. Os estudos científicos não afirmam que os fatos são "socialmente construídos"; não induzem a massa a abrir caminho por entre os laboratórios; não proclamam que os humanos estão para sempre isolados do mundo exterior e presos às celas de seus próprios pontos de vista; não desejam volver ao rico, autêntico e humano passado pré-moderno. O que parece mais bizarro aos olhos dos cientistas sociais é que os estudos científicos não são sequer críticos, iconoclastas ou provocativos. Ao deslocar a atenção da teoria da ciência *para sua prática**, eles simplesmente depararam, por acaso, com o quadro que sustenta o acordo modernista. Aquelas que, no nível da teoria, pareciam outras tantas questões diversas e desvinculadas, a serem levadas a sério, mas independentemente, revelaram-se entrelaçadas quando se escrutinizou a prática cotidiana.

Depois, tudo tomou um curso lógico. Dado que incontáveis enigmas foram pespegados à teoria da ciência, todos esses tópicos clássicos também se tornaram movediços quando transferimos nossa atenção para a prática. Daí os arroubos de megalomania que, de tempos em tempos, parecem sacudir os estudos científicos – alguns dos quais provêm, talvez, de meu próprio processador de texto. Será culpa nossa se tantos valores encarecidos – da teologia à própria definição de ator social, da ontologia à própria concepção do que seja a mente – foram capturados por uma teoria da ciência que uns poucos meses de investigação empírica podem abalar seriamente? Isso *não* significa que essas questões careçam de importância ou que semelhantes valores não devam *ser defendidos*; ao contrário, significa que precisam ser amarrados com uma corda ainda mais forte e associados ao destino de objetivos mais imponentes.

Bem sei que o aspecto mais polêmico dessa busca de uma alternativa ao velho acordo é o fato de termos posto de lado, completamente, a dicotomia sujeito-objeto. Desde o começo da modernidade, filósofos vêm tentando *superar* tal dicotomia. Minha opinião é que não devemos sequer tentar. Falharam todos os ensaios de reutilizá-la positivamente, negativamente ou dialeticamente. Não é de admirar: ela *não* foi feita para ser superada, e apenas essa impossibilidade dá sentido aos objetos e sujeitos. Por meio de pesquisas, anedotas, mitos, lendas, estudos de texto e algo mais que uma bricolagem conceitual, procurei neste livro oferecer uma explicação mais plausível para a obstinação da linha divisória: o objeto que arrosta o sujeito e o sujeito que arrosta o objeto são entidades *polêmicas*, não inocentes habitantes metafísicos deste mundo.

O objeto está aí para proteger o sujeito da queda na inumanidade; o sujeito está aí para proteger o objeto da queda na inumanidade. Entretanto, o escudo protetor dos fatiches desapareceu e o Estado tornou-se impotente. A humanidade, por sua vez, tornou-se inalcançável porque sempre deve ser buscada *do outro* lado desse enorme abismo hiante. Uma vez dentro de tão portentosa, solene e bela arquitetura, ninguém pode proferir uma palavra sobre objetos sem que ela passe a ser imediatamente usada para apagar algum traço de subjetividade em outra parte; não pode proferir uma palavra sobre os direitos da subjetividade sem que ela seja apanhada para amesquinhar o poder da ciência ou compensar a crueldade da natureza. À medida que a modernidade se foi desdobrando, a subjetividade e a objetividade se transformaram em conceitos de ressentimento e vingança. Nenhum traço de sua juventude libertadora pode já ser encontrado nelas. A ciência se politizou a tal ponto que nem os alvos da política nem os alvos das ciências permaneceram visíveis. Até seu destino comum foi abolido. As guerras de ciência são apenas o mais recente episódio nesse uso polêmico da objetividade – e não o último, temo eu.

Tentei substituir a dicotomia sujeito-objeto, que acabei deixando intacta, por outro par – o de humanos e não humanos. Em vez de superar a linha divisória, conservei o acordo onde ele estava e parti em outra direção, escavando ocasionalmente *por baixo* dos pesados megálitos quando isso era possível: por baixo, não por cima. Não mereço crédito algum por tê-lo feito, pois estava simplesmente seguindo a prática, não a teoria. Como, por exemplo, poderia eu ter considerado, sem uma enorme distorção, Pasteur como sujeito diante de um objeto, o fermento do ácido láctico (capítulo 4)? O próprio processo sutil de delegação que permitiu a Pasteur fabricar fatos iria ficar deslocado na cenografia do modernismo. Eu teria de responder a perguntas vociferadas pelos novos Fafner e Fasolt que encontramos no capítulo 5: "O fermento é real *ou* fabricado?".

Pior ainda seria responder "as duas coisas", porquanto a verdade – a verdade não modernista – é que os fatos não são nem reais nem fabricados, escapando completamente à escolha cominatória inventada para impossibilitar o Estado. Para atravessar essas dificuldades, eles precisariam de uma ajudazinha de seus fatiches; todavia, esses facilitadores foram todos partidos em dois pelo gestual iconoclasta dos modernistas críticos. Não é fácil fugir à antiga estrutura. Se os leitores acharem este livro mal alinhavado, lembrem-se por obséquio das centenas de fragmentos entre os quais descobri delegação, translação*, articulação*, bem como os outros conceitos que procurei reabilitar – caídos ao chão, despedaçados, pulverizados! Foi melhor restaurá-los mal e mal, por mão de um curador canhestro, mas dedicado, do que abandoná-los por ali, partidos e inúteis...

Fizemos *algum* progresso. Existe um acordo modernista e existe, pelo menos, uma alternativa a ele que não representa sua plenitude, destruição, negação ou fim. É a única coisa que se pode afirmar com algum grau de certeza. Qual possa ser uma alternativa sólida e sustentável, não o sei. No entanto, se tentarmos substituir qualquer um dos elementos do velho acordo – as caixas da Figura 1.1 –, poderemos anotar algumas especificações para a tarefa seguinte.

A coisa mais fácil e rápida de substituir será todo o artefato da epistemologia. A ideia de uma mente extirpada singular e solitária, observando um mundo exterior do qual se acha absolutamente isolada mas procurando, ainda assim, extrair certeza da frágil rede de palavras estendida por sobre o perigoso abismo que separa coisas de discurso, é tão implausível que não se pode sustentar por muito mais tempo: os próprios psicólogos já instalaram a cognição à frente da recognição. Não existe um mundo lá fora, não porque inexista um mundo, mas porque não há uma mente lá dentro, nenhum prisioneiro da linguagem fiado unicamente nos apertados caminhos da lógica. Falar com veracidade a respeito do mundo pode ser tarefa incrivelmente rara e arriscada para uma mente solitária saturada de linguagem, mas constitui prática bastante comum para sociedades fartamente vascularizadas de corpos, instrumentos, cientistas e instituições. Nós falamos com veracidade porque o próprio mundo é articulado e não o contrário. Que tenha havido um tempo em que se travava uma guerra entre "relativistas", para quem a linguagem se refere apenas a si mesma, e "realistas", para quem a linguagem pode ocasionalmente corresponder a um verdadeiro estado de coisas, isso parecerá a nossos descendentes tão estranho quanto a ideia de uma briga por relíquias sagradas.

Em segundo lugar, há obviamente um espaço onde as ciências estão aptas a evoluir sem serem sequestradas pela Ciência Nº 1. As disciplinas científicas nascem livres e estão por toda parte aprisionadas. Não vejo por que cientistas, pesquisadores ou engenheiros devam preferir o velho acordo. Nunca se cuidou que a epistemologia os fosse proteger: ela nunca passou de um engenho bélico, uma máquina de Guerra Fria, uma máquina de Guerra da Ciência. A expressão "socializar não humanos para que integrem o coletivo humano" parece-me perfeitamente aceitável, embora seja sem dúvida uma solução provisória que alberga a prática das ciências e respeita as muitas vascularizações de que estas carecem para sobreviver. De qualquer maneira, isso é bem melhor do que submeter-se a estas duas coerções: "Sejam absolutamente desconectados" e "Estejam absolutamente certos das palavras que dizem a respeito do mundo lá fora". Que essas injunções gêmeas possam ter passado por senso comum a pretexto de combaterem o "relativismo" parecerá, creio eu, uma ideia absurda num futuro próximo, quando a referência circulante estiver presente em todos os lares, como o gás, a água e a eletricidade.

Em terceiro lugar, e mais importante porque diz respeito a um número maior de pessoas, as condições de felicidade na política também podem começar a melhorar, agora que já não precisam ser constantemente interrompidas, atalhadas, reprimidas e frustradas pela perpétua infusão de leis desumanas na natureza. Mais exatamente, a natureza* surge agora como o que sempre foi, isto é, o processo político mais abrangente que jamais reuniu, num único superpoder, tudo quanto deva escapar aos devaneios da sociedade "lá embaixo". Uma natureza objetiva, perante uma cultura, é coisa inteiramente diversa de uma articulação de humanos e não humanos. Se os não humanos tiverem de ser arrebanhados num coletivo, será o *mesmo* coletivo, no seio das *mesmas* instituições, dos humanos cujo fado as ciências forçaram os não humanos a partilhar. Em vez dessa fonte de poder bipolar – natureza e sociedade –, teremos apenas uma fonte, claramente identificável, de política tanto para humanos quanto para não humanos e apenas uma fonte, claramente identificável, de novas entidades socializadas no coletivo.

A própria palavra "coletivo" encontra finalmente seu significado: é aquilo que *nos coleta a todos* na cosmopolítica visualizada por Isabelle Stengers. Em lugar de dois poderes, um deles oculto e indiscutível (natureza), o outro discutível e desdenhado (política), *teremos duas diferentes tarefas no mesmo coletivo*. A primeira consistirá em responder à pergunta: quantos humanos e não humanos deverão ser levados em conta? A segunda, em responder à mais difícil das perguntas: vocês estão prontos a viver, custe o que custar, uma boa vida juntos? Que essas indagações do mais alto conteúdo político e moral tenham sido feitas durante séculos, por mentes brilhantes, *unicamente a humanos*, com exclusão dos não humanos que os fabricaram, logo parecerá, não resta dúvida, tão extravagante quanto a decisão dos Pais Fundadores de negar a escravos e mulheres o direito de voto.

O quarto e mais problemático significado tem a ver com dominação. Nós mudamos de senhores muitas vezes; passamos do Deus Criador à Natureza Incriada, daí ao *Homo faber*, depois às estruturas que nos levam a agir, campos de discurso que nos levam a falar, campos anônimos de força em que tudo se dissolve – mas nunca tentamos *não ter senhor algum*. O ateísmo, se por isso entendermos uma dúvida geral a respeito de dominação, é ainda coisa do futuro; o mesmo se diga do anarquismo, a despeito da frieza de seu belo *slogan*, "Nem deus nem senhor" – pois sempre houve um senhor, o homem!

Por que trocar sempre um comandante por outro? Por que não reconhecer, de uma vez por todas, aquilo que aprendemos à saciedade neste livro: que a ação é sutilmente assumida por aquilo sobre que se exerce; que ela se altera ao longo das translações; que um experimento é um evento que dá um pouco mais do que recebe; que cadeias de mediação não são o mesmo que uma passagem sem esforço da causa para o efeito; que transferências de *in*formação só ocorrem por meio de ligeiras e múltiplas *trans*formações; que não existe imposição de categorias à matéria informe; e que, no âmbito das técnicas, ninguém se acha no comando – não porque a tecnologia é que se ache no comando, mas porque, verdadeiramente, *nada* nem *ninguém* comanda, nem sequer um campo anônimo de força? Estar no comando ou ser senhor não é propriedade de humanos ou de não humanos – nem de Deus. Cuidava-se que essa fosse uma propriedade de objetos e sujeitos, mas nunca funcionou: as ações sempre transbordaram de si mesmas, daí se seguindo enormes complicações. O interdito sobre a teologia, tão importante na montagem da estrutura modernista, não será levantado por um retorno ao Deus Criador, e sim pela constatação de que não existe senhor algum. Que também a religião tenha sido requisitada pelos modernistas como combustível para sua máquina de guerra política, que a teologia tenha acedido em desempenhar um papel no acordo modernista, traindo-se a ponto de falar sobre natureza "fora", alma "dentro" e sociedade "embaixo", servirá, espero, como motivo de perplexidade para a geração vindoura.

É sem dúvida no movimento para a frente da seta do tempo que o acordo futuro fará coisa melhor que o modernista. A história nunca se sentiu à vontade na casa da modernidade. Como vimos no capítulo 5, ela era obrigada a limitar-se aos humanos, ignorando completamente a natureza exterior, ou, como vimos no capítulo 6, tinha de aparecer sob o disfarce altamente improvável do progresso, o qual, por seu turno, era concebido como um *aumento no desapego* que liberta a objetividade da natureza, a eficiência da tecnologia e a lucratividade do mercado, das mazelas de um passado ainda mais confuso. Desapego! Quem poderia ainda acreditar, por um instante que fosse, que a ciência, a tecnologia e o mercado nos impelem a menos confusões, a menos mazelas que no passado? Não, os parênteses do progresso estão se fechando – mas, contrariamente às dúvidas que assoberbam a sensibilidade pós-moderna, não há motivos para desespero nem para renunciar à seta do tempo.

Há um futuro, um futuro que difere do passado. Mas onde se acomodavam centenas e milhares, acomodam-se agora milhões e bilhões – de pessoas, é claro, mas também de animais, estrelas, vacas, robôs, *chips* e *bytes*. O único aspecto que mantinha o tempo avançando no modernismo e fê-lo suspender-se a si mesmo no pós-modernismo era a definição de objeto, sujeito e política, que agora foi redistribuída. Que tenha existido uma década durante a qual as pessoas podiam acreditar no fim da história simplesmente porque uma concepção de progresso etnocêntrica – melhor ainda, epistemocêntrica – fechara um parêntese parecerá (já parece, aliás) o mais gigantesco e, esperamos, o último lampejo de um culto da modernidade a que nunca faltou arrogância.

Por infelicidade, conforme tão dolorosamente aprendemos neste século, as guerras têm efeitos devastadores, já que obrigam os adversários a atingir o mesmo nível. A guerra nunca foi uma situação em que se pudessem ruminar pensamentos sutis, ao contrário, sempre deu licença para tomar desvios, aproveitar os expedientes disponíveis e pisotear todos os valores de debate e argumentação. As guerras na ciência não foram exceção. Justamente quando uma longa e duradoura paz era necessária para se reunir os fatiches dispersos e se reinventar uma política de humanos e não humanos solidários, o apelo às armas foi ouvido da Direita e da Esquerda, enquanto "patrulhas da verdade" eram despachadas para os câmpus a fim de fumigar as caixas de marimbondo dos estudos científicos. Eu não tenho nada contra uma boa briga, mas gostaria muito de escolher meu terreno, minhas testemunhas e minhas armas – gostaria, sobretudo, de decidir os objetivos de minha guerra. Eis o que tencionei realizar neste livro.

Se não respondi aos argumentos dos guerreiros da ciência palavra por palavra – ou sequer mencionei seus nomes –, foi porque eles costumam perder tempo atacando outros que *têm o mesmo nome* que eu e, segundo se supõe, defendem todos os absurdos que venho contestando há 25 anos: que a ciência é socialmente construída; que tudo é discurso; que não existe uma realidade exterior; que a ciência não tem conteúdo conceitual; que quanto mais ignorante for a pessoa, melhor; que tudo, no fundo, é político; que a subjetividade deve mesclar-se à objetividade; que os cientistas mais fortes, viris e cabeludos sempre vencem, se dispõem de "aliados" suficientes nos lugares certos; e outras enormidades. Eu não preciso correr em auxílio desses meus homônimos! Que os mortos sepultem seus mortos ou, conforme costumava dizer meu mentor Roger Guillemin com menos galhardia, "A ciência não é um forno autolimpante, portanto você não poderá fazer nada com as camadas de artefatos que se incrustam em suas paredes".

Ignorando esse obscurecimento, decidi agir como se as guerras de ciência fossem uma questão intelectual respeitável e não uma disputa patética em torno de verbas, insuflada por jornalistas universitários. Segundo minha própria cartografia, é verdade que tudo o que diz respeito ao progresso, aos valores e ao conhecimento está aqui em pauta. Nas vigorosas palavras de Isabelle Stengers (1998), se pretendêssemos realmente calar as pretensões da ciência ao conhecimento do mundo exterior, ninguém deixaria de admitir que "isso significa guerra", guerra mundial – pelo menos de natureza metafísica. Trata-se de uma batalha que só vale a pena travar se houver nitidamente dois acordos em oposição: o acordo modernista, que pelo menos em minha opinião já está ultrapassado (embora tenha sido durante décadas nossa mais inestimável fonte de luz, defendida por gigantes antes de passar aos cuidados de anões), e outro que ainda não surgiu. Se alguém quiser mover *essa* guerra, saberá em que pé estou, que valores pretendo defender e que armas simples tenciono brandir.

Estou certo, porém, de que quando nos defrontarmos na linha de frente, como sucedeu ao meu amigo responsável pela pergunta que deu início ao livro, "Você acredita na realidade?", estaremos todos desarmados, em trajes civis, uma vez que a tarefa de inventar o coletivo é tão formidável que, em comparação, torna as outras guerras irrisórias – inclusive, é claro, as guerras na ciência. Neste século, que graças a Deus está chegando ao fim, parece que esgotamos os males escapados à caixa da desastrada Pandora. Embora a curiosidade irrefreável é que tenha instigado a donzela artificial a abrir a caixa, não há motivo para deixarmos de investigar o que restou lá dentro. A fim de encontrar a Esperança que ficou bem no fundo da caixa, precisamos de um artifício novo e mais complexo. Eu cheguei perto. Talvez seja mais bem-sucedido da próxima vez.

Glossário

ACORDO: Abreviação de "acordo modernista", responsável por incontáveis problemas que não podem ser resolvidos separadamente e devem ser encarados em conjunto: a questão epistemológica de como podemos conhecer o mundo exterior, a questão psicológica de como uma mente consegue preservar sua conexão com o mundo exterior, a questão política de como logramos manter a ordem na sociedade e a questão moral de como chegaremos a viver uma boa vida – em suma, "fora", "dentro", "embaixo" e "em cima".

ANTIPROGRAMAS: Ver PROGRAMAS DE AÇÃO.

APODEIXIS: Ver *EPIDEIXIS*.

ARTICULAÇÃO: Como translação*, esse termo ocupa a posição esvaziada pela dicotomia entre objeto e sujeito ou entre mundo exterior e mente. A articulação não é uma propriedade da fala humana, mas uma propriedade ontológica do universo. A questão não é mais saber se as assertivas se referem ou não a um estado de coisas, mas apenas se as proposições* são ou não bem articuladas.

ASSOCIAÇÃO, SUBSTITUIÇÃO; SINTAGMA, PARADIGMA: Esses dois pares de termos substituem a obsoleta distinção entre objetos e sujeitos. Em linguística, um sintagma é o conjunto de palavras que podem ser associadas numa frase ("O pescador vai pescar com um cesto" define assim um sintagma), ao passo que um paradigma são todas as palavras que podem ser substituídas numa dada posição na frase ("o pescador", "o merceeiro", "o padeiro" formam um paradigma). A metáfora linguística se generaliza para formular duas questões básicas: Associação – que ator pode ser conectado a qual outro? Substituição – que ator pode substituir qual outro numa dada associação?

ATOR, ATUANTE: O grande interesse dos estudos científicos consiste no fato de proporcionarem, por meio do exame da prática laboratorial, inúmeros casos de surgimento de atores. Em vez de começar com entidades que já compõem o mundo, os estudos científicos enfatizam a natureza complexa e controvertida do que seja, para um ator, chegar à existência. O segredo é definir o ator com base naquilo que ele faz – seus desempenhos* – no quadro dos testes* de laboratório. Mais tarde, sua competência* é deduzida e integrada a uma instituição*. Uma vez que, em inglês, a palavra "*actor*" (ator) se limita a humanos, utilizamos muitas vezes "*actant*" (atuante), termo tomado à semiótica, para incluir não humanos* na definição.

CADEIA DE TRANSLAÇÃO: Ver TRANSLAÇÃO.

CENTRO DE CÁLCULO: Qualquer lugar onde inscrições* são combinadas, tornando possível algum tipo de cálculo. Pode ser um laboratório, um instituto de estatística, os arquivos de um geógrafo, um banco de dados etc. Essa expressão situa em locais específicos uma habilidade de calcular que quase sempre se localiza na mente.

COLETIVO: Ao contrário de sociedade*, que é um artefato imposto pelo acordo* modernista, esse termo se refere às associações de humanos e não humanos*. Se a divisão entre natureza* e sociedade torna invisível o processo político pelo qual o cosmo é coletado num todo habitável, a palavra "coletivo" torna esse processo crucial. Seu *slogan* poderia ser: "Nenhuma realidade sem representação".

COMPETÊNCIA: Ver NOME DE AÇÃO.

COMPLEXO *VERSUS* COMPLICADO: Essa oposição contorna a oposição tradicional entre complexidade e simplicidade enfatizando dois tipos de complexidade. O primeiro, complicação, contempla uma série de passos simples (o computador, trabalhando com 0 e 1, é um exemplo); o segundo, complexidade, contempla a irrupção simultânea de inúmeras variáveis (como nas interações dos primatas, por exemplo). As sociedades contemporâneas podem ser mais complicadas, mas menos complexas que as antigas.

CONCRESCÊNCIA: Termo empregado por Whitehead para designar um evento* sem recorrer ao idioma kantiano do fenômeno*. A concrescência não é um ato de conhecimento que aplica categorias humanas a uma matéria exterior indiferente e sim uma modificação de todos os componentes ou circunstâncias do evento.

CONCRETIZAÇÃO DE UMA POTENCIALIDADE: Termo tomado à filosofia da história, especialmente da obra de Gilles Deleuze e Isabelle Stengers. O melhor exemplo é o pêndulo, cujo movimento se pode prever facilmente a partir de sua posição inicial; deixar que o pêndulo caia não acrescenta nenhuma informação nova. Se concebermos a história dessa maneira, não existe evento* e ela se desdobra em vão.

CONDIÇÕES DE FELICIDADE: Expressão tomada à teoria dos atos da fala para descrever as condições que precisam ser atendidas a fim de dar significado ao ato linguístico. Opõem-se-lhes as condições de infelicidade. Amplio a definição para regimes de articulação como ciência, tecnologia e política.

CONGREGAÇÃO INVISÍVEL: Expressão criada pelos sociólogos da ciência para designar as conexões informais entre cientistas, em oposição à estrutura formal das filiações universitárias.

CONTEXTO, CONTEÚDO: Termos tomados à história da ciência para situar o conhecido quebra-cabeça das explicações internalistas* *versus* externalistas* nos estudos científicos.

COSMOPOLÍTICA: Antigo termo dos estoicos para exprimir a filiação à humanidade em geral e não a uma cidade em particular. O conceito adquiriu significado mais profundo com Isabelle Stengers: a nova política, não mais enquadrada no acordo* modernista da natureza* e da sociedade*. Hoje existem diferentes políticas e diferentes cosmos.

CRENÇA: Como o conhecimento, a crença não é uma categoria óbvia referente a um estado psicológico. É um artefato da distinção entre construção e realidade. Está, pois, ligada à noção de fetichismo* e constitui sempre uma acusação levantada contra os outros.

DEMARCAÇÃO *VERSUS* DIFERENCIAÇÃO: A filosofia normativa da ciência esforçou-se muito para encontrar critérios capazes de discriminar a ciência da paraciência. A fim de distinguir essa empresa normativa daquela que preceituo no presente livro, utilizo a palavra "diferenciação". A diferenciação não exige uma distinção normativa entre ciência e não ciência, mas enseja inúmeras diferenças e um julgamento normativo bem mais sutil, que não repousa na debilidade do acordo* modernista.

DESEMPENHO: Ver NOME DE AÇÃO.

DESLOCAMENTO PARA DENTRO, PARA FORA, PARA BAIXO: Termos da semiótica referentes ao ato de significação pelo qual um texto correlaciona diferentes quadros de referência (aqui, agora, eu): diferentes espaços, diferentes tempos, diferentes aspectos. Quando o leitor é enviado de um plano de referência para outro, dá-se a isso o nome de deslocamento para fora; quando é trazido para o plano de referência original, deslocamento para dentro; quando o material expressivo é inteiramente modificado, deslocamento para baixo. Esses movimentos têm por resultado a produção de um referente* interno, de uma visão profunda, como se estivéssemos às voltas com um mundo diferenciado.

DICTUM, MODUS: Termos da retórica para distinguir a parte da frase que não muda (*dictum*) da parte da frase que altera (*modus*) o valor de verdade do *dictum*. Na frase "Acredito que a terra está ficando mais quente", o *modus* é "acredito".

DIFERENCIAÇÃO: Ver DEMARCAÇÃO.

EPIDEIXIS, APODEIXIS: Termos da retórica grega que sumarizam todo o debate entre filósofos e sofistas. Etimologicamente, ambas significam a mesma coisa – demonstração –, mas a primeira passou a referir-se ao discurso dos sofistas – floreios de linguagem –, enquanto a segunda designava uma demonstração matemática, ou, pelo menos, rigorosa.

EVENTO: Termo tomado a Whitehead para substituir a noção de descoberta e sua filosofia da história assaz implausível (em que o objeto permanece imóvel, enquanto a historicidade humana dos descobridores atrai toda a atenção). Definir um experimento como evento traz consequências para a historicidade* de todos os ingredientes, inclusive os não humanos, que constituem as circunstâncias desse experimento (ver CONCRESCÊNCIA).

EXISTÊNCIA RELATIVA: Em resultado da acepção positiva de relativismo*, da ênfase no surgimento de atores, da definição pragmática e relacional de ação, e da importância atribuída aos invólucros*, é possível definir existência não como um conceito do tipo tudo ou nada, mas como um gradiente. Isso faculta diferenciações* bem mais sutis que a demarcação entre existência e não existência. Também ajuda a evitar a noção de crença*.

EXPLICAÇÕES INTERNALISTAS, EXPLICAÇÕES EXTERNALISTAS: Na história da ciência, esses termos designam uma disputa muitíssimo obsoleta entre aqueles que alegam interessar-se mais pelo conteúdo* de uma ciência e aqueles que privilegiam seu contexto*. Embora essa distinção tenha sido utilizada durante décadas para acomodar as relações entre filósofos e historiadores, foi totalmente desativada pelos estudos científicos em virtude das múltiplas translações entre contexto e conteúdo.

FATICHE, FETICHISMO: O fetichismo é uma acusação feita por um denunciante; implica que os crentes apenas projetaram num objeto sem significado suas próprias crenças e desejos. Os fatiches, ao contrário, são tipos de ação que não incidem na escolha cominatória entre fato e crença. O neologismo é uma combinação de "fato" e "fetiche", tornando óbvio que os dois termos possuem em comum um elemento de fabricação. Em vez de opor fatos a fetiches, e de denunciar fatos como fetiches, ele pretende levar a sério o papel dos atores* em todos os tipos de atividade e, portanto, eliminar a noção de crença*.

FATOS CONCRETOS: A tendência geral dos estudos científicos é considerar os fatos concretos não como aquilo que já se acha presente no mundo, tal qual se dá no linguajar comum, mas como o resultado tardio de um longo processo de negociação e institucionalização. Isso não limita sua certeza; ao contrário, fornece todo o necessário para que se tornem indiscutíveis e óbvios. A condição de indiscutível é o ponto final e não o começo, como na tradição empirista.

FENÔMENO: Na solução modernista de Kant, um fenômeno é o ponto de encontro das coisas em si – inacessíveis e incognoscíveis, mas cuja presença se faz necessária para barrar o idealismo – e o envolvimento ativo da razão. Nenhum desses traços é conservado na noção de proposição*.

FETICHISMO: Ver FATICHE.

HISTORICIDADE: Termo tomado à filosofia da história para designar não apenas a passagem do tempo – 1999 depois de 1998 –, mas também o fato de que alguma coisa acontece no tempo, de que a história não somente passa como transforma, de que é feita não somente de datas como de eventos*, não apenas de intermediários* como de mediações*.

INSCRIÇÃO: Termo geral referente a todos os tipos de transformação que materializam uma entidade num signo, num arquivo, num documento, num pedaço de papel, num traço. Usualmente, mas nem sempre, as inscrições são bidimensionais, sujeitas a superposição e combinação. São sempre móveis, isto é, permitem novas translações* e articulações* ao mesmo tempo que mantêm intactas algumas formas de relação. Por isso são também chamadas "móveis imutáveis", termo que enfatiza o movimento de deslocamento e as exigências contraditórias da tarefa. Quando os móveis imutáveis estão claramente alinhados, produzem a referência circulante*.

INSTITUIÇÃO: Os estudos científicos devotaram muita atenção às instituições que ensejam a articulação* de fatos. No uso corriqueiro, "instituição" alude a um lugar e a leis, pessoas e costumes que se perpetuam no tempo. Na sociologia tradicional, emprega-se "institucionalizado" para criticar a pobreza da ciência excessivamente rotinizada. Neste livro, a acepção é amplamente positiva, já que as instituições propiciam todas as mediações* necessárias para o ator* conservar uma substância* duradoura e sustentável.

INTERMEDIÁRIO: Ver MEDIAÇÃO.

INVÓLUCRO: Termo *ad hoc* inventado para substituir "essência" ou "substância" e proporcionar aos atores* uma definição provisória. Em vez de opor entidades e história, conteúdo* e contexto*, podemos descrever o invólucro de um ator, isto é, seus desempenhos* no espaço e no tempo. Portanto, não há três palavras, uma para as propriedades de uma entidade, outra para sua história e uma terceira para o ato de conhecê-la, mas apenas uma rede contínua.

JUÍZO SINTÉTICO *A PRIORI*: Expressão empregada por Kant para solucionar o problema da fecundidade do conhecimento realçando, ao mesmo tempo, o primado da razão humana na modelagem do conhecimento. Opostos aos juízos analíticos *a priori*, que são tautológicos e estéreis, e aos juízos sintéticos *a posteriori*, que são fecundos e puramente empíricos, esses juízos são ao mesmo tempo *a priori* e sintéticos. Quando tratamos de proposições* articuladas, tal classificação se torna obsoleta, de vez que nem a fecundidade – os eventos* – nem a lógica precisam ser inseridas entre os polos objetivo e subjetivo.

MEDIAÇÃO *VERSUS* INTERMEDIÁRIO: O termo "mediação", em contraste com "intermediário", significa um evento* ou um ator* que não podem ser exatamente definidos pelo que consomem e pelo que produzem. Se um intermediário é plenamente definido por aquilo que o provoca, uma mediação sempre ultrapassa sua condição. A diferença real não é entre realistas e relativistas, sociólogos e filósofos, mas entre os que reconhecem, nas muitas tramas da prática*, meros intermediários e os que admitem mediações.

MODERNO, PÓS-MODERNO, NÃO MODERNO, PRÉ-MODERNO: Termos vagos que assumem significado mais consistente quando se levam em conta as concepções de ciência que eles acarretam. "Modernismo" é um acordo* responsável pela criação de uma política em que boa parte da atividade política justifica-se por referência à natureza*. Assim, é modernista toda concepção de um futuro em que a ciência ou a razão desempenharão papel importante na ordem política. O "pós-modernismo" é a continuação do modernismo, exceto pelo fato de a confiança na amplitude da razão ter arrefecido. O "não moderno", em contrapartida, recusa-se a atalhar o devido processo político recorrendo à noção de natureza, e substitui a linha divisória moderna e pós-moderna entre natureza e sociedade pela noção de coletivo*. "Pré-modernismo" é um exotismo atribuível à invenção da crença*; os que não se entusiasmam pela modernidade são acusados de possuir unicamente uma cultura e crenças, mas não conhecimentos, a respeito do mundo.

MODUS: Ver *DICTUM*.

MÓVEL IMUTÁVEL: Ver INSCRIÇÃO.

NÃO HUMANO: Esse conceito só significa alguma coisa na diferença entre o par "humano-não humano" e a dicotomia sujeito-objeto. Associações de humanos e não humanos aludem a um regime político diferente da guerra movida contra nós pela distinção entre sujeito e objeto. Um não humano é, portanto, a versão de tempo de paz do objeto: aquilo que este pareceria se não estivesse metido na guerra para atalhar o devido processo político. O par humano-não humano não constitui uma forma de "superar" a distinção sujeito-objeto, mas uma forma de ultrapassá-la completamente.

NATUREZA: Como a sociedade*, a natureza não é considerada o palco racional externo da ação humana e social, mas o resultado de um acordo* altamente problemático cuja genealogia política rastreamos ao longo do livro. Os termos "não humano" e "coletivo"* referem-se a entidades libertadas do fardo político que as obrigava a usar o conceito de natureza para atalhar o devido processo político.

NOME DE AÇÃO: Expressão usada para descrever a estranha situação – como os experimentos – em que um ator* surge de seus testes*. O ator ainda não tem uma essência. É definido apenas como uma lista de efeitos – ou desempenhos – num laboratório. Só mais tarde deduzimos desses desempenhos uma competência, ou seja, uma substância apta a explicar por que o ator age daquela forma. O termo "nome de ação" nos recorda a origem pragmática de todos os fatos.

OBSCURECIMENTO ("CAIXA-PRETA"): Expressão tomada à sociologia da ciência referente à maneira como o trabalho científico e técnico torna-se invisível em decorrência de seu próprio êxito. Quando uma máquina funciona bem, quando um fato é estabelecido, basta-nos enfatizar sua alimentação e produção, deixando de lado sua complexidade interna. Assim, paradoxalmente, quanto mais a ciência e a tecnologia obtêm sucesso, mais opacas e obscuras se tornam.

PARADIGMA: Ver ASSOCIAÇÃO.

PRAGMATOGONIA: Neologismo criado por Michel Serres, segundo o esquema morfológico de "cosmogonia", para designar uma genealogia mítica dos objetos.

PRÁTICA: Os estudos científicos não são definidos pela extensão de explicações sociais à ciência, mas pela ênfase nos sítios locais, materiais e mundanos onde as ciências são praticadas. Assim, a palavra "prática" identifica tipos de estudos tão distanciados das filosofias normativas da ciência quanto dos esforços usuais da sociologia. Aquilo que se revelou graças ao estudo da prática não é utilizado para calar as pretensões da ciência, como na sociologia crítica, mas para multiplicar os mediadores* que produzem, coletivamente, as ciências.

PREDICAÇÃO: Termo da retórica e lógica referente ao que acontece na atividade da definição quando, para evitar uma tautologia, um termo é necessariamente definido utilizando-se outro termo. Isso acarreta, para cada definição, uma translação*, sendo uma delas obtida pela mediação* da outra.

PROGRAMAS DE AÇÃO, ANTIPROGRAMAS: Termos da sociologia da tecnologia que têm sido usados para emprestar caráter ativo, e muitas vezes polêmico, aos artefatos técnicos. Cada dispositivo antecipa o que outros atores, humanos ou não humanos, poderão fazer (programas de ação); no entanto, essas ações antecipadas talvez não ocorram porque os outros atores têm programas diferentes – antiprogramas, do ponto de vista do primeiro ator. Assim, o artefato se torna a linha de frente de uma controvérsia entre programas e antiprogramas.

PROJETO: A grande vantagem que os estudos tecnológicos têm sobre os estudos científicos é que aqueles lidam com projetos que não são obviamente nem objetos nem sujeitos, ou mesmo uma combinação qualquer de ambos. Grande parte do que se aprende no estudo dos artefatos é depois reutilizada para estudar os fatos e sua história.

PROPOSIÇÃO: Não emprego esse termo no sentido epistemológico de uma frase tida por verdadeira ou falsa (para isso tenho a palavra "assertiva"), mas no sentido ontológico daquilo que um ator oferece a outros atores. A queixa é que o preço para obter clareza analítica – palavras apartadas do mundo e em seguida reconectadas a ele por referência e julgamento – é bem maior e produz, no fim das contas, muito mais obscuridade do que conceder às entidades a capacidade de unir-se entre si por meio dos eventos*. O significado ontológico da palavra foi elaborado por Whitehead.

REFERÊNCIA CIRCULANTE: Ver REFERÊNCIA.

REFERÊNCIA, REFERENTE: Termos da linguística e da filosofia usados para definir não a cenografia das palavras e do mundo, mas as inúmeras práticas que acabam por articular proposições*. "Referência" não designa um referente externo sem significação [*meaningless*] (isto é, literalmente, sem meios [*means*] de completar seu movimento), mas a qualidade da cadeia de transformações, a viabilidade de sua circulação. "Referente interno" é um termo da semiótica para descrever todos os elementos que produzem, entre os diferentes níveis semânticos de um texto, a mesma diferença produzida entre um texto e o mundo exterior. Prende-se à noção de deslocamento*.

REFERENTE INTERNO: Ver REFERENTE.

RELATIVISMO: Esse termo não se refere à discussão da incomensurabilidade dos pontos de vista – que deveria chamar-se absolutismo –, mas unicamente ao processo mundano pelo qual são estabelecidas relações entre pontos de vista graças à mediação* de instrumentos. Dessa forma, insistir no relativismo não enfraquece as conexões entre as entidades, porém multiplica os caminhos que nos permitem passar de uma perspectiva a outra. Os estudos científicos elaboraram uma nova solução para substituir a ingênua distinção entre local e universal.

REVOLUÇÃO COPERNICANA: Introduzido por Kant, este se tornou um clichê nos escritos filosóficos. Originalmente, significava a passagem do geocentrismo para o heliocentrismo. Paradoxalmente, Kant utiliza-o para designar, não uma descentralização da posição humana no mundo, mas uma recentralização do objeto em torno da capacidade humana de conhecer. A expressão "revolução anticopernicana" combina, pois, duas metáforas, uma da astronomia e a outra da inquietação política, para aludir ao distanciamento de todas as formas de antropomorfismo, inclusive a inventada por Kant. A política não precisa ser feita por intermédio da natureza* e os objetos devem libertar-se, como não humanos, da obrigação de atalhar o devido processo político.

SINTAGMA: Ver ASSOCIAÇÃO.

SOCIEDADE: A palavra não se refere a uma entidade existente em si mesma, governada por suas próprias leis, oposta a outras entidades como a natureza; significa o resultado de um acordo* que, por razões políticas, divide artificialmente as coisas em esfera natural e esfera social. Para me referir não ao artefato sociedade, mas às muitas conexões entre humanos e não humanos*, prefiro a palavra "coletivo".

SUBSTÂNCIA: Essa palavra designa o que "subjaz" às propriedades. Os estudos científicos não procuraram eliminar completamente a noção de substância, mas criar um espaço histórico e político no qual entidades recém-surgidas vão sendo paulatinamente dotadas de todos os seus meios, de todas as suas instituições* para se tornarem aos poucos "substanciadas", duráveis e sustentáveis.

SUBSTITUIÇÃO: Ver ASSOCIAÇÃO.

TESTES: Ao surgir, os atores* são definidos por testes, que podem ser experimentos de vários tipos em que novos desempenhos* são inferidos. É por intermédio de testes que os atores se definem.

TRANSLAÇÃO: Em vez de opor palavras ao mundo, os estudos científicos, graças à sua ênfase na prática*, multiplicaram os termos intermediários que insistem nas transformações, tão típicas das ciências; como "inscrição"* ou "articulação"*, "translação" é um termo que entrecruza o acordo* modernista. Em suas conotações linguística e material, refere-se a todos os deslocamentos por entre outros atores cuja mediação é indispensável à ocorrência de qualquer ação. Em lugar de uma rígida oposição entre contexto* e conteúdo*, as cadeias de translação referem-se ao trabalho graças ao qual os atores modificam, deslocam e transladam seus vários e contraditórios interesses.

Referências bibliográficas

ALDER, K. *Engineering the Revolution*: Arms and Enlightenment in France, 1763-1815. Princeton: Princeton University Press, 1997.

APTER, E.; PIET, W. (Orgs.). *Fetishism as Cultural Discourse*. Ithaca: Cornell University Press, 1993.

AQUINO, P. D.; BARROS, J. F. P. D. Leurs Noms d'Afrique en terre d'Amérique. *Nouvelle Revue D'Ethnopsychiatrie*, 24, p.111-25, 1994.

BECK, B. B. *Animal Tool Behavior*: The Use and Manufacture of Tools by Animals. Nova York, Londres: Garland STPM Press, 1980.

BECK, U. *Ecological Politics in an Age of Risk*. Cambridge: Polity Press, 1995.

BENSAUDE-VINCENT, B. Mendeleev's Periodic System of Chemical Elements. *British Journal for the History and Philosophy of Science*, 19, p.3-17, 1986.

BLOOR, D. *Knowledge and Social Imagery*. 2.ed. Chicago: University of Chicago Press, 1991 [1976]. [Ed. bras.: *Conhecimento e imaginário social*. São Paulo: Editora Unesp, 2010.]

CALLON, M. Struggles and Negotiations to Decide What Is Problematic and What Is Not: The Sociologics of Translation. In: KNORR, K. D.; KROHN, R.; WHITLEY, R. *The Social Process of Scientific Investigation*. Dordrecht: Reidel, 1981, p.197-220.

CANTOR, M. Félix Archimède Pouchet scientifique et vulgarisateur. Thèse de doctorat. Université d'Orsay, 1991.

CASSIN, B. *L'Effet sophistique*. Paris: Gallimard, 1995.

CHANDLER, A. D. *The Visible Hand*: The Managerial Revolution in American Business. Cambridge, Mass.: Harvard University Press, 1977.

CONANT, J. B. *Pasteur's Study of Fermentation*. Cambridge, Mass.: Harvard University Press, 1957.

DE BROSSES, C. *Du Culte des dieux fétiches*. Paris: Fayard, 1760. Coleção "Corpus des Œuvres de Philosophie".

DE WAAL, F. *Chimpanzee Politics*: Power and Sex among Apes. Nova York: Harper and Row, 1982.

DESCOLA, P.; PALSSON, G. (Orgs.). *Nature and Society*: Anthropological Perspectives. Londres: Routledge, 1996.

DESPRET, V. *Naissance d'une théorie éthologique*. Paris: Les Empêcheurs de penser en rond, 1996.

DÉTIENNE, M.; VERNANT, J.-P. *Les Ruses de l'intelligence.* La métis des Grecs. Paris: Flammarion Champs, 1974.

ECO, U. *The Role of the Reader*: Explorations in the Semiotics of Texts. Londres: Hutchinson; Bloomington: Indiana University Press, 1979.

EISENSTEIN, E. *The Printing Press as an Agent of Change*. Cambridge: Cambridge University Press, 1979.

EZECHIEL, N.; MUKHERJEE, M. (Orgs.). *Another India*: An Anthology of Contemporary Indian Fiction and Poetry. Londres: Penguin, 1990.

FARLEY, J. The Spontaneous Generation Controversy – 1700-1860: The Origin of Parasitic Worms. *Journal of the History of Biology*, 5, p.95-125, 1972.

______. *The Spontaneous Generation Controversy from Descartes to Oparin.* Baltimore: Johns Hopkins University Press, 1974.

FRONTISI-DUCROUX, F. *Dédale*. Mythologie de l'artisan en Grèce Ancienne. Paris: Maspéro-La Découverte, 1975.

GALISON, P. *Image and Logic*: A Material Culture of Microphysics. Chicago: University of Chicago Press, 1997.

GEISON, G. Pasteur. In: GILLISPIE, C. (Org.). *Dictionary of Scientific Biography*. Nova York: Scribner, 1974, p.351-415. [Ed. bras.: *Dicionário de biografias científicas*. Rio de Janeiro: Contraponto, 2007.]

______. *The Private Science of Louis Pasteur*. Princeton: Princeton University Press, 1995.

GOODY, J. *The Domestication of the Savage Mind*. Cambridge: Cambridge University Press, 1977. [Ed. bras.: *A domesticação da mente selvagem*. Petrópolis: Vozes, 2012.]

GREIMAS, A. J.; COURTÈS, J. (Orgs.). *Semiotics and Language*: An Analytical Dictionary. Bloomington: Indiana University Press, 1982. [Ed. bras.: *Dicionário de semiótica*. São Paulo: Contexto, 2008.]

HACKING, I. *Representing and Intervening*: Introductory Topics in the Philosophy of Natural Science. Cambridge: Cambridge University Press, 1983.

______. The Self-Vindication of the Laboratory Sciences. In: PICKERING, A. (Org.). *Science as Practice and Culture*. Chicago: University of Chicago Press, 1992, p.29-64.

HALBERTAL, M.; MARGALIT, A. *Idolatry*. Cambridge, Mass.: Harvard University Press, 1992;

HEIDEGGER, M. *The Question Concerning Technology and Other Essays*. Nova York: Harper and Row, 1977.

HIRSCHMAN, A. O. *The Rhetoric of Reaction*: Perversity, Futility, Jeopardy. Cambridge, Mass.: Harvard University Press, 1991.

HIRSCHAUER, S. The Manufacture of Bodies in Surgery. *Social Studies of Science*, 21(2), p.279-320, 1991.

HUGHES, T. P. *Networks of Power*: Electrification in Western Society, 1880-1930. Baltimore: Johns Hopkins University Press, 1983.

HUTCHINS, E. *Cognition in the Wild*. Cambridge, Mass.: MIT Press, 1995.

IACONO, A. *Le Fétichisme*. Histoire d'un concept. Paris: PUF, 1992.

JAMES, W. *Pragmatism and The Meaning of Truth*. Cambridge, Mass.: Harvard University Press, 1975 [1907].

JONES, C.; GALISON, P. (Orgs.). *Picturing Science, Producing Art*. Londres: Routledge, 1998.

JULLIEN, F. *The Propensity of Things*: Toward a History of Efficacy in China. Cambridge, Mass.: Zone Books, 1995. [Ed. bras.: *A propensão das coisas*: por uma história da eficácia na China. São Paulo: Editora Unesp, 2017.]

KOERNER, J. L. The Image in Quotations: Cranach's Portraits of Luther Preaching. In: *Shop Talk*: Studies in Honor of Seymour Slive. Cambridge, Mass.: Harvard University Art Museums, 1995, p.143-6.

KUMMER, H. *Vie des singes*. Moeurs et structures sociales des babouins hamadryas. Paris: Odile Jacob, 1993.

LATOUR, B.; LEMONNIER, P. (Orgs.). *De la Préhistoire aux missiles balistiques*: l'intelligence sociale des techniques. Paris: La Découverte, 1994.

LATOUR, B.; MAUGUIN, P. et al. A Note on Socio-technical Graphs. *Social Studies of Science*, 22(1), p.33-59; 91-94, 1992.

LAW, J.; FYFE, G. (Orgs.). *Picturing Power*: Visual Depictions and Social Relations. Londres: Routledge, 1988.

LEMONNIER, P. (org.). *Technological Choices*: Transformation in Material Cultures since the Neolithic. Londres: Routledge, 1993.

LEROI-GOURHAN, A. *Gesture and Speech*. Cambridge, Mass.: MIT Press, 1993. [Ed. port.: *O gesto e a palavra*. Lisboa: Edições 70, 1987.]

LYNCH, M.; WOOLGAR, S. (Orgs.). *Representation in Scientific Practice*. Cambridge, Mass.: MIT Press, 1990.

MACKENZIE, D. *Inventing Accuracy*: A Historical Sociology of Nuclear Missile Guidance. Cambridge, Mass.: MIT Press, 1990.

MCGREW, W. C. *Chimpanzee Material Culture*: Implications for Human Evolution. Cambridge: Cambridge University Press, 1992.

MCNEILL, W. *The Pursuit of Power*: Technology, Armed Force and Society since A. D. 1000. Chicago: University of Chicago Press, 1982.

MILLER, P. The Factory as Laboratory. *Science in Context*, 7(3), p.469-96, 1994.

MONDZAIN, M.-J. *Image, icône, économie*. Les sources byzantines de l'imaginaire contemporain. Paris: Seuil, 1996. [Ed. bras.: *Imagem, ícone, economia*. As fontes bizantinas do imaginário contemporâneo. Rio de Janeiro: Contraponto, 2013.]

MOORE, A. W. (Org.). *Meaning and Reference*. Oxford: Oxford University Press, 1993.

MOREAU, R. Les Expériences de Pasteur sur les générations spontanées. Le point de vue d'un microbiologiste. Première partie: la fin d'un mythe. Deuxième partie: les conséquences. *La Vie des Sciences*, 9(3), p.231-60; 9(4), p.287-321, 1992.

MUMFORD, L. *The Myth of the Machine*: Technics and Human Development. Nova York: Harcourt, Brace and World, 1967.

NATHAN, T.; STENGERS, I. *Médecins et sorciers*. Paris: Les Empêcheurs de penser en rond, 1995.

NOVICK, P. *That Noble Dream*: The "Objectivity Question" and the American Historical Profession. Cambridge: Cambridge University Press, 1988.

NUSSBAUM, M. *Therapy of Desire*: Theory and Practice in Hellenistic Ethics. Princeton: Princeton University Press, 1994.

OCHS, E.; JACOBY, S. et al. Interpretive Journeys: How Physicists Talk and Travel through Graphic Space. *Configurations*, 2(1), p.151-71, 1994.

PESTRE, D. *Physique et phsysiciens en France, 1918-1940*. Paris: Editions des Archives Contemporaines, 1984.

PICKERING, A. *The Mangle of Practice*: Time, Agency, and Science. Chicago: University of Chicago Press, 1995.

RUELLAN, A.; DOSSO, M. *Regards sur le sol*. Paris: Foucher, 1993.

SCHAFFER, S. Forgers and Authors in the Baroque Economy. Paper presented at the meeting "What Is an Author?" Harvard University, March, 1997.

______. A Manufactory of OHMS, Victorian Metrology and Its Instrumentation. In: Bud, R.; Cozzens, S. (Orgs.). *Invisible Connections*. Bellingham, Wash.: SPIE Optical Engineering Press, 1992, p.25-54.

______. Empires of Physics. In: STALEY, R. (Org.). *Empires of Physics*. Cambridge: Whipple Museum, 1994.

SERRES, M. *Statues*. Paris: François Bourin, 1987.

______. *L'Origine de la géométrie*. Paris: Flammarion, 1993.

______. *The Natural Contract*. Trad. E. MacArthur e W. Paulson. Ann Arbor: University of Michigan Press, 1995.

SHAPIN, S.; SCHAFFER, S. *Leviathan and the Air-Pump*: Hobbes, Boyle, and the Experimental Life. Princeton: Princeton University Press, 1985.

STAR, S. L.; GRIESEMER, J. Institutional Ecology, "Translations," and Boundary Objetcs: Amateurs and Professionals in Berkeley's Museum of Vertebrate Zoology, 1907-1939. *Social Studies of Science*, 19, p.387-420, 1989.

STENGERS, I. *L'Invention des sciences modernes*. Paris: La Découverte, 1993.

______. *Cosmopolitiques*, tomo 1: *La Guerre des sciences*. Paris: La Découverte/Les Empêcheurs de penser en rond, 1996.

______. The Science Wars: What about Peace? In: JURDANT, B. (Org.). *Impostures intellectuelles. Les malentendus de l'affaire Sokal*. Paris: La Découverte, 1998, p.268-92.

STRUM, S. Almost *Human*: A Journey into the World of Baboons. Nova York: Random House, 1987.

STRUM, S.; LATOUR, B. The Meanings of Social: From Baboons to Humans. *Information sur les Sciences Sociales/Social Science Information*, 26, p.783-802, 1987.

TUFTE, E. R. *The Visual Display of Quantitative Information*. Cheshire, Conn.: Graphics Press, 1983.

VIRAMMA, J.; RACINE, J.-L. *Une Vie paria*. Le rire des asservis, pays tamoul, Inde du Sud. Paris: Plon-Terre humaine, 1995.

WEART, S. *Scientists in Power*. Cambridge, Mass.: Harvard University Press, 1979.

WHITEHEAD, A. N. *Process and Reality*: An Essay in Cosmology. Nova York: Free Press, [1929] 1978.

ÍNDICE REMISSIVO

A

Abismo entre duas culturas, 32
Abraão, 345
Absolutismo, 35
Abstração, 63, 65
Ácido láctico, fermentação do, 139-42, 149-50, 156-8, 163-5, 167, 169-71, 179, 202, 221, 233, 349
Acordo modernista, 27-8, 115, 135-6, 161, 204, 207, 229, 254, 317, 325, 348, 350, 353, 355, 357
Acordos, 19, 27-8, 36, 38-9, 78, 95, 98-100, 106, 115, 135-7, 159-61, 179, 181, 186, 204, 207, 229, 254, 258, 277, 299, 305, 309-11, 313, 315, 317, 325, 343, 347-501, 353
modernista, *ver* Acordo modernista
Acusações, 320
Agnosticismo, 317, 325-6, 335
Agroindústria, 195
Alcibíades, 267, 295
Álcool, fermentação do, 144, 179, 195
Alemanha, 100
Alianças, 119, 123-4
Alienação, 232, 244
Alistamento, 249
Allier, Jacques, 103
Amazônia, 39-95
Amostras, 58, 60-75, 82, 90-2, 233
Amplificação, 87-8
Antifetichismo, 225, 320, 336, 338-40, 345. *Ver também* Fetichismo
Antimodernismo, 331
Antiprogramas de ação, 190-1, 357, 365. *Ver também* Programas de ação
Antropologia, 97, 244, 322, 327-8, 335, 342-4
Apodeixis, 258, 357, 360
Arendt, Hannah, 258
Ariadne, 58, 208, 226
Arte, 162
Artefatos, 38, 131-3, 149, 165, 197, 207, 209-11, 217-20, 223, 225-6, 228-9, 233-4, 251, 253, 315, 317, 350, 355, 358-9, 365, 367. *Ver também* Fatos

Articulação, 38, 159, 166-71, 174-5, 189, 193, 207, 217, 220-2, 226, 229, 252-3, 350, 352, 357, 359, 362, 367
como metáfora 166
e coletivos, 239-41
e proposições, 159, 168-71, 174-9, 182-3, 202-3, 214, 222, 357
Assertivas, 160-2, 168-71, 177-9, 187, 193, 357, 365
Associações, 122, 124, 181-2, 189-99, 213, 216, 218, 222, 230, 235, 316, 325, 357-8, 364
Ateísmo, 352
Atenas, 24-5, 259-60, 267, 269-70, 276-8, 283, 285, 288, 290-2, 297, 299, 303-5
Átila, o Huno, 266
Atlas [livro], 44, 94, 120
Atlas [titã da mitologia grega], 120, 188
Atores/atuantes/ação, 61, 103-5, 107, 136-7, 140, 141-3, 146-8, 150-2, 154-7, 162, 167, 169-70, 176-7, 179, 187, 190-1, 194, 197, 200, 207, 213-8, 223-5, 228, 230, 234, 244, 248, 253, 329, 339, 348, 358, 361-7
e mediação técnica, 207-34, 245
e proficiência, 220, 347
nome de ação, 142-3, 145, 358, 360, 364
programas de ação, 211-3, 220-1, 241, 323, 357, 365
proposições como atuantes, 169
Autômatos, 232, 241, 244-5
Autonomização, 119, 121, 123

B

Bachelard, Gaston, 152
Bergson, Henri, 217
Berzelius, Jöns Jakob, 139
Big Bang, 174
Bioquímica, 121, 171, 180
Bizâncio, 342-3
Bloor, David, 159
Boa Vista, Brasil, 7, 41-3, 46, 49, 55, 61, 67, 71, 73, 77, 85, 87, 89, 91, 93-4, 120
Bomba atômica, 99, 101, 106
Bonapartistas, 185, 194, 199
Botânica, 40, 42, 47, 50-4, 57, 67, 84, 87, 91, 122
Boulet, René, 43, 71, 169, 176
Brasil, 13, 26, 41, 47, 71, 94, 223

C

Cadeias de translação, 42, 110, 358
Caixa de ferramentas básicas, 249-50
Cálicles, 24-5, 28-9, 31, 33, 37-8, 255-74, 277-9, 282, 287-9, 291, 293, 295-302, 305, 307-14
Cartago, 283, 328
Cassin, Barbara, 258, 274, 311
Causalidade, 181-2
Centre National de la Recherche Scientifique, 98
Centros de cálculo, 71, 88, 358
Certeza, 16-21, 26-7, 29, 31, 35, 42, 46, 63, 322
Certeza absoluta, 17-21, 26, 29, 31, 322
Chandler, Alfred, 241
Chauvel, Armand, 41-4, 55, 60, 71, 78-9, 83, 93
Ciência
ao mesmo tempo realista e construtivista, 46, 94-5
conteúdo/contexto da, 108-11, 117, 122-3, 125-130
e arte, 162

e pesquisa, 34-7
e política, 36, 103-4, 108, 254-5, 328
e razão, 256
e relatividade, 31-2
e retórica, 270
e sociedade, 104, 109
e tecnologia, 15, 32, 34, 131-2, 135, 187-8, 204, 207, 209, 211, 216-7, 224-6, 228-36, 239-41, 243, 245, 250, 252-4, 256, 352-3, 359, 364
entregue a si mesma, 22-4
invadindo tudo, 21-3
natureza cumulativa da, 13-4, 32-3
Ciências sociais, 35, 132-3, 309, 312, 338
Cientistas, 31-4
Classificação, 49, 51-5, 65
Cócalo, 208
Código Munsell, 75-6, 78
Coleções, 49, 51, 54-5
Coletivos, 31-5, 37, 117, 124-5, 128-9, 131, 136, 184, 193-5, 198, 207-9, 214, 222, 229-34, 238, 246-7, 251, 307-9, 351-2, 355, 358, 363-4, 367
de humanos e não humanos, 207-54
e articulação, 251
e sociedade, 131, 135, 229-34
e translação, 229-31
exploração dos, 192-3
Collège de France, 99-101, 113, 120
Comissariat à l'Énergie Atomique, 107
Competências, 122, 142-3, 146-8, 150, 164, 180, 211, 216-7, 247, 249, 310, 358, 364
Complexidade/complicação, 249-50, 252, 317, 358-9, 364
Complicação social, 248-9, 252
Composição, 215-19
Comte, Auguste, 153
Conant, J. B., 137 (1n)
Concrescência, 182, 359
Concretização de potencialidades, 151, 182, 359
Condições de felicidade, 259, 261, 273, 280, 284-5, 287, 294-5, 310-1, 314-5, 351, 359
Congregação invisível, 121, 359
Conhecimento, 20, 30, 34, 39-40, 46, 49, 53-4, 56, 67, 72-3, 87-8, 100, 102, 111, 124, 127, 153, 159, 165-6, 207, 209, 238, 245, 266, 271-2, 280, 282-3, 285-9, 296-300, 302-4, 309-10, 313, 323, 355, 359, 363
e crença, 30, 196-7, 322-3
e fatos/fetiches, 323-4
para o povo, 269-74, 283, 286-8
Construção, 21, 24, 30, 36-8, 83, 101-2, 114, 136-7, 148-9, 151-2, 157, 167, 182, 201, 207, 220, 230, 235, 249, 264-5, 280, 283, 290, 315, 317, 325-7, 329, 333-4, 340, 359. *Ver também* Fabricação
Construtivismo, 18-9, 36, 151, 154, 158, 176, 230, 325-6, 333, 339, 343, 377
Conteúdo, 43, 92, 98, 105, 109, 117-8, 126-31, 137, 196, 316, 326, 338-9, 355, 359, 361-2, 367
Contexto, 43, 60-2, 98, 109-10, 117, 119, 123, 126, 130-1, 196, 221, 233, 239, 245-6, 266, 271, 273-4, 292-3, 316, 359, 361-2, 367
Coordenadas cartesianas, 47, 63
Cores, *ver* Padrão de cores
Corpo, rearticulação com a mente, 16-7
Correspondência, 76, 79-80, 85-6, 89, 94, 115, 135, 148, 168-70, 175, 177-8, 181, 192-3

Cosmologia, 34
Cosmopolítica, 31-2, 343, 352, 359
Cosmos, 31, 283-4, 309, 314, 342, 359
Crença, 183, 320-30, 335-40, 359
alternativa à, 335-40
e conhecimento, 30, 197-8
e crenças, 326-7
e fatos/fetiches, 319-27
na realidade, 13-38
Crítica moderna, 326
Curie, Marie, 98, 104
Curie, Pierre, 98

D

Daedalia/Daedalion, 208-9, 212, 215
Darwin, Charles, 23, 25, 36, 54, 125, 193
Darwinismo social, 25
Dautry, Raoul, 100-3, 106-7, 116-8, 123, 212
De Gaulle, Charles, 107
Dédalo, 204, 207-9, 217, 226-7, 232, 250
Delegação, 221-9, 233, 349-50
Deleuze, Gilles, 359
Demarcação/diferenciação, 168, 187-9, 196, 198, 274, 301, 360
Democracia, 258-9, 269-70, 277, 286, 291, 295, 298, 314
Descartes, René, 16-8, 21
Desempenhos, 142-3, 146, 161, 180, 199, 358, 360, 362, 364, 367
Deslocamento, 92, 222-31, 295, 315, 360, 362, 366-7
Destino Autônomo, *ver* Mito do Destino Autônomo
Deus/deuses, 13, 17-8, 24-5, 28, 31-2, 37, 192, 197, 227, 256, 280, 302, 304, 308, 317-20, 326, 328, 330-1, 334-5, 338, 345, 352-5
Deutério, 100-3, 108-9, 114
Diagrama, 57-9, 67-72, 80-5, 93, 106, 109, 114, 191, 193, 217, 230, 237, 250-1
Dictum, 111-4, 360
Didatismo, 286
Diferenciação. *Ver* Demarcação/diferenciação
Direito *versus* Poder, 25, 33-8, 254-78
DNA, 125, 240-1
Dominação, 54, 234, 265-6, 332, 335, 352
Durkheim, Émile, 247

E

Ecologia internalizada, 245-6, 252
Ecologia política, 239-43, 252
Ecologia, 87, 239-43, 245-6, 252
Edison, Thomas A., 242
Egina, 268
Ego despótico, 20
Ego transcendental, 19, 88, 150
Elites, 262-5
Empirismo, 17-8, 39, 41, 88, 93, 137, 152, 154, 160, 176, 182, 198-203, 348, 361, 363
Enucleação da sociedade, 129-32, 229
Enzimologia, 180, 204
Epideixis, 258, 284, 357, 360
Epistèmè, 207, 215, 272-4, 279, 305, 310
Epistemologia, 27-8, 38, 84, 94, 125, 131, 145, 153-5, 167, 174, 207, 211, 254, 274, 302, 337, 347, 350-1
Especialista, 149, 270, 275, 308
Estadistas, 25, 276, 288, 290-1, 295
Estado, 244, 255-61, 267, 270, 274, 276, 279-81, 287-315, 347-50
Estímulos associados, 18
Estoicos, 19, 359

Estruturalismo, 53
Estudos científicos, 14-6, 19, 25-39, 65, 85, 97-8, 102-5, 108-18, 122, 126-9, 132, 136-8, 152, 157, 159-63, 167, 174, 186-8, 193, 196, 201, 206-7, 220, 231, 233, 235-6, 238, 257, 261, 263, 307, 309, 339, 347-8, 354, 358-9, 361-2, 365-7
e conteúdo de ciência, 127-8
e linguagem, 159-60
e relativismo, 185-6
originalidade dos, 31-8
união de ciência e sociedade, 101-5, 107-9, 135
Estudos do solo. *Ver* Pedologia
Etiquetas, 47-50, 61, 64, 74, 83, 90, 192
Eventos, 146, 150-1, 167, 169-70, 181-3, 194, 197-203, 333, 335, 341, 359-63, 366
Existência relativa, 186-93, 196, 361
Existência. *Ver* Existência relativa
Experimentação coletiva, 35
Experimentos, 30, 35, 79, 112, 114, 116, 121, 141, 147-51, 154-6, 158, 160-1, 165, 167, 169-70, 173, 182-4, 192, 194-5, 197, 306, 353, 360-1, 364, 367
Explicações externalistas, 102-3, 109-10, 359, 361
Explicações internalistas, 102-3, 109-10, 359, 361
Externalistas. *Ver* Explicações externalistas

F

Fabricação, 135-7, 146, 149, 151-2, 161, 165, 201, 203, 215-6, 311-4, 323-4, 332, 336-7, 343-4, 361, 377
Ver também Construção
Fatiches, 30, 137, 162, 221, 311, 315, 324-59, 332, 335-45, 349-50, 354, 361-2
Fatos científicos, 24, 38, 102, 111-3, 117-8, 129, 133, 207, 225, 229, 325-6
Fatos concretos, 181, 327, 361
Fatos, 30, 33-4, 37-8, 97, 126, 136, 138-9, 146, 149, 152-4, 158, 167, 170, 181, 188-9, 207, 211, 220, 238, 292, 315, 317, 323-44, 347-50, 361-2, 364-5
científicos, *ver* Fatos científicos
e fetiches, 30, 322-8, 332, 344
Ver também Artefatos
Fenomenologia, 22-3
Fenômenos, 45, 53, 59, 64, 67, 72-3, 87-8, 92, 135, 139-45, 165-7, 170, 174, 180-6, 193, 195, 199-200, 356, 362
Fermat, Pierre de, 255
Fermentação, 137-50, 154-7, 170, 179, 181-2, 195, 201-2, 293, 298
Fermi, Enrico, 111
Ferramentas, 215-7, 244, 248-50, 252, 254, 333
Fetiches/fetichismo, 30, 166, 234, 315, 319-32, 336, 338, 341-4, 361
Ficção arqueológica, 280, 299
Filizola, Heloísa, 41, 55, 60-1, 64-5, 77-9, 83
Filosofia analítica, 63
Física, 97-124, 160, 203
Física nuclear, 104-119
Fissão nuclear, 99-106
Florestas, 39-93, 119-22, 141, 165, 176, 209, 220
Força, 24-5, 29, 46, 155, 159-61, 192, 216, 221, 224, 234, 243-4, 255-66, 269-74, 277-9, 292, 296, 301, 307, 310, 312-4, 343, 352-3

Foucault, Michel, 228, 310
França, 74, 100-6, 109, 125, 132, 164, 192, 221, 223, 338
Freud, Sigmund, 342

G

Galileu Galilei, 342
Garfinkel, Harold, 247
Garimpeiros, 43, 46, 60
Genoveva, Santa, 266
Geografia, 45, 47
Geometria, 24, 47, 57-8, 70-2, 130, 256, 267, 277, 298
  euclidiana, 57-8
Geomorfologia, 41, 61
Geração espontânea, 175, 183-6, 190-5, 198-9, 204-5
Germes. *Ver* Micróbios
Gestell, 209, 217, 220
Glauco, 279, 312
Glickman, Steve, 5, 302
Górgias, 24-5, 31, 255-9, 269-76, 279, 281-4, 287-8, 291, 293, 300, 303, 305, 310-1
Governo da massa, 24-7, 254
Grande Ciência, 119
Grécia antiga, 26, 207, 257-8, 286, 298
Guerras na ciência, 29, 38, 155, 235, 258, 305-6, 309, 354-5
Guillemin, Roger, 355

H

Halban, Hans, 99-104, 114, 127, 176
Haraway, Donna, 5, 17
Harvey, William, 97, 126
Hegel, G. W. F., 217
Heidegger, Martin, 15, 209-10, 217, 231, 250
Historicidade, 174, 178-9, 181, 186-9, 193, 196, 360-2
Hobbes, Thomas, 311-2
Homero/*Ilíada*, 208, 271
Homo faber, 217, 233, 333-4, 352
Horizontes, 55-6, 58, 62, 77, 79-80, 82, 91, 165
Hughes, Thomas, 241-2
Humanidades, 36, 307, 309
Humanismo, 15, 32-3, 38, 310
Humboldt, Alexander von, 47
Hume, David, 18, 149

I

Ícaro, 208
Iconoclastia, 280, 280-1, 283, 290-2, 296, 317-33, 337, 340-3, 348, 350
Idealismo, 88, 150, 175, 204-5, 362
Igualdade geométrica, 24-6, 256, 267, 279, 293, 312
Indústria, 14, 109, 124, 138, 164, 170, 202, 239, 241-6, 252
Inpa, 41, 71, 93
Inscrições, 44, 61, 70, 81, 84, 93, 358, 362, 364, 367
Instituições, 122-4, 163, 180-1, 184, 186, 188-9, 192, 196, 200-1, 203, 214, 224, 228-9, 233, 252-3, 284, 291, 297, 306, 332, 352, 358, 362, 367
Instituições científicas, 122
Instituto Pasteur, 240
Instrumentos, 118-9, 156, 163, 169, 175, 196, 203, 209, 232, 350, 366
Interferência, 211, 227, 250
Intermediários. *Ver* Mediação/intermediários
Internalistas. *Ver* Explicações internalistas
Inumanidade, 27, 29, 257, 263, 279, 305, 308-9, 338, 341, 344-5, 347, 349

Invólucros, 143, 187-8, 196-9, 361-2
Isaque, 345

J

Jagannath, 317-21, 327, 338-41, 344-5
James, William, 80, 86, 90, 95, 135
Jogo zerado, 137, 149-51, 176
Joliot, Frédéric, 97-119, 123, 127-8, 132, 136, 196, 212, 230
Juízos analíticos, 363
Juízos sintéticos, 151, 363
Jussieu, Joseph de, 47, 90

K

Kant, Immanuel, 18-20, 30, 36, 59, 72, 88, 120, 149, 359, 362-3, 366-7
Know-how, 35, 42, 45, 79, 228
Kowarski, Lew, 99, 101, 114, 117, 127
Kummer, Hans, 249

L

Laugier, André, 98
Leis impessoais, 255-6, 274, 306, 308-9, 313
Leito, 50, 56
Leroi-Gourhan, André, 217
Levantamentos, 119-121
Levedo, fermentação do, 138, 141, 143-4, 148, 151, 156, 170, 180, 298
Liberdade, 222, 264, 266, 281, 316, 327, 331, 344
Liebig, Justus von, 138-40, 150-1, 171, 179-81, 195
Lille, França, 146, 163, 169, 176, 179, 181, 195
Língua/linguagem, 21, 36, 39, 46, 63, 79, 84-6, 89-90, 107, 112, 115, 147, 159, 167-71, 177, 181, 213, 316, 322, 329, 350-1
Lyotard, Jean-François, 274

M

Manaus, Brasil, 41, 50, 60, 71, 90, 93, 120
Mapas, 40, 44-6, 51-2, 57, 67, 69, 71, 84, 92-4, 188, 196, 236-7
Maquiavel, Nicolau, 299, 311
Máquinas, 15, 23, 33, 189, 208-9, 225, 230, 232, 244-6, 249, 274-5, 311, 340, 364
Marx, Karl, 217, 244, 342
Marxismo, 56, 343
Matemática, 70, 72, 104, 108, 225, 258, 272, 360
Materialismo, 225, 344
Mediação técnica, 216-7, 220
Mediação/intermediários, 20, 50, 52, 55, 73, 89, 115-6, 120, 129-30, 163-6, 176-7, 182, 188, 209, 211-6, 222, 225, 227, 233-4, 297, 307, 325, 327, 333, 335-7, 341, 344, 353, 362-3, 365-7
Megamáquinas, 244-6, 249, 252
Mendeleiev, Dmitri, 66, 93
Mente, 85, 88, 95, 153-4, 164, 167, 169, 176-7, 180, 203, 230, 276, 316, 327, 334, 347-50, 357-8
extirpada. *Ver* Mente extirpada
Mente extirpada, 16-31, 36-7, 135-6, 336-9
Metáforas, 127-8, 133, 143, 159, 161-2, 164, 166-7, 222, 313, 315, 358, 366
  da encenação, 161, 166
  de trilha, 165-6
  industriais, 152, 164-6
  ópticas, 163-6
  paralelogramo, 159-61, 166
Metis, 207, 215
Microbiologia, 184-5, 199, 202

Micróbios, 173-5, 184, 196, 199-206, 307
Midas, 284
Minhocas, 56, 60, 80, 82, 85, 90-3, 122, 209
Ministro dos Armamentos, 100, 106, 108, 110
Minos, 26, 208
Mito da Ferramenta Neutra, 213
Mito do Destino Autônomo, 213
Mobilização
  do mundo 118-21
  e coletivos, 230-3, 242
Modelo de translação, 109
Modernismo, 37, 251, 325, 330, 347, 349, 354, 363
Modus, 112, 228, 248, 360, 354
Moisés, 342
Moralidade, 18, 27-8, 33, 37-8, 187, 201, 221, 253, 256, 264-5, 283, 287, 298-305, 317, 347
Móveis imutáveis, 121, 362, 364
Mudanças/deslocamentos, 36, 116, 156, 179, 192, 222, 242, 246
Mumford, Lewis, 245-6
Mundo da vida, 23
Mundo exterior, 16-24, 26-31, 73, 125, 135, 170, 178, 336-7, 347-50, 355, 357, 366
Museu da Diáspora, 345

N

Não humanos, 15, 26, 28-38, 103, 111, 114-9, 124, 128, 131-2, 138, 140, 145, 154-5, 158, 161, 168, 174-5, 178, 186-90, 196-7, 204, 207-10, 214, 217-8, 220-1, 224-5, 229-30, 232-53, 306-9, 314-6, 325, 334-6, 339, 341, 344, 349-54, 358, 361, 364-5, 367, 222-9, 231-43, 339-41, 352
  em coletivos, 207-54
  níveis pragmatogônicos, 238-49
  simetria com humanos, 216-7
Não modernismo, 36-7, 335, 339-41
Napoleão, 279
Napoleão III, 185, 192
National Rifle Association, 210
Naturalistas, 23, 54-5
Nature, 99, 114, 117
Natureza, 23-5, 28, 39, 121, 150-1, 159, 169, 174-8, 182, 185-8, 197, 199, 209, 229-32, 239, 252, 255, 259, 262, 316, 338, 347-55, 358-9, 363-4, 367
Nêutrons, 99-118, 126, 136
Newton, Isaac, 125, 334
Nietzsche, Friedrich, 257, 261, 263, 270, 277, 284, 291, 342
Nome de ação, 142-5, 170, 358, 360, 364
Norsk Hydro-Elektrisk, 100, 102
Noruega, 100-1, 105, 108, 118, 127
Nós/vínculos, 118-9, 126-8, 130

O

Objetificação, 34, 38, 221, 320
Objetividade da ciência, 15-6, 30, 33, 35, 38, 176, 207, 220, 226, 229, 235-7, 253, 353, 355
Obscurecimento ("caixa-preta"), 38, 86, 217-9, 226-7, 229, 355, 364
Obscurecimento reversível, 217-20
Odisseu, 208
Ontologia, 28, 153, 156, 174, 180, 198, 220, 227, 307, 337, 339, 344, 347-8
ORSTOM, 41, 43, 71

P

Padrão de cores, 74-6
Padronização, 61, 75-9, 87, 184, 189, 252
Pandora, 38, 239, 356
Paradigma dualista, 235, 240, 242, 251, 253
Paradigmas, 19, 58, 109, 115, 129, 133, 150, 15960, 163, 191, 194, 196, 199, 222, 229, 253, 357-8, 364
Paralelogramo. *Ver* Metáfora do paralelogramo
Párias, 317-21, 331, 340
Paris, França, 60, 62, 67, 89-90, 93, 108, 113, 119-20, 127, 163, 183, 194-5
Pasteur, Louis, 29, 111, 135, 136-162, 164-167, 169-81, 184, 187-97, 199-200, 205, 207, 216, 233, 297, 311, 323, 337
Paulo, São, 342
Pedocomparadores, 62-74, 83, 169, 176
Pedogênese, 56, 82
Pedologia estrutural, 58
Pedologia, 39, 41-3, 55-7, 65, 84, 87, 91, 93, 97, 122
Perelman, Charles, 258
Péricles, 26, 283, 290-1, 295
Permutação, 216-7, 230-2, 238-43, 252-3
Pesquisa, 35-7
Pistis, 272, 274, 279, 286, 292
Platão
  Górgias, 24, 28, 34, 256, 259, 261, 264, 267, 269, 279-80, 296-305, 311
  República, 283-4
Platonismo, 65, 76
Plutônio, 132
Poder, 25-6, 29, 35-6, 38, 159, 234-5, 241-6, 252, 254, 256, 263, 266-7, 275, 281, 294, 309-12
Poder *versus* Direito, 25, 33-8, 254-78
Política, 27-8, 30-4, 244, 254, 261, 269-71, 276
  e ciência, 35-6, 50, 103-4, 109, 255-9
  livre de ciência, 281-314
Polo, 258-9, 265, 269, 271, 274, 281, 291, 300-1
Pós-modernismo, 36-7, 251, 257, 325-6, 339-40, 354, 363
Pouchet, Félix Archimède, 175, 183-200, 205, 321
Pragmatogonia, 209, 212, 229, 237-9, 243, 245, 247, 365
Prática, 15-6, 30-1, 36, 39-40, 46, 48, 55, 59, 67, 72, 109, 111, 145, 156-7, 177, 184, 194-7, 201-4, 254, 307, 315-7, 322-4, 328-9, 333, 336, 339, 348-51, 358, 363, 365-7
Prática laboratorial. *Ver* Prática
Predicação, 170, 365
Pré-modernismo, 236, 330-1, 348, 363
Preservação, 48, 50
Profissões científicas, 122, 132
Programas de ação, 213, 220-1, 241, 245, 323, 357, 365
Projetos, 189-90, 254, 365
Proposições, 168-7, 171, 179, 194, 201, 214, 222, 341, 357, 362-3, 365-6
  com história, 182-3, 203
  e articulação, 159, 168-71, 174-5, 178
  e assertivas, 169
  invólucro para, 187
Protocolos, 61-6, 77-8, 83, 155, 232-3

Protocolos experimentais, 61
Psicologia, 27-8, 34, 38, 106, 135, 197, 215

Q

Química, 121, 123-4, 138-58, 164, 170-1, 173 179-80, 194-5, 199, 202, 295

R

Radamanto, 26, 268, 304
Radiatividade, 61, 98-9, 117, 132
Rádio, 98, 104
Rastreabilidade de dados/referências, 61, 85, 93, 148, 167, 177, 186
Razão, 24-5, 36, 38, 163, 207, 256-9, 263, 274, 277-80, 283, 304-7, 310-3
Realidade. *Ver* Crença na realidade
Realismo, 16, 20, 29-31, 39, 90, 129, 133, 151, 157, 161, 176, 339, 343
Redes de poder, 241-6, 252
Redução, 77, 80, 87
Referência circulante, 39, 67, 88-9, 111, 122, 146-7, 164, 179, 185, 220, 294, 323, 351, 362, 366
Referências/referentes, 60, 80, 94
  científicas, 41, 43, 52
  e circulantes, 105, 115
  internas(os), 80, 360, 366
  rastreabilidade de, 61
  referente de discurso, 46, 48, 55
Referente interno, 71, 80, 360, 366
Relações sociais, 229, 231, 234, 243, 246-7, 251-3
Relativismo, 16, 31, 35-6, 74, 90, 187, 193, 201, 351, 361, 366
Representação pública, 119, 124-6
Retórica, 101, 113, 155, 265-6, 272, 278
Retroadaptação, 202-4, 206
Revolução copernicana, 19, 120, 366
Revoluções anticopernicanas, 30, 366
Rousseau, Jean-Jacques, *Discurso sobre a origem da desigualdade*, 279-80, 312

S

Saligrama, 317-20, 325-6, 337-41
Sandoval, 45, 58-60, 77, 80, 90, 92
São Paulo, Brasil, 41, 43, 60, 71, 224
Savanas, 40, 42, 46, 48, 54-6, 58, 62, 67-73, 79, 82-6, 91-3, 141, 176, 209
Schaffer, S., 75, 97, 156, 322
Segunda Guerra Mundial, 100, 119, 132, 202
Serres, Michel, 57, 240, 328, 365
Setta-Silva, Edileusa, 40-9, 53-7, 60, 64, 67, 83, 91
Shapin, S., 156
Simetria, 197, 200, 214-7, 233, 270, 324
Sintagmas, 191-6, 222, 357, 367
Siodmak, Curt, *Donovan's Brain*, 17
Sítios, 59, 120, 152, 289, 313, 365
Sociedade, 19, 34, 97, 104, 108-10, 131-2, 191, 225, 237-9, 363-4
  e ciência, 105, 109, 136
  e coletivos, 131, 135, 225-9
  enucleação da, 132
Sociobiologia, 34, 262
Sociotécnica, 234-5, 240-5, 248, 252-3
Sócrates, 23-4, 27-35, 38, 255-317
Sofistas, 37, 255-8, 261, 270, 272-6, 284, 290-301, 312, 360
Stengers, Isabelle, 8, 31, 200, 338, 343, 352, 355, 359
Strum, Shirley, 5, 248, 250, 302

Subprogramas, 215-6, 226-8, 245, 247-9
Substâncias, 138, 140-6, 152, 164-5, 169, 173, 175, 180-1, 193-6, 199-203, 221-2, 362, 364, 367
Substituições, 95, 109, 18996, 199, 222, 357-8, 367
Szilard, Leo, 99, 103, 108, 111, 113, 117, 127

T

Tales, 44
Taxonomia, 51, 144-5, 189, 196
Técnicas, 57, 136, 152, 209, 211-4, 217, 220-6, 231, 233-4, 237, 239, 243-52, 266, 316, 353
Tecnociência, 212, 240-1, 243, 246, 252
Tecnologia, 15, 33-4, 131-2, 136, 188-9, 204, 207, 209-12, 217-8, 224-6, 228, 230-5, 240, 242-5, 250, 253-4, 257, 353, 359, 364-5
Tecnologia mediadora, 211
Temístocles, 283, 290
Teologia, 28, 38, 193, 347-8, 353
Teorias, 149-50, 153-4, 160, 163, 189, 326, 328-330, 336, 349
Teresópolis, Brasil, 13, 17
Testes, 93, 142, 146-9, 151, 169-70, 269, 358, 364, 367
Topofils, 44, 58-60, 64, 74, 165, 226
Transformações. *Ver* Translações
Translações, 42, 68, 73, 105-10, 115, 117, 130, 132, 193, 212-6, 219-22, 225, 227, 229-31, 315, 350, 353, 357-8, 361-2, 365, 367
cadeias de, 42, 110, 346, 358, 367
e coletivos, 214, 231
Twain, Mark, 299

U

Union Minière du Haut-Katanga, 98-105, 108, 117
Universalidade, 19-20, 75, 87
Urânio, 98-9, 101, 104, 106-8

V

Verdade, 80, 85, 92, 114-6, 120, 137, 143, 148, 153-4, 177-8, 187, 201, 234, 259, 261, 266, 271, 274-5, 280-1, 292, 294, 350, 354, 360
Vínculos. *Ver* Nós/vínculos

W

Waterfield, Robin, 24, 257
Weart, Spencer, 101, 103-4, 108
Weinberg, Steven, 255-7, 290, 305-6, 313
Wenner-Grenn Foundation, 14
Whitehead, Alfred North, 168, 182, 334-5, 359-60, 366

SOBRE O LIVRO

Formato: 14 x 21 cm
Mancha: 23,7 x 42,5 paicas
Tipologia: Horley Old Style 10,5/14
Papel: Off-white 80 g/m² (miolo)
Cartão Supremo 250 g/m² (capa)
1ª edição Editora Unesp: 2017

EQUIPE DE REALIZAÇÃO

Capa
Megaarte Design

Edição de texto
Giuliana Gramani (Copidesque)
Rodrigo Chiquetto (Revisão)

Editoração eletrônica
Eduardo Seiji Seki

Assistência editorial
Alberto Bononi
Richard Sanches